环境工程微生物学实验

刘晓燕　夏 军　邓媛方　编著

河海大学出版社
HOHAI UNIVERSITY PRESS
·南京·

内容提要

环境工程微生物学实验是环境工程微生物学的重要组成部分，通过实验，学生可以深入理解课堂讲授的内容，掌握环境微生物实验的基本操作技术及基本研究方法和实验技能，具有利用环境生物学理论进行相关研究的能力，熟练应用各种微生物学实验方法解决环境问题。

全书包括环境工程微生物学实验基础篇、现代实验技术篇及应用综合实验篇三篇。《环境工程微生物学实验》可作为环境科学与环境工程学科的本科生、研究生专业实验教材，也可供相关专业科研和工程技术人员参考。

图书在版编目(CIP)数据

环境工程微生物学实验 / 刘晓燕，夏军，邓媛方编著. -- 南京 ：河海大学出版社，2025. 8. -- ISBN 978-7-5630-9684-8

Ⅰ. X172-33

中国国家版本馆 CIP 数据核字第 2025SG3059 号

书　　名　环境工程微生物学实验
书　　号　ISBN 978-7-5630-9684-8
责任编辑　杜文渊
文字编辑　厉张鹏
特约校对　李　浪　杜彩平
装帧设计　徐娟娟
出版发行　河海大学出版社
地　　址　南京市西康路 1 号(邮编：210098)
电　　话　(025)83737852(总编室)　(025)83786678(编辑部)
　　　　　　(025)83722833(营销部)
经　　销　江苏省新华发行集团有限公司
排　　版　南京布克文化发展有限公司
印　　刷　广东虎彩云印刷有限公司
开　　本　718 毫米×1000 毫米　1/16
印　　张　16
字　　数　287 千字
版　　次　2025 年 8 月第 1 版
印　　次　2025 年 8 月第 1 次印刷
定　　价　48.00 元

序 PREFACE

环境工程微生物学是环境科学与工程专业一门重要的专业基础课，是由环境污染治理与微生物学相结合而产生、发展起来的一门边缘性学科，其重点是研究污染控制工程中涉及的微生物学问题，是在普通微生物学的基础上，着重研究生长在自然环境、受污染环境和人工处理系统中的微生物生态、环境的自净作用、环境污染及其生物处理工程中的微生物学原理，在改善人类的生存环境和消除环境污染中起着重要作用。对学生而言，掌握必要的环境工程微生物学实验技能对于理解和认识环境工程微生物学的相关理论，从事环境工程的研究工作具有重要的意义。该实验课程的学习，不但能使学生熟悉环境中微生物的主要类群，牢固掌握环境微生物学实验的基本操作技能，巩固和加深学生对基本知识和基本技能的掌握与理解，还能使学生初步掌握微生物对环境中污染物的降解与特化知识及环境监测中与微生物学相关的方法，培养学生观察问题、分析问题和解决问题的能力。

本书主要内容包括基础实验、现代实验技术以及综合应用实验三部分。基础实验部分由夏军编写，包括微生物的培养与操作、微生物观察、微生物的生理生化反应、微生物的生长与计数以及微生物的分离与纯化等。现代实验技术部分由邓媛方编写，包括对环境微生物总 DNA 的提取、RNA 的提取、基因序列鉴定以及用分子手段检测微生物丰度和固定化技术等。综合应用实验部分由刘晓燕和于铭鹏编写，包括空气中微生物数量检测，活性污泥中生物相与放线菌、霉菌、酵母菌的形态观察，水中大肠菌群的监测及污染物处理菌株筛选培养等，同时也增加了综合性、探索性实验内容，要求学生根据已掌握的知识，独立完成试剂配制、实验方案改良，尝试分析实验结果，培养学生对实验的独立操作能力以及对实验结果的分析能力。本书可作为高等院校生物、环境等相关专业的微生物学实验教材。各校可根据教学的实际需要和具体实验条件，从中取舍，灵活使用。

由于编者水平有限，书中错误和缺点在所难免，欢迎广大读者提出宝贵意见。

编者

2025 年 4 月

环境工程微生物学实验守则

一、环境工程微生物学实验安全须知

1. 任课教师必须向学生阐明所做实验的要求和注意事项，讲清实验要领、设备性能和操作规程。

2. 节约使用试剂，使用前检查试剂的时效性，不要使用过期的试剂。严防试剂混杂污染，试剂用完后应及时归放到试剂架上，试剂瓶塞不得乱盖。

3. 实验台、试剂药品架必须保持整洁，仪器药品摆放井然有序。实验完毕，学生需将试剂放回原处，仪器洗净放好，实验台面抹拭干净，经教师验收后，方可离开实验室。

4. 谨慎使用仪器，防止损坏。学生在使用精密仪器时，应严格遵守操作规程，发现故障立即报告教师，不要自己维修。

5. 实验前，学生需做好预习工作，熟悉实验的原理与步骤。实验过程中要听从教师指导，严格按操作规程进行实验，如实记录实验结果和数据。实验完成后经教师检查同意，方可离开。

6. 实验废液需倒入废液桶，不能倒入水槽。废纸、火柴头及其他普通固体废弃物应倒入垃圾桶，不可到处乱扔。

7. 未经批准，实验室内一切物品，严禁携带出实验室。

二、实验室灭火法

1. 发生酒精或其他可溶于水的液体燃烧时，可用水灭火。

2. 若汽油、乙醚、甲苯等有机溶剂着火，应使用灭火毯或沙土覆盖灭火，切勿用水，以免扩大燃烧范围。

3. 电线起火时，不得使用水或二氧化碳灭火器，应立即切断电源，并使用四氯化碳灭火器进行灭火。

4. 若衣物起火，切勿奔跑，应迅速用衣物、毯子等包裹身体，或在地面滚动以熄灭火焰。

5. 发生火灾时，应注意保护现场，较大的着火事故应立即报警。

三、实验室急救

1. 玻璃割伤及其他机械损伤：首先检查伤口内有无玻璃或金属等碎片，然后用硼酸水洗净，再涂擦碘酒，必要时用纱布包扎。若因伤口较大或过深导致大量出血，应立即在伤口上部和下部扎紧血管止血，并立即送医院救治。

2. 烫伤：一般用浓酒精（90%～95%）消毒后，再涂上苦味酸软膏。如果伤处红痛或红肿（一级灼伤），可涂擦医用橄榄油或用棉花沾酒精敷盖伤处；若皮肤起泡（二级灼伤），不要弄破水泡，以防止感染；若伤处皮肤呈棕色或黑色（三级灼伤），应用干燥而无菌的消毒纱布轻轻包扎好，急送至医院治疗。

3. 强碱、钠、钾等触及皮肤而引起的灼伤，要先用大量自来水冲洗，再用5%硼酸溶液或2%乙酸溶液涂洗。

4. 强酸、溴等触及皮肤而引起的灼伤，要立即用大量自来水冲洗，再用5%碳酸氢钠溶液或5%氢氧化铵溶液洗涤。

5. 如酚触及皮肤引起灼伤，可用酒精洗涤。

6. 煤气中毒时，应到室外呼吸新鲜空气，若严重应立即到医院诊治。

7. 水银容易由呼吸道进入人体，也可以经皮肤直接吸收而引起积累性中毒。如水银急性中毒，可食入蛋白（如1 L牛奶加3勺鸡蛋清），或蓖麻油解毒并使之呕吐。若不慎将水银洒在桌面或地面上，又无法回收时，可撒些硫磺粉在其上。硫可直接与汞反应，产生微毒的黑色硫化汞。

四、触电时的救治

关闭电源，用干木棍使导线与触电者分开。伤员脱离电源后，立即检查触电者呼吸和心跳，如果发现呼吸心跳停止，应立即就地抢救，同时拨打急救电话。

目录 CONTENTS

第一篇　环境工程微生物学实验基础篇

第二篇　现代实验技术篇

第三篇　应用综合实验篇

第一篇

环境工程微生物学实验基础篇

第一章　环境工程微生物学实验基础

1.1　环境工程微生物学实验常见操作及安全

1.1.1　无菌操作及常用仪器设备

一、无菌操作的概念及分类

在微生物学中，无菌操作是一个至关重要的环节。在微生物学实验、生产和科学研究工作中，需要对微生物进行分离纯化培养，以杜绝一切外来杂菌。因此对所用的器具、培养基必须进行严格灭菌并对工作环境进行严格消毒，以保证研究工作的顺利进行。可以说微生物实验的成败往往取决于无菌操作技术的完成度。所谓的无菌环境，就是指在环境中一切有生命活动的微生物的营养细胞及其芽孢或孢子都不存在。只有在培养基、所用器械及发酵设备等均无菌的前提下，才能在微生物接种后实现纯种培养，最终得到所需的产品。无菌操作技术就是一种在此过程中防止微生物进入机体或物体的方法。

无菌操作技术包含两个基本概念：消毒和灭菌。消毒是指用物理、化学或生物的方法杀死病原微生物的过程。具有消毒作用的药物统称为消毒剂，一般消毒剂在常用浓度条件下只对细菌的繁殖体有效，对芽孢无效。灭菌是指用物理、化学方法杀灭全部微生物的营养细胞及其芽孢或孢子的过程，其原理是使蛋白质和核酸等生物大分子发生变性，从而达到灭菌的效果。

灭菌和消毒的方法有很多，在物理上，有火焰灭菌、干热灭菌和湿热灭菌三种方法；在化学上，可以使用化学药物抑制微生物的代谢活动及其菌体结构的合成，从而起到抑菌和杀菌的作用。此外，还有过滤除菌和照射灭菌等消毒灭菌方法。在微生物实验中，经常用到的消毒灭菌方法有火焰灭菌、干热灭菌、湿热灭菌、化学灭菌和紫外线照射杀菌等。

1. 火焰灭菌是指将微生物接种工具等在酒精灯火焰上灼烧以达到灭菌的目的，如接种工具中的接种环、接种针及其他金属用具可以直接在酒精灯火焰上灼烧灭菌。此外，在接种时，也常把试管口、三角瓶口、培养皿放在酒精灯火焰外侧进行灼烧灭菌。

2. 干热灭菌是利用高温使微生物细胞内的蛋白质凝固变性，从而达到灭菌的目的。细胞内蛋白质的凝固性与其本身的含水量有关，在菌体受热时，环境和细胞内含水量越大，蛋白质凝固越快；反之含水量越少，凝固越缓慢。干热灭菌所需的时间是 1～2 h，温度是 160～170℃，但不能超过 180℃，否则会烧焦包器皿的纸或棉塞，甚至引起燃烧（纸的着火点是 183℃）。

3. 湿热灭菌是利用热蒸汽灭菌，水分子可以破坏维持蛋白质三维结构的氢键和其他相互作用的弱键，热蒸汽在转变成液体时会释放出大量的热，因此其灭菌效果非常好。常用的高压蒸汽灭菌便是湿热灭菌中的一种。其工作原理为：把待灭菌物品放在盛有水且封闭的高压蒸汽灭菌锅中，待锅内的水煮沸，就可把锅中原有的冷空气彻底除尽，再继续加热就会使锅内的蒸汽压上升，从而温度也会跟着上升，当蒸汽压达到 103.4 kPa 时，蒸汽的温度上升到 121℃，在这种环境下维持 15～20 min 便可以杀死全部微生物及其芽孢。

4. 化学灭菌主要是利用化学杀菌剂抑制和杀灭物体表面、器械、排泄物和周围环境中的微生物。微生物实验室中常用的化学杀菌剂有氯化汞、甲醛、高锰酸钾、乙醇、碘酒、龙胆紫、石炭酸、煤酚皂、漂白粉、氧化乙烯、β-丙内酯、过氧乙酸、新洁尔灭等。

5. 紫外线灭菌是用紫外灯进行的。波长为 200～300 nm 的紫外线都有杀菌能力，其中以波长为 260 nm 的紫外线杀菌能力最强。在波长一定的条件下，紫外线的杀菌效率与强度和时间的乘积成正比。紫外线杀菌机制主要是因为它诱导了胸腺嘧啶二聚体的形成和 DNA 链的交联，从而抑制了 DNA 的复制；并且，辐射能使空气中的氧分子解离为氧原子，氧原子进一步与氧气（O_2）反应生成臭氧（O_3）或使水氧化生成过氧化氢（H_2O_2），而 O_3 和 H_2O_2 均具有杀菌作用。由于紫外线穿透力不强，所以只适用于无菌室、接种箱内的空气及物体表面的灭菌。紫外灯距照射物以不超过 1～2 m 为宜。

二、无菌操作常用仪器设备

1. 高压蒸汽灭菌锅

高压蒸汽灭菌锅常用于微生物实验中的玻璃器皿、溶液培养基等的灭菌处理，是高速、可靠的消毒灭菌设备。其原理主要是利用饱和蒸汽压力对物品进行灭菌。

使用方法：

（1）首先将内层锅取出，再往外层锅内加适量的水，使水面与三角搁架相平。

（2）放回内层锅，并装入待灭菌物品。注意不要装得太挤，以免妨碍蒸汽流通而影响灭菌效果。锥形瓶与试管口端均不要与锅壁接触，以免冷凝水淋湿包口的纸透入棉塞。

(3) 加盖，并旋紧盖上的阀门，防止漏气。温度设为 121℃，时间设为 20 min(具体根据实际情况而定，例如需灭菌的是含糖类的培养基，则应设置为 115℃，30 min)，打开电源开关开始加热。

2. 无菌操作间

无菌操作间(图 1.1-1)是一间光照度良好、无直接空气对流并与外界隔离的小室。其外有一缓冲过道，在内室门上有一小活动窗，以便室内外物品的传递。室内有紫外灯，其数量多少取决于无菌室空间的大小。

图 1.1-1　无菌操作间

使用方法：

(1) 无菌操作间应保持清洁，工作前应将室内清理干净，把需要用的实验器材全部放入室内，关好门后开启紫外灯照射灭菌 1 h。

(2) 工作者进入无菌室时应穿戴无菌衣物(衣、帽及口罩)，并换上无菌室专用的清洁胶底鞋。进入前关闭紫外灯，在工作未完成前，不应随便开门出入。

(3) 工作完毕后，补充常用物品(如酒精)，离开。

3. 超净工作台

超净工作台(图 1.1-2)是为了适应现代化工业、生物制药以及科研实验等领域对局部工作区域高洁净度的需求而设计的。其工作原理是在特定的空间内，室内空气经预过滤器初滤，由小型离心风机压入静压箱，再经空气高效过滤器二级过滤。从空气高效过滤器出风面吹出的洁净气流具有均匀、稳定的断面风速，可以排除工作区原来的空气，将尘埃颗粒和生物颗粒带走，从而形成无菌的高洁净的工作环境。

图 1.1-2 超净工作台

使用方法：

(1) 使用前先打开紫外灯进行照射灭菌 30 min，处理净化工作区空气及表面的微生物。

(2) 关闭紫外灯，启动送风机，清除尘粒。10～20 min 后即可在工作区进行操作(操作前需再次检查紫外灯是否已关闭)。

(3) 工作完毕，停止送风机的运行，整理、清洁台面卫生，并放下防尘帘。

1.1.2 培养基及其制备

培养基是根据不同微生物的生长需求，通过人工配制多种物质所成的混合营养物质，旨在培养或分离微生物。因此，培养基应包含微生物能够利用的营养成分，如碳源、氮源、无机盐和水分等。

从微生物的类型来看，常见的有细菌、放线菌、酵母菌和霉菌等。它们需要不同的培养基。例如，细菌常用牛肉膏蛋白胨培养基，放线菌常用高氏 1 号合成培养基，酵母菌常用麦芽汁培养基，而霉菌则常用马铃薯葡萄糖琼脂培养基。

除了提供所需的营养成分，培养基还需满足微生物生长所需的其他条件，如适当的酸碱度和渗透压等。因此，根据不同微生物的要求，培养基的 pH 需进行适当调整。例如，细菌培养基中性偏碱，放线菌培养基偏碱性，酵母菌和霉菌培养基偏酸性。

一、培养基分类

1. 基于物质的来源，可分为天然培养基、半合成培养基和合成培养基三类。

(1) 天然培养基：由天然物质制成，如牛肉膏蛋白胨培养基，其化学成分不恒定，难以准确测定，但因配制简便、营养丰富，广泛应用于微生物培养。

(2) 半合成培养基：在天然培养基的基础上适量添加已知成分的无机盐类，如用于霉菌培养的马铃薯葡萄糖琼脂培养基，是向马铃薯煮沸汁水中添加葡萄糖和琼脂。

(3) 合成培养基：由已知化学成分配制而成，如高氏 1 号合成培养基，其组成精确、重复性强，但价格较高，微生物在培养基中生长速度较慢，主要用于特定实验研究。

2. 基于培养基的物理状态，可分为液体培养基、固体培养基和半固体培养基。

(1) 液体培养基不含凝固剂，成分均匀，便于微生物充分接触养分，常用于生理生化研究及发酵工业，因其发酵效率高、操作便捷。

(2) 固体培养基是在液体培养基中加入凝固剂(如琼脂、明胶、硅胶)，使其呈固体状态。理想的凝固剂应满足不被微生物分解利用、在培养温度范围内保持固态、对微生物无毒害作用以及成本低廉等要求。

(3) 半固体培养基是在液体培养基中加入少量凝固剂，使培养基呈半固体状态，适用于观察细菌运动性、噬菌体效价测定等实验。

3. 基于培养基功能，可分为基础培养基、选择性培养基、富集培养基和鉴别性培养基。

(1) 基础培养基含有微生物生长所必需的基本营养成分，它既可单独使用，也可以通过添加额外营养成分满足不同微生物的特殊需求。

(2) 选择性培养基用于从混合菌群中分离特定微生物，通过加入特殊营养物质或抑制剂，抑制不需要的微生物，促进目标微生物的生长。

(3) 富集培养基是在基础培养基中额外添加特定营养成分，如血液、动植物组织液等，以满足营养需求较高的异养微生物的生长。

(4) 鉴别性培养基用于区分不同类型的微生物，在培养基中加入特定的化学指示剂，微生物生长过程中产生的代谢产物可与这些物质发生特征性反应，如颜色变化、沉淀生成等，进而实现微生物的快速分类和鉴定。此外，鉴别性培养基也可用于筛选特定代谢产物的微生物菌种。

二、培养基的配制方法

培养基配制流程：药品称量→加热溶解→调节 pH→过滤→分装→加棉塞及包扎→灭菌→平板和斜面的制作。

(1) 药品称量。按实际用量计算后，根据配方称取各种药品，放入大烧杯中。

(2) 加热溶解。在烧杯中加入少于所需要的水量。垫上石棉网，放在电炉上小火加热，并用玻棒搅拌，待药品完全溶解后再补充水分至所需量。

(3) 调节 pH。检测培养基的 pH，用 NaOH 溶液或者 HCl 溶液进行调节，边加边搅拌，随时用 pH 试纸检测，直至达到所需的 pH 范围。对于 pH 要求较精确的微生物，其培养基 pH 的调节可用 pH 计进行检测。

(4) 过滤。液体培养基可用滤纸过滤。固体培养基可用 4 层纱布趁热过滤，以利于观察。但一般使用的培养基，这一步骤可以省略。

（5）分装。按实验要求，将配制好的培养基分装入试管或锥形瓶内。以不超过锥形瓶容积的一半或试管高度的 1/3 为宜。

（6）加棉塞及包扎。给试管或锥形瓶加棉塞并包扎，然后用记号笔注明培养基的名称、组别和日期。

（7）灭菌。将上述培养基于 121℃ 湿热灭菌 20 min 左右（或 115℃，30 min）。灭菌后取出冷却，待用。用于制作斜面的试管斜放冷却。

（8）平板和斜面的制作

倒平板：将培养基冷却至 50℃左右（稍稍不烫手为准），在超净工作台中，先用 75%酒精擦手，待酒精挥发后点燃酒精灯。右手持装有培养基的锥形瓶，靠近火焰，左手拔出瓶塞，确保瓶口始终朝向火焰。随后，用右手的手掌边缘与无名指夹住瓶塞，左手拿起培养皿，并在火焰附近稍微揭开皿盖。迅速倒入约 15.0 mL 培养基后，立即盖上培养皿，并轻轻摇晃，使培养基均匀铺展至皿底。最后，将培养皿平放在桌面上，待培养基凝固，即完成平板制备。如图 1.1-3 所示。

步骤 1　打开培养基

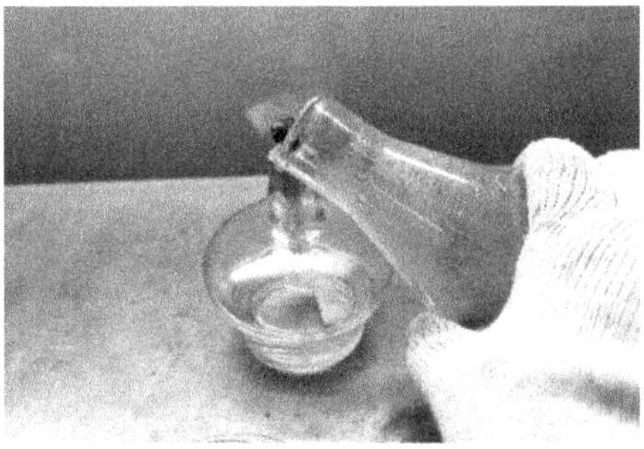

步骤 2　将瓶口靠近酒精灯火焰

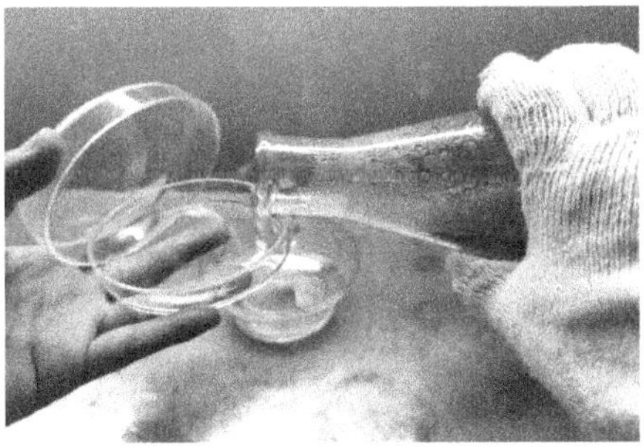

步骤 3　在酒精灯火焰前打开培养皿，倒入培养基

步骤 4　待培养基凝固后倒置

图 1.1-3　倒平板

摆斜面：灭菌后，趁热将试管口端搁在一根长木条上，并调整斜度，使斜面的长度不超过试管总长的1/2，如图1.1-4所示。

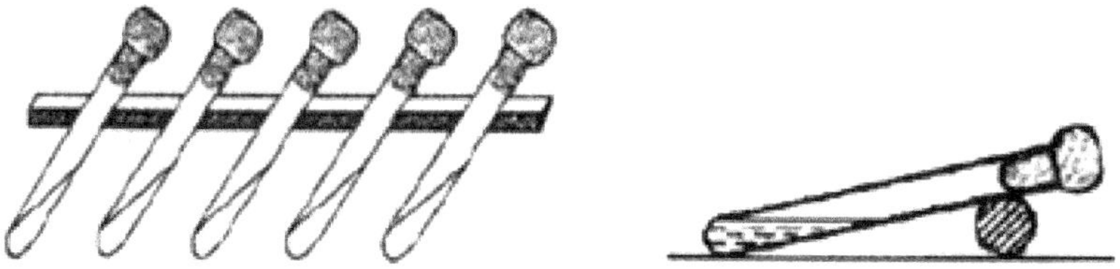

图1.1-4　摆斜面

1.1.3　常用培养基及配制方法

1. 马铃薯葡萄糖培养基

① 配方：马铃薯200.0 g，葡萄糖20.0 g，琼脂20.0 g，蒸馏水约1 000 mL。

② 配制方法：将马铃薯去皮切块，加1 000 mL蒸馏水，煮沸。10～20 min后，用纱布过滤，补加蒸馏水至1 000 mL。加入葡萄糖和琼脂，加热溶化，分装，121℃高压灭菌20 min。

2. 高氏1号合成培养基

① 配方：可溶性淀粉20.0 g，KNO_3 1.0 g，NaCl 0.5 g，$K_2HPO_4 \cdot 3H_2O$ 0.5 g，$MgSO_4 \cdot 7H_2O$ 0.5 g，$FeSO_4 \cdot 7H_2O$ 0.01 g，琼脂20.0 g，蒸馏水1 000 mL。

② 配制方法：先将淀粉溶入烧杯中加热搅拌至完全溶解，再加入其他成分依次溶解，最后加蒸馏水至1 000 mL。调节pH至7.2～7.4，加入琼脂，加热溶化，分装，121℃高压灭菌20 min。

3. 牛肉膏蛋白胨培养基

① 配方：牛肉膏5.0 g，蛋白胨10.0 g，NaCl 5.0 g，琼脂20.0 g，蒸馏水1 000 mL。

② 配制方法：先将牛肉膏、蛋白胨溶入烧杯中加热搅拌至完全溶解，再加入其他成分依次溶解，最后加水至1 000 mL。调节pH至7.0～7.2，加入琼脂，加热溶化，分装，121℃高压灭菌20 min。

4. 淀粉培养基

① 配方：蛋白胨10.0 g，牛肉膏5.0 g，NaCl 5.0 g，可溶性淀粉2.0 g，琼脂15.0～20.0 g，蒸馏水1 000 mL。

② 配制方法：先将淀粉用少量蒸馏水调成糊状，再将其加入到溶化好的培养基中，调节 pH 至 7.2，121℃灭菌 20 min。

5. 油脂培养基

① 配方：蛋白胨 10.0 g，牛肉膏 5.0 g，NaCl 5.0 g，橄榄油 10.0 mL，琼脂 15.0～20.0 g，中性红（1.6%水溶液）1.0 mL，蒸馏水 1 000 mL。

② 配制方法：溶解后调节 pH 至 7.2，121℃灭菌 20 min。

6. 明胶液化培养基

① 配方：牛肉膏 5.0 g，蛋白胨 10.0 g，NaCl 5.0 g，明胶 120.0 g，蒸馏水 1 000 mL。

② 配制方法：溶解后调节 pH 至 7.2～7.4，121℃灭菌 30 min。

7. 硝酸盐还原试验培养基

① 配方：蛋白胨 10.0 g，NaCl 5.0 g，牛肉膏 3.0 g，KNO_3 1.0～2.0 g，蒸馏水 1 000 mL。

② 配制方法：溶解后调节 pH 至 7.4，配制时，KNO_3 应当达到分析纯试剂等级，装培养基的器皿要洁净。

8. 生物絮凝发酵培养基

① 配方：葡萄糖 20.0 g，$MgSO_4$ 1.0 g，KH_2PO_4 4.0 g，K_2HPO_4 1.0 g，酵母膏 2.0 g，蒸馏水 1 000 mL。

② 配制方法：溶解后调节 pH 至 7.0 左右，121℃灭菌 30 min。

9. 脱酚菌分离培养基

① 配方：蛋白胨 0.5 g，K_2HPO_4 0.1 g，$MgSO_4 \cdot 5H_2O$ 0.05 g，苯酚 0.05 g，蒸馏水 1 000 mL。

② 配制方法：溶解后调节 pH 至 7.2～7.4，121℃灭菌 30 min。

10. 硝化细菌富集分离培养基

① 配方：$NaNO_2$ 0.2～20.0 g，$FeSO_4 \cdot 7H_2O$ 0.03 g，$MgSO_4 \cdot 7H_2O$ 0.01 g，$K_2HPO_4 \cdot 3H_2O$ 0.98 g，Na_2CO_3（无水）1.0 g，NaH_2PO_4 0.25 g，蒸馏水 1 000 mL。

② 配制方法：溶解后调节 pH 至 6.5～6.8，121℃灭菌 30 min。$NaNO_2$ 需单独配制成 100 g/L 的溶液，与其他组分开灭菌，临用前再混合。根据实验目的选择 $NaNO_2$ 浓度，一般而言，富集时选择较高浓度，培养时选择较低浓度。

11. LB 培养基

① 配方：酵母粉 5.0 g，蛋白胨 10.0 g，NaCl 10.0 g，蒸馏水 1 000 mL。

② 配制方法：溶解后调节 pH 至 7.2～7.4，121℃灭菌 30 min。

12. KM 培养基

① 配方：酵母浸提物 0.5 g，蛋白胨 0.5 g，牛肉膏 0.5 g，蒸馏水 1 000 mL。

② 配制方法：溶解后调节 pH 至 7.3，121℃灭菌 30 min。

13. 亚硝化细菌培养基

① 配方：$(NH_4)_2SO_4$ 0.5 g，NaCl 0.3 g，$FeSO_4 \cdot 7H_2O$ 0.03 g，K_2HPO_4 1.0 g，$MgSO_4 \cdot 7H_2O$ 0.03 g，$CaCl_2$ 7.5 g，蒸馏水 1 000 mL。

② 配制方法：溶解后调节 pH 至 7.2～7.4，121℃灭菌 30 min。

1.1.4 土壤样品的采集及处理

一、土壤类型分类

土壤是微生物的天然固体培养基，其中的微生物数量大、种类多，是微生物的天然储存库，是人类利用微生物资源的最主要来源。因此，土壤样品的采样至关重要。土壤根据利用方式可分为果园土、水稻土、麦地土、交通土、尾矿土、填埋土等，根据垂直分布可以分为表土、根际和沉积物等。

二、土壤样品采集

土壤样品的采集是分析工作中的一个重要环节，是分析结果和结论正确与否的先决条件，因此，必须选择有代表性的地点和代表性的土壤。同时，根据分析目的的不同，采样方法和处理方法也有区别。

1. 表土样品采集

随机布点，又称网格布点，是一种完全不带主观条件的布点方法。将监测单元分成网格（网格可以随机也可以系统等分），将每个网格编号，采样点样品数确定后，随机抽取规定的样品数的样品，标上对应的网格号，即为采样点（图 1.1-5）。

图 1.1-5　土壤采集随机布点示意图

如果事先已经知道监测区域的土壤类型、环境条件、污染物种类，则可将区域分块，块内污染物相对均一，块间差异相对明显，每块作为一个单元，单元内再随机布点(图 1.1-6)。中心区可以是功能区域、污染源或者其他研究标的核心等。目标区域内有河流的监测单元最少设 3 个点。区域土壤环境调查根据区块不同可选择 2.5 km、5 km、10 km、20 km、40 km 网距网格布点，区域内的网格接点数量即为土壤采样点数量。

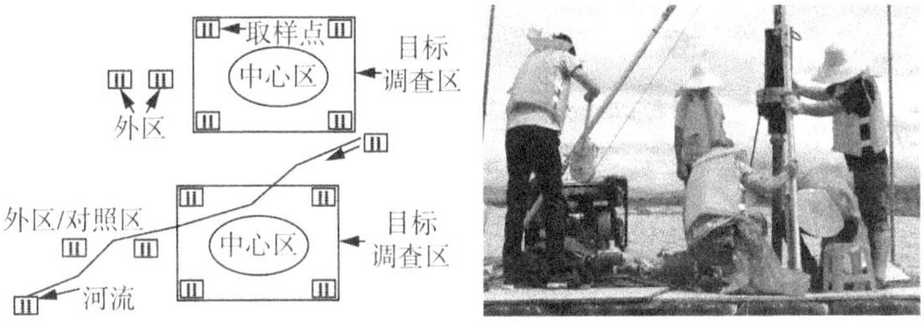

图 1.1-6　已知功能区块土壤和底泥采样示意图

2. 土壤剖面样品采集

除了表土采集，必要时还需采集土壤剖面样品。在选定剖面采集位置后，一般挖一个长 1.5～2 m、宽 0.8～1 m、深 1～2 m 的长方体，较窄的向阳的面作为观察面，表土和底土分两侧放置(图 1.1-7)；也可以直接用手动或动力土壤采样器，如同取岩心一样取一定深度(一般为 1 m)。

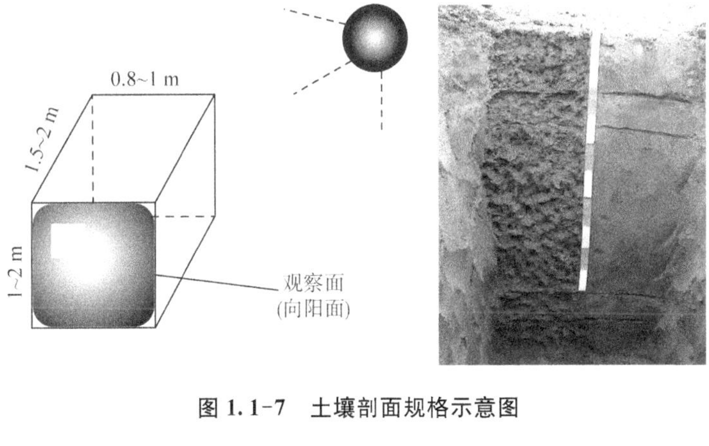

图 1.1-7　土壤剖面规格示意图

对于农业污灌等污染源不明确的非点源污染(面源污染)，土壤的混合采样是必需的。混合土壤的采集主要有梅花法、对角线法、棋盘法、蛇形法(S 形法)等(图 1.1-8)。梅花法适用于面积较小、地势平坦、土壤组成和受污染程度比较均匀的地块，采样点5～7个；对角线法适用于明确流水方向的地块，将对角线五等分（或若干等分），等分点即为采样点；棋盘法类似于系统网格布点，面积可大可小，适用于大中型垃圾堆（场）污染的土壤采样，采样点应在10个以上；蛇形法适用于面积较大、土壤不均匀、地势不平坦的复杂地块，采样点应在15个以上。

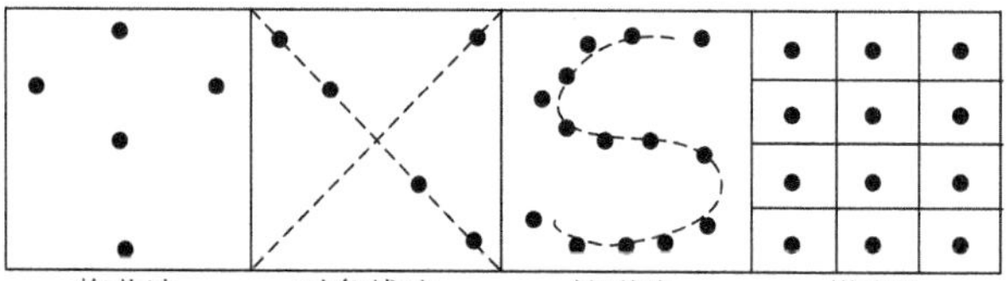

图1.1-8　土壤混合样品采集方法示意图

土壤混合采样后，若土壤样品过多，可将各采样分点土壤混匀后用四分法，如图1.1-9所示，按步骤3，将对角线两份混合，取1 kg装入样品袋保存待用，多余部分备份或丢弃。

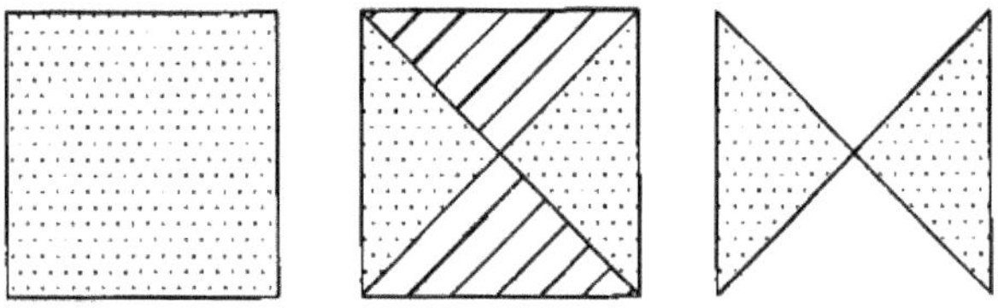

图1.1-9　土壤样品四分法取样图解

3. 沉积物采样

水面下底部沉积物可用抓斗、采泥器或钻探装置采集（图1.1-10）。典型的沉积过程一般会出现分层或者组分有很大差别。此外，河床高低不平以及河流的局部运动都会引起各沉积层厚度的很大变化。

采泥地点除在主要污染源附近、河口部位外，应选择由于地形及潮汐原因造成堆积以及底泥恶化的地点，另外，也可选择在沉积层较薄的地点。

在底泥堆积分布状况未知的情况下，采泥地点要均衡地设置。在河口部分，由于沉积物堆积分布容易变化，应适当增设采样点，原则是在同一地方稍微变更位置进行采集。

混合样品可由采泥器或者抓斗采集。需要了解分层作用时，可采用钻探装置采集。

(a) 钻探取样

(b) 抓斗取样

图 1.1-10 沉积物采样

在采集沉积物时，不管是岩心还是规定深度沉积物的代表性混合样品，必须知道样品的性质，以便正确地分析或检验。此外，难以预测或无法得知底部沉积物的变化程度及性质时，应适当增设采样点。

采集单独样品不仅能得到沉积物变化情况，还可以绘制组分分布图，因此，单独样品比混合样品更有用。

生物样品容器也适用于沉积物样品的存放，一般均使用广口容器。由于这种样品水分含量较大，要特别注意容器的密封性。

三、操作步骤

1. 土壤样品前处理

土壤中的微生物大多数附着在土壤颗粒表面，测定时首先要使土壤颗粒与微生物分离。研磨、振荡、搅拌和超声波处理等物理手段，加入分散剂使土壤团聚体分散等化学手段，均是使微生物从颗粒中分散的方法，实际使用中，可选用物理方法加配化学分散剂，增强分散效果。

(1) 磷酸缓冲液振荡法

取 10.0 g 新鲜土壤（粒径小于 2 mm）到 200 mL 三角烧瓶中，加入 0.06 mol/L 的磷酸盐缓冲液 95 mL，充分振荡 15 min。

0.06 mol/L 的磷酸盐缓冲液配制：取一水磷酸二氢钠（$NaH_2PO_4 \cdot H_2O$）8.28 g 溶于 1 000 mL 无菌去离子水中，取二水磷酸氢二钠（$Na_2HPO_4 \cdot 2H_2O$）10.68 g 溶于 1 000 mL 无菌去离子水中，然后将两种溶液按比例（体积比为 28∶72）混合，调节 pH 使其与土壤 pH 一致。

(2) Tris 缓冲液搅拌法

取 1.0 g 新鲜土壤（粒径小于 2 mm）到 100 mL 烧杯中，加入 Tris-HCl 溶液

20.0 mL，用搅拌机低速搅拌 1 min。

Tris-HCl 溶液配制（Tris 浓度为 0.05 mol/L）：取 6.35 g Tris 溶于 800 mL 无菌去离子水，用浓盐酸调节 pH 至 7.5，定容至 1 000 mL。其中，Tris 即三羟甲基氨基甲烷，分子式 $C_4H_{11}NO_3$，可溶于乙醇和水。

(3) 膜过滤法分离细菌和真菌

用上述方法对土壤进行稀释，或者使用分散剂超声涡旋法：取 2.0 g 新鲜土壤（粒径小于 2 mm）到 100 mL 烧杯中，加入无菌去离子水 50.0 mL 和 10.0 mL 迪康 90(Decon90) 分散剂，在 4℃ 下超声处理 15 min，同时低速涡旋 30 s，并在过滤前用无菌去离子水稀释 200 倍，静置 5 min 备用。迪康 90 是一种商业洗涤剂，主要是由阴离子表面活性剂、非离子表面活性剂和碱液配制而成的，pH 约 13。分散剂也可以选择六偏磷酸钠、氯化钠、胆酸钠和离子交换树脂等。

(4) 细菌过滤

取 50.0 mL 稀释液，用孔径为 8.0 μm 的微孔滤膜过滤（去除土壤微颗粒、有机质和菌丝体等），再取过滤液，用 3.0 μm 的微孔滤膜过滤，再用 0.2 μm 或 0.45 μm（根据细菌的类型，活细菌一般可选 0.45 μm）的微孔滤膜过滤。这样过滤的细菌收率可能较低，因为细菌可能仍吸附团聚在沉积颗粒物上，可多次用分散剂分散和低速离心（加速度小于 500.0g，g=9.81 m/s^2），收集所有上清液，过滤纯化、干燥冷藏备用。

(5) 真菌过滤

取 50.0 mL 稀释液，用 0.1 μm 或 0.8 μm 的微孔滤膜过滤（除非是细菌团，分散细菌直径一般小于 1.0 μm）。这样过滤的真菌收率可能较低，因为真菌仍然可能大量的附着在沉积物中。使用 100g 或 300g 低速离心，分离上清液，沉淀物用 2 倍量的林格氏液（Ringer's solution）洗涤过滤（过滤后沉淀物粒径小于 100 μm）至烧杯中，用铜丝搅拌器（铜丝直径 150 μm）慢速搅动，每次 5 min，多次搅动，多次用林格氏液洗涤附着在铜丝上的菌丝。45 μm 滤膜过滤纯化，干燥冷藏备用。林格氏液配制：NaCl 6.5 g，KCl 0.42 g，$CaCl_2$ 0.25 g，$NaHCO_3$ 84.0 g（也可以不用，主要用于缓冲 pH），溶于 1 000 mL 去离子水中。

其中，$NaHCO_3$ 品质应不低于《化学试剂 碳酸氢钠》(GB/T 640-1997)。

2. 土壤样品保存

容器或器皿塞子必须是惰性的，包括化学惰性和生物惰性，防止容器和样品发生反应。目前市面上有许多特定样品专用容器，尽可能选用这类专用容器保存样品。

生物样品的保存应符合下列标准：

(1) 预先了解防腐剂/保护剂对预防生物有机物损失的效果。

(2) 防腐剂/保护剂至少在保存期内，能够有效防止生物/有机质退化。

(3) 在保护期内，防腐剂/保护剂应能保证充分研究目标生物类群。

土壤样品的保存可参考水样样品保存方法。

四、实验结果记录与分析

膜过滤法用于磷酸缓冲液振荡法、Tris 缓冲液搅拌法和分散剂超声涡旋法提取细菌和真菌生物量，提取到的生物量分别是多少？如何解析这种差异性？

五、思考题

膜过滤法能否区别活菌和死菌？有无其他方法分离收集土壤微生物？

1.1.5 水中细菌总数的测定

一、基本原理

水中细菌总数的测定采用平板菌落计数法。由于水中含有多种细菌，其营养需求各异，无法使用单一培养基在统一条件下满足所有细菌的生长。因此，在特定培养基平板上形成的菌落总数仅作为水中细菌总量的近似估算。目前，通常选用普通牛肉膏蛋白胨培养基测定水中细菌总数。

二、实验材料与设备

1. 培养基

牛肉膏蛋白胨培养基、无菌水。

2. 仪器或其他用具

灭菌三角烧瓶、灭菌的带玻璃塞瓶、灭菌培养皿、灭菌吸管、灭菌试管等。

三、操作步骤

1. 水样的采取

(1) 自来水：先用火焰对自来水龙头进行约 3 min 的灼烧处理，随后打开水龙头，让水流动约 5 min 后，用灭菌三角烧瓶收集水样。

(2) 池水、河水或湖水：取距水面以下 10～15 cm 的深层水样。具体操作如下：使用灭菌的带玻璃塞瓶，瓶口朝下浸入水中，随后翻转瓶体，移除瓶塞，使水样自然流入瓶中。待瓶内装满后，立即盖好瓶塞，并取出水样。若无法立即检测，应置于冰箱冷藏保存。

2. 细菌总数测定

(1) 自来水

① 用灭菌吸管吸取 1.0 mL 水样，加入两个灭菌培养皿中。

② 向培养皿倒入约 15.0 mL 冷却至 45℃左右的牛肉膏蛋白胨培养基，并在桌面上轻轻旋摇，确保水样与培养基充分混合。

③ 另取一个空白灭菌培养皿，同样加入 15.0 mL 牛肉膏蛋白胨培养基，作为空白对照。

④ 待培养基凝固后，倒置放入 37℃培养箱，培养 14 h 后进行菌落计数。

两个平板的平均菌落数即为各培养皿中每 1.0 mL 水样的细菌总数。

检测标准可参考《生活饮用水标准检验方法　第 12 部分：微生物指标》(GB/T 5750.12-2023)。

(2) 池水、河水或湖水

① 稀释水样：取 3 支灭菌试管，各加入 9.0 mL 灭菌水。取 1.0 mL 水样加入第一支试管，摇匀后取 1.0 mL 至第二支试管，再依次稀释至第三支试管，其稀释度依次为 10^{-1}、10^{-2}、10^{-3}。稀释倍数可根据水样污染程度调整，以保证培养后平板菌落数在 30～300。若菌落数过多或过少，应调整稀释倍数，例如：污染较轻的水样采用 10^{-1}～10^{-3} 稀释度，污染较重的水样采用 10^{-2}～10^{-4} 稀释度。

② 接种：从最后三个稀释度的试管中各取 1.0 mL 稀释液，加入空的灭菌培养皿，每个稀释度接种两个平板。

③ 倒平板：分别倒入 15.0 mL 冷却至 45℃的牛肉膏蛋白胨培养基，轻摇混匀。

④ 培养：待培养基凝固后，将培养皿倒置于 37℃培养箱，培养 24 h(可根据需要适当延长)。

3. 菌落计数方法

(1) 计算平均菌落数：计算相同稀释度的平均菌落数。若某个平板出现大片菌苔，应舍弃该平板，选择无片状菌苔的平板计算。若片状菌苔面积小于平板的一半且其余一半菌落分布均匀，可计算另一半菌落数并乘以 2，作为该平板的总菌落数，再根据稀释度计算平均菌落数。

(2) 确定细菌总数：若仅一个稀释度的平均菌落数在 30～300，直接用该平均菌落数乘以稀释倍数，即得水样的细菌总数(表 1.1-1 例 1)。

(3) 若两个稀释度的菌落数均在 30～300，则计算两者菌落总数的比值，若比值小于2,取两者的平均值,若比值不小于2,取较小的菌落数计算(表1.1-1例2及例3)。

(4) 若所有稀释度的菌落数均大于300,取最高稀释度的平均菌落数乘以稀释倍数(表1.1-1例4)。

(5) 若所有稀释度的菌落数均小于30,取最低稀释度的平均菌落数乘以稀释倍数(表1.1-1例5)。

(6) 若所有稀释度的菌落数均不在30～300,取最接近300或30的平均菌落数乘以稀释倍数(表1.1-1例6)。

表1.1-1　细菌菌落数检数表

	不同稀释度的平均菌落数/个			两个稀释度菌落数之比	菌落总数/个·mL^{-1}
	10^{-1}	10^{-2}	10^{-3}		
例1	1 365	164	20	—	16 400
例2	2 760	295	46	1.6	37 750
例3	2 890	271	60	2.2	27 100
例4	无法计数	1 650	513	—	513 000
例5	27	11	5	—	270
例6	无法计数	305	12	—	30 500

注:两位以后的数字采取四舍五入的方法舍去。

四、实验结果记录与分析

1. 实验结果

(1) 自来水中细菌总数填入表1.1-2。

(2) 池水、河水或湖水等细菌总数填入表1.1-3。

表1.1-2　自来水中细菌总数

平板	菌落数/个	1.0 mL自来水中细菌总数/个
1		
2		

表1.1-3　池水、河水或湖水等细菌总数

稀释度	10^{-1}		10^{-2}		10^{-3}	
平板	1	2	1	2	1	2
菌落数/个						
平均菌落数/个						

续表

稀释度	10^{-1}		10^{-2}		10^{-3}	
平板	1	2	1	2	1	2
计算方法						
细菌总数/个·mL^{-1}						

2. 思考题

(1) 从自来水的细菌总数结果来看，是否符合现行《生活饮用水卫生标准》(GB 5749-2022)?

(2) 所测的水源中水的污染程度如何? 是否符合现行水源水标准?

(3) 国家对自来水的细菌总数有一标准，那么各地能否自行设计其测定条件(诸如培养温度、培养时间等)来测定水样总数? 为什么?

(4) 各种水体中细菌总数有什么特点? 如果产生污染，你有什么好建议?

1.2 环境工程微生物学实验常用设备及操作安全

1.2.1 电子天平

一、用途

人们把利用电磁力平衡称物体质量的天平称为电子天平(图 1.2-1)，在实验室中将其作为称量药品或其他物品质量的工具。

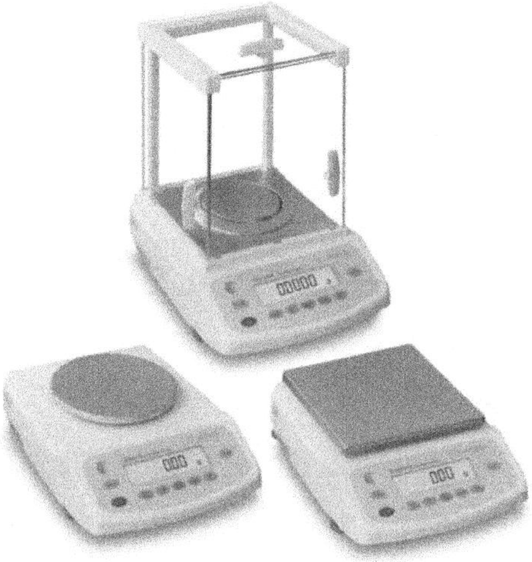

图 1.2-1 电子天平

二、工作原理

电子天平基于电磁力平衡原理，结合现代电子技术设计而成。其结构包括称盘、电磁线圈和传感器，其中称盘与通电线圈相连并置于磁场中。当物体放置在称盘上时，在向下的重力作用下，线圈内会产生等大反向的电磁力。传感器检测到变化后，输出电信号，并通过整流和放大电路调节线圈电流，直至恢复初始位置。此时，线圈电流的强度与物体的重力成正比，而重力直接反映物体的质量。该电信号经模拟系统转换，最终显示物体的质量。

三、使用注意事项

天平应放在稳定、无振动的地方，并尽可能水平，避免阳光直射、避免剧烈的温度波动、避免空气对流，应尽可能远离房门、窗、散热器及空调的出风口。在使用电子天平时，应关注环境温度与湿度。若操作说明书未特别指定温度范围，电子天平应在－10～40℃的条件下正常运行；如有特殊温度要求，则需严格遵循说明书的规定。

高精度电子天平通常配备水平调整装置和水准器，使用过程中应定期检查天平的水平状态。天平因移动或其他因素可能导致四角不平或倾斜，这是造成测量误差的主要原因。使用前需观察水平泡确认天平处于水平状态，如果不处于水平状态，则通过调节天平的水平螺丝将天平调整为水平状态。

天平的校准必须严格按照说明书要求执行。然而，许多用户在长时间未进行校准的情况下，误以为零位显示即代表天平数据准确。实际上，天平显示零点仅说明零位稳定，并不代表测量精度达标。存放时间过长、位置移动等因素均会影响测量结果，因此，电子天平在使用前必须进行校准，并严格控制称量范围。建议用户在日常操作中，使用高精度砝码进行每日或每次测量前的校准，并将砝码定期送至质量监督机构检定。

1.2.2　pH 计

一、用途

pH 计（图 1.2-2）是一种利用电化学性质测水溶液酸碱度（即 pH）的玻璃电极。

二、工作原理

在拉丁文中，pH 是 pondus hydrogenii 的缩写，是指物质中氢离子的活度，pH 的值则是氢离子浓度的负对数。pH 计的核心部件包括参比电极、玻璃电极和电流计。参比电极的作用是维持恒定电位，作为测量电位变化的对照基准，目

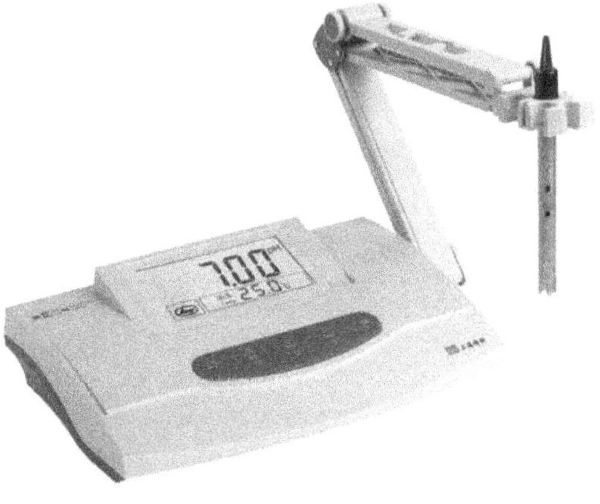

图 1.2-2　pH 计

前常用的参比电极为银-氧化银电极。玻璃电极则用于感应溶液中氢离子的活度变化，从而形成电位差。电流计用于测量系统的整体电位，能够检测电路中极微小的电位变化，并通过显示仪表输出读数。当玻璃电极与参比电极共同浸入溶液时，它们构成一个原电池，其电位由两者的电位之和决定，即 $E_{电池}=E_{参比}+E_{玻璃}$。为了方便读数，pH 计都有显示功能，可将电流计的输出信号转换成 pH 数值。

三、使用注意事项

温度对液体的 pH 有很大的影响，因此在使用 pH 计前要注意所使用的电极温度补偿的方式。所使用的缓冲溶液一旦开封使用，应该在冰箱中冷藏保存，使用过的缓冲液，不能倒回原装瓶中。

pH 电极在测量样品时需要排除电极球泡处保护罩空腔内的气泡，否则将导致响应缓慢甚至测量不准确。测量时需搅拌混匀样品，此时严禁将 pH 电极作为搅棒使用，而应将电极固定在支架上，轻轻晃动盛放样品的容器（如烧杯等）。

电极的维护：确保电极始终存放在适当的存储液中，填充液为 3.0 mol/L KCl 的电极应存放在 3.0 mol/L 的 KCl 溶液中，填充液为 3.0 mol/L KCl 饱和 AgCl 的电极，则应存放在 3.0 mol/L KCl 饱和 AgCl 溶液中，电极不可长时间干放或浸泡在蒸馏水中，否则会缩短电极使用寿命。在正常使用、正确保养的情况下，pH 电极的寿命在 1 年左右，使用中每天应校准电极一次，校准完毕后应注意斜率和零点，斜率在 95%～105%，零点电位 −15～15 mV，电极状态优良，可以开始测试；斜率在 90%～94%，零点电位 −35～−15 mV 或 15～35 mV，电极状态良好，可以开始测试；斜率在85％～89％或大于105％，零点电位大于35 mV或小于－35 mV，电极需要清洗，并在清洗后重新校正电极。如果斜率和零点电位仍不能达到优良或良好的状态，需要更换pH电极。

仪表的维护：每周定期用湿布清洁设备表面，清洁时不得使用甲苯、二甲苯、丁酮等有机溶剂，在实验过程中也要避免这类有机溶剂溅到外壳上，如出现上述情况，应立即擦去外壳上的有机溶剂。

1.2.3　离心机

一、用途

用于混合溶液的快速分离和沉淀，如发酵液中菌体的分离、油水混合物的快速分层等。

二、工作原理

离心机（图1.2-3）主要由底座和容器室组成，底座内有电动机和转速调节器，容器室内有转盘，它是固定在电动机上用于放置离心管的装置。接通电源后，电机开始转动，转盘开始旋转，带动离心管水平旋转而产生离心作用，加快物质分离。

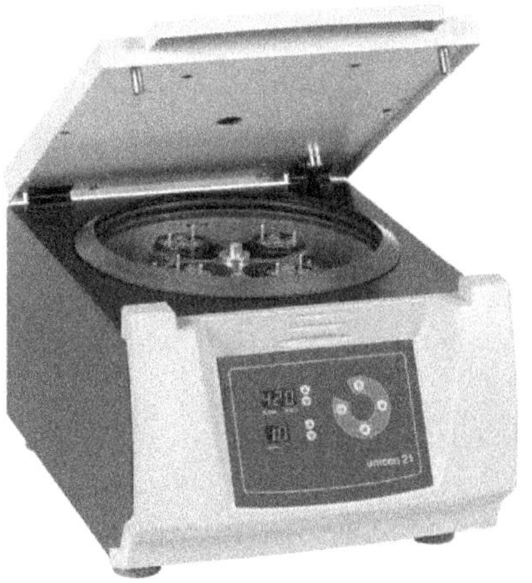

图1.2-3　离心机

三、使用注意事项

在使用离心机前必须确认其放置在平稳、坚固的地面（台面）。使用时负载必须平衡，放入离心管时必须对称安置。在离心过程中，操作人员不得远离离心机，如发现声音不正常，应立即关机，并进行检查维修。

当离心机处于预冷状态时，必须关闭机盖。当离心操作结束后，需先关闭离心机，待离心机转子停止转动后才能打开离心机盖。严禁在还未停转的状态下和开机运转的状态下打开机盖。离心结束后取出转子，倒置放置，擦去腔内水汽，打开离心机盖直至腔内温度恢复至室温，擦去腔内水滴，关闭离心机盖。

1.2.4 超净工作台

一、用途

超净工作台是一种局部层流装置，它能在局部创造高洁净度的环境，用于进行微生物学的无菌操作，如接种、分离培养等。

二、工作原理

超净台主要结构包括电器部分、送风机、过滤器及紫外灯等。室内新风经预过滤器送入风机。由风机加压送入正压箱，再经高效过滤除尘、清洁后，通过均压层，以层流状态均匀垂直向下进入操作区以保证操作区的洁净空气环境。由于空气以均匀速度平行向一个方向流动，没有涡流，故灰尘或附着在灰尘上的细菌很难向别处扩散移动，因此洁净气流不仅可创造无尘环境还可创造无菌环境。

三、使用注意事项

超净工作台内不要长期放置无菌操作会使用到的物品，如枪头盒、酒精灯等。每次使用完毕，要用70%的酒精棉花及时清洁超净工作台台面。要定期清洁过滤器中的过滤介质。

要定期检测灭菌用紫外灯的灯照能力，即辐照强度≥70 W/cm^2 为合格；辐照强度<70 W/cm^2，应更换灯管，新换的紫外灯管辐照强度≥100 W/cm^2 才能投入使用。

1.2.5 高压蒸汽灭菌锅

一、用途

高压蒸汽灭菌用途广，效率高，是微生物学实验中最常用的灭菌方法。一般培养基、玻璃器皿以及传染性标本和工作服等都可应用此法灭菌。

二、工作原理

在高压蒸汽灭菌锅中，通过加热水生成蒸汽，使其压力升至0.11 MPa，此时饱和蒸汽温度可达121℃，从而有效杀灭微生物。标准灭菌时间通常为20～30 min。

高压蒸汽灭菌在密闭设备内进行，基于水的沸点随压力增加而升高的原理。当锅内蒸汽不断累积，空气被排出后，蒸汽压力上升，使水的沸点超过 100℃，以实现更高效的灭菌效果。

使用高压蒸汽灭菌锅时，应确保锅内冷空气被完全排除，否则灭菌锅的压力表显示的数值为蒸汽压力与残余空气压力之和，而非水的饱和蒸汽压。在这种情况下，锅内温度可能达不到 121℃，从而影响灭菌效果，使灭菌过程不彻底（表 1.2-1）。

表 1.2-1　灭菌温度与灭菌锅内空气排出量的关系

表压/MPa	冷空气排出量与灭菌锅内实际温度/℃				
	未排出	排出 1/3	排出 1/2	排出 2/3	全排出
0.035	72	90	94	100	109
0.070	90	100	105	109	116
0.110	100	109	112	115	121
0.140	109	115	118	121	126
0.175	115	121	124	126	130
0.210	121	126	128	130	135

1. 微生物的热致死原理——对数残留定律

微生物的湿热灭菌过程，其本质上就是微生物细胞内蛋白质的变性过程，从这个意义上讲，灭菌过程应遵循单分子反应的速度理论。因此一定温度下，微生物受热后其活菌数减少的速率可用对数残留定律表征：

$$-\mathrm{d}N/\mathrm{d}t=KN \tag{1.2-1}$$

式中：N 为瞬间活菌数，个/L；t 为灭菌时间，min；K 为灭菌速率常数，min^{-1}；$\mathrm{d}N/\mathrm{d}t$ 为瞬时活菌数的变化率。

在一定温度下，微生物的灭菌速率常数 K 能表征不同微生物对热的耐受能力。K 越小，对应的微生物越耐热。因此芽孢、孢子和营养细胞的 K 值大小依次为 $K_{营养细胞}>K_{孢子}>K_{芽孢}$。

2. 高温短时间灭菌的理论基础

根据对数残留定律，将式(1.2-1)积分，并定义开始灭菌时间 $t_0=0$，灭菌结束时间为 t，开始灭菌时活菌数为 N_0，灭菌结束时活菌数为 N_t，积分得：

$$\ln(N_0/N_t)=Kt \tag{1.2-2}$$

即 $$N_t = N_0 e^{-Kt} \tag{1.2-3}$$

从式(1.2-2)中可以看出,如要将物品中的微生物全部杀死,即 $N_t=0$,理论上需要无限长的时间,因此在实际中是不可能将物品中的微生物全部杀灭的。另外对于培养基的灭菌还需考虑其在加热过程中营养成分的流失,即需考虑在有效杀死微生物的同时,如何最大限度减少对培养基营养成分的破坏。

阿伦尼乌斯(Arrhenius)方程可表示灭菌速率常数 K 与温度的关系:

$$K = A e^{-\Delta E/(RT)} \tag{1.2-4}$$

式中:A 为频率常数或阿伦尼乌斯常数,min^{-1};ΔE 为活化能,$J \cdot mol^{-1}$;T 为热力学温度,K;R 为摩尔气体常数,$J \cdot mol^{-1} \cdot K^{-1}$。

由式(1.2-4)可以看出,在阿伦尼乌斯常数 A 相同的情况下,活化能 ΔE 越大,K 越低,微生物越耐热。

由于细菌芽孢绝热死亡反应的 ΔE 很高,而培养基中营养物质热破坏反应的 ΔE 相对较低(表 1.2-2)。因此如将灭菌温度提高到一定程度可以加快细菌芽孢热死亡速度,而对培养基营养成分破坏程度增加较少。表 1.2-3 给出了维生素 B_1 在灭菌过程中,每增加 10℃在达到灭菌时(即 $N/N_0=10^{-16}$),其营养成分破坏程度。从表 1.2-3 可知,要达到相同的灭菌效果,在较低的温度下需要较长的时间,对营养物质的破坏也大。因此为了在达到灭菌效果的同时减少对营养成分的破坏,培养基湿热灭菌温度一般定为 121℃。

表 1.2-2 细菌芽孢和某些营养物质高温反应下的 ΔE

受热微生物	$\Delta E/(kJ \cdot mol^{-1})$	受热营养物质	$\Delta E/(kJ \cdot mol^{-1})$
枯草芽孢杆菌芽孢	317.98	维生素 B_1 盐酸盐	92.05
嗜热脂肪芽孢杆菌芽孢	283.26	维生素 B_{12}	96.23
肉毒梭状芽孢杆菌芽孢	343.09	葡萄糖	100.49

表 1.2-3 嗜热脂肪芽孢杆菌芽孢热死亡程度为 $N/N_0=10^{-16}$ 时,灭菌温度对维生素 B_1 破坏的影响

灭菌温度/℃	达到灭菌程度所需时间/min	维生素的损失/%
100	843	99.99
110	75	89
120	7.6	60

续表

灭菌温度/℃	达到灭菌程度所需时间/min	维生素的损失/%
130	0.851	10
140	0.107	3
150	0.015	1

三、高压蒸汽灭菌步骤

灭菌锅是一个密闭的耐压容器，其种类较多。根据蒸汽来源分为一体式和分体式两种。一体式灭菌锅的蒸汽通过加热锅内的水产生，分体式灭菌锅的蒸汽由其他蒸汽发生设备供给。实验室常用一体式灭菌锅，工业上一般用分体式灭菌锅。

从外观形状上一般将灭菌锅分为手提式、立式和卧式三种(图 1.2-4)。手提式灭菌锅容量较小，卧式灭菌锅容量最大。实验室一般选用立式灭菌锅，而工业生产一般用卧式灭菌锅。

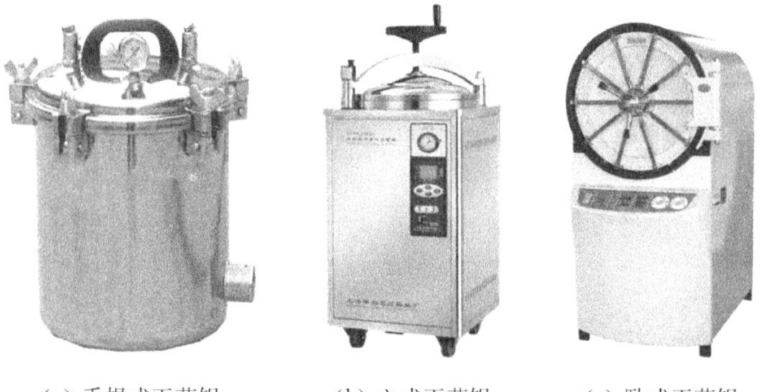

(a) 手提式灭菌锅　　(b) 立式灭菌锅　　(c) 卧式灭菌锅

图 1.2-4　各种高压蒸汽灭菌锅

1. 装载物品：放妥待灭菌物件，盖上灭菌锅盖，旋紧锅盖的螺丝，使灭菌锅处于密闭状态。为了保证蒸汽在锅内循环通畅，灭菌物品的装量要适宜，且锅内待灭菌物品叠放不宜过于紧密，否则会影响锅内蒸汽循环而达不到理想的灭菌效果。另外需灭菌的试管、瓶子或器皿等需用牛皮纸包扎好，以防止棉塞被锅内的冷凝水弄湿造成灭菌后再被空气中的杂菌污染。

2. 加水：每次使用前务必检查灭菌锅内的水量是否在水位要求范围，如低于要求的水位，则向锅内加水(一般用去离子水)至水位要求范围。

3. 排尽冷空气：加热，并打开排气阀，以排除灭菌锅内的冷空气。待锅内冷空气全部排出后，关闭排气阀。若未将冷空气排尽，会因达不到灭菌所需的温度而影响灭菌效果。

4. 升温保压：当关闭排气阀后，灭菌锅压力随着继续加热而逐渐升高，当其达到灭菌所需压力时，有自动控制系统的灭菌锅会根据设定的温度和时间自动控制，如无自动控制系统，必须仔细控制灭菌锅的压力，通常的做法是稍微打开排气阀使少量蒸汽排出，同时关小加热源，以保持灭菌锅在整个灭菌时间内处于要求的压力。灭菌常用的压力为 0.11 MPa，对应的温度为 121℃。

5. 降压冷却：达到灭菌时间后，有自动控制系统的灭菌锅会自动停止加热。等待压力自然回到“0”后，打开排气阀，再打开锅盖，稍冷却后取出物品备用。如果要排气降压，排气不能太快，否则压力会突然降低，导致棉塞及培养基冲出，也易造成瓶子炸裂。

6. 灭菌时的注意事项

(1) 灭菌锅是高压容器，必须按使用说明操作，以免发生事故。

(2) 保压前务必排尽冷空气。为排尽灭菌锅内冷空气，在接通电源进行加热时，使排气阀处于开启状态，当水煮沸并有大量蒸汽从排气阀中冲出后方可关闭排气阀。

(3) 灭菌时，物品堆放必须留出空位，严禁堵塞排气阀和安全阀的出气孔，以保证排气通畅，否则会影响灭菌效果，也易造成事故。

(4) 液体的灭菌，应将液体分装在耐热的容器中，一般装液量不超过容器体积的 3/5，并应选用有一定通气性的棉花塞或硅胶塞。

(5) 灭菌结束后，如果压力表指示已恢复至“0”位，但锅盖不易开启，需检查排气阀是否处于开启状态。当排气阀开启时，外界空气进入灭菌锅，消除了锅内的真空，锅盖即可开启。

(6) 压力表使用久后，压力指示不正确或压力表指示不能恢复“0”位，应及时予以检修或更换。

(7) 保持灭菌锅的清洁和干燥可延长其使用寿命，橡胶密封圈使用久了会出现老化现象，需定期更换防止在灭菌时漏气。

(8) 当灭菌锅内出现较多水垢时，一般用混合溶液清洗。混合溶液为：10wt%氢氧化钠溶液：煤油＝40：1(v/v)。将混合溶液置于容器内浸泡约 10 h，然后洗刷，最后用清水冲洗干净。

四、使用注意事项

本设备的压力容器部分受《特种设备安全监察条例》(国务院令第 373 号)的

管辖，使用前必须向主管部门登记、备案，获准后方能使用。操作人员及管理人员应持特种设备操作许可证上岗。安全阀、排气阀、压力表要经定期强检校验合格后方能使用。

使用前应确认：打开灭菌锅盖后压力表的指针指向“0”位、安全阀无堵塞、排气阀处于打开状态、灭菌锅盖密封圈有无龟裂变形等损坏、灭菌锅内有无腐蚀龟裂等损坏、灭菌锅盖有无腐蚀龟裂等损坏、铰链有无腐蚀龟裂等损坏。

灭菌用水使用去离子水，确认灭菌水位适宜。灭菌锅中不能放入易燃性、爆炸性物品，如乙醇、甲醇等有机溶剂，否则会引起火灾或爆炸事故；灭菌锅中不能进行密闭、密封物品的灭菌，不能进行有裂纹和伤痕的玻璃器皿的灭菌，这类物品在取出时会产生破裂而导致烫伤等事故；被灭菌物不能堵住灭菌锅内的排气孔，一旦排气孔被堵，灭菌锅内的压力得不到控制，会引起容器破裂等重大事故。

灭菌时需完全排除锅内空气，使锅内全部是蒸汽，灭菌才能彻底。对高压灭菌后不变质的物品，如无菌水、培养基、接种用具，可以延长灭菌时间或提高压力，而培养基要严格遵守保温时间。

当压力降到零后，才能开盖，需要注意液体比灭菌锅的温度冷却得慢，灭菌后的液体有时会因为碰撞等而发生突然沸腾，要注意避免烫伤。

每次使用，都应记录灭菌的内容、时间、设备使用情况；如长期停放，应排干蒸汽发生器内的水，灭菌锅内要保持清洁干燥，应将本设备置于通风、干燥处，不得被雨淋，必要时应有遮盖物。

将取出的灭菌培养基放入 37℃ 恒温箱和该培养基实际应用的温度培养 24～48 h，经检查若无杂菌生长，方可待用。

1.2.6　电热恒温干燥箱

一、用途

电热恒温干燥箱(图 1.2-5)又称烘箱，它的主要用途是烘干物品或干热灭菌。

二、工作原理

电热恒温干燥箱主要由箱体、电热器和温度控制器三部分组成，一般分为普通式和鼓风式两种，后者在箱内装有一台单相电容启动电机，带动一只风扇，以加快热空气对流，使箱内温度均匀，同时使箱内物品蒸发的水汽加速散逸到箱外空气中，提高干燥效率。电热恒温干燥箱的恒温范围一般为 50～250℃，灵敏度一般为±0.5～1.0℃。

干热灭菌法是指在非饱和湿度下进行的热力学灭菌。干热灭菌所用加热介

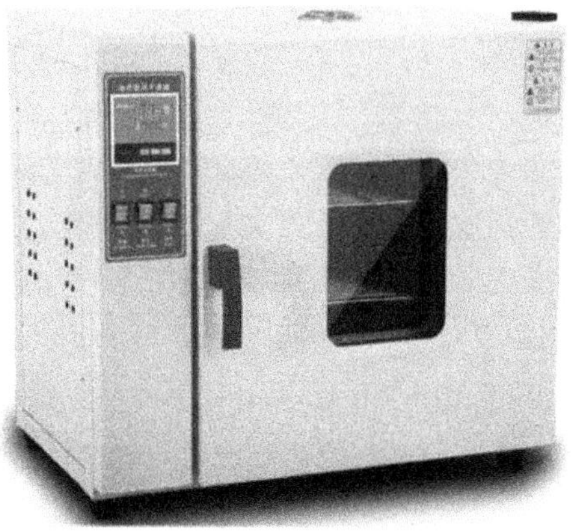

图 1.2-5　电热恒温干燥箱

质就是一定湿度条件下的空气，通过强制对流而运动。由于热空气会带走水分，被灭菌物品（包括芽孢）也会逐渐失水，从而使微生物的杀灭率也发生相应的变化。干热灭菌与湿热灭菌的动力学特征相似，但反应机制却有所不同。干热灭菌是使微生物氧化而不是使蛋白质变性，这就是干热灭菌要求相对较高温度的原因。

干热灭菌被广泛用于不耐受高压蒸汽的热稳定性物品的灭菌，如甘油、凡士林及粉状药品，以及玻璃容器和不锈钢设备等。

三、使用注意事项

烘箱的工作环境温度为 5～40℃、相对湿度≤85%，产品四周应该留出 30～50 cm 的空间，不要将产品放在火灾报警器下方。开机后，必须打开风机，并使用偏差报警功能。

不得放入易燃、易爆、易挥发及有腐蚀性的物质进行干燥、烘烤，如用于溶剂干燥的分子筛、用乙醇涮洗后的玻璃器皿等。

不得用裸手直接触摸工作时的箱门或从箱内拿取没有冷却的物品，从烘箱中取出物品时应佩戴隔热手套，以免烫伤，尤其要注意取放物品时的防烫防护。

不允许随意接长或剪短产品电源连线；必须可靠接地，不可以将零线或中线作为地线。拔电源插头时，切勿直接拖拉电源线。设备发生故障时，不得擅自进行修理，必须由生产商委托的专业人员进行修理。

有下列情况之一的，必须拔下电源插头：更换保险丝、产品发生故障待检查修理、产品长时间停止使用、搬动产品。

若长期停用，必须拔掉电源，对箱体进行内、外清洁后罩上塑料防尘套。若存放环境湿度大,需要定期(1 个月)通电升温对设备进行驱潮处理。

1.2.7　恒温培养箱

一、用途

恒温培养箱(图 1.2-6)简称恒温箱、培养箱,是培养微生物的主要仪器。

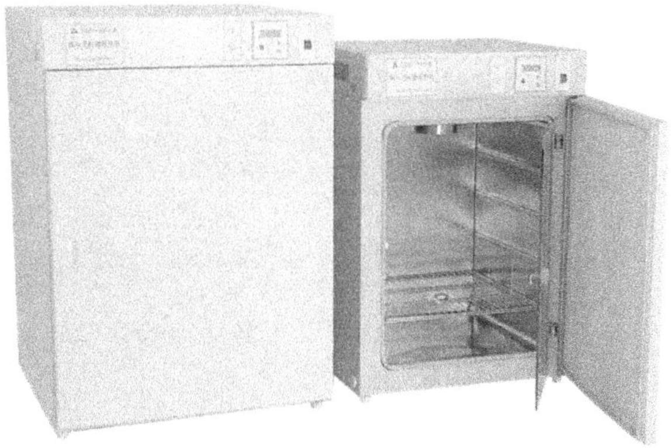

图 1.2-6　恒温培养箱

二、工作原理

培养箱构造一般为方形或长方形,箱体外壳由薄钢板制成,并填有隔热绝缘材料,箱门分为两层,内层为玻璃门,便于观察箱内样本,外层为金属门。加热方式有底部电加热或夹套水浴加热,通过内部热空气对流实现温度的均匀分布。

三、使用注意事项

培养箱内不要放入过热或过冷的物品,取放物品时,应注意随手关门以避免箱内温度波动过大。如果要保持箱内湿度,可以在箱内放置一只盛水的容器。

箱内物品放置不宜过多、过挤,以保证培养物的受热均匀,各层金属支架上放置的物品不宜过重,以免损坏支架。

如使用隔水式培养箱,需要注意加水时最好加蒸馏水以减少水垢的产生,同时注意无水时不要运行设备以避免干扰、损坏加热管。

1.2.8　恒温水浴锅

一、用途

恒温水浴锅(图 1.2-7)是实验室常用的恒温设备,水浴锅的液体介质是水,沸点温度通常为 100℃。在标准环境下烧开水时,无论烧的火有多大,时间有多长，只要还有水在沸腾，它的温度一定为 100℃。这样，用水浴加热就可以控制恒定的温度。

图 1.2-7　恒温水浴锅

水浴锅主要适用于各大中院校、科研企事业单位的实验室和化验室，数显电子恒温水浴锅广泛用于干燥、浓缩，蒸馏、浸渍化学试剂，浸渍药品和生物制品，也可用于水浴恒温锅加热和其他温度试验，是生物、遗传、病毒、水产、环保、医药、卫生、生化实验室和分析室教育科研的工具，对各种化学样品，生物制品进行蒸馏、干燥、浓缩及浸渍，是实验室不可缺少的实验器材。

二、工作原理

温度传感器将水槽内水温转换为电阻信号，经集成放大器处理后进行比较，输出控制信号，以调节电加热管的加热功率，从而维持水槽内的水温恒定。

三、使用注意事项

1. 水浴箱外壳必须有效接地。
2. 在未加水之前，不要打开电源，以防止电热管的电热丝烧毁。
3. 在不必要的情况下不要拆开右侧的插板以避免发生安全事故。
4. 使用完毕应将电源关断。
5. 箱内外应保持整洁。
6. 若发现指示灯不亮，应先将电源关断，如保险丝或指示灯泡损坏可及时更换。
7. 如果恒温控制失灵，调换控制器上的传感器就可以正常使用。

1.2.9　分光光度计

一、用途

分光光度计(图 1.2-8)是利用分光光度法对物质进行定性定量分析的仪

器，常用于核酸、蛋白质定量以及细菌生长浓度的定量分析。

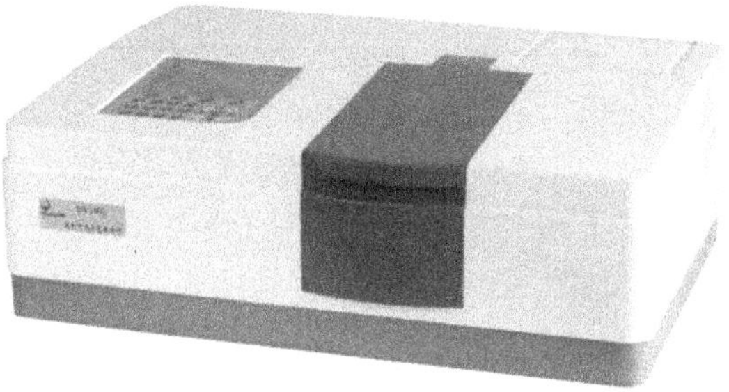

图 1.2-8　分光光度计

二、工作原理

分光光度计采用一个可以产生多个波长的光源，通过系列分光装置，产生特定波长的光束，透过测试样品后，部分光被吸收，通过测定样品的吸光值，转化计算样品的物质浓度，根据朗伯-比尔定律，样品的吸光值与样品的浓度成正比。

分光光度法通过测量被测定物质在特定波长或一定波长范围内对单色光的吸收度，对该物质进行定性和定量分析。常用的波长范围如下。

紫外区：200～400 nm。

可见光区：400～760 nm。

红外光区：2 500～25 000 nm。

所对应的仪器有紫外分光光度计、可见分光光度计和红外分光光度计等。

三、使用注意事项

1. 仪器应放在干燥的工作房内，使用温度 5～35℃，相对湿度≤85%，使用时应放在坚固平稳的工作台上，避免强烈的震动或持续的震动，避免日光直射，远离高强磁场。

2. 仪器使用前需要预热 20～30 min，在预热过程中或待机过程中，最好将校具放入光路中，或者打开样品室盖，避免强光长时间照射光电管，延长光电管使用寿命。

3. 仪器所附的比色皿，其透射比是经过配对测试的，未经配对处理的比色皿将影响样品的测试精度。比色皿透光部分表面不能有指印、溶剂痕迹，被测溶液中不能有气泡、悬浮物，否则将影响样品测试的精度，不能用手抓比色皿透光部分的表面。

4. 样品室要保持干燥，每次测定完毕，要及时将比色皿从样品池中取出，如有条件，每次使用完毕后最好放置一份干燥剂在样品室中；仪器出现故障时，请及时保修，不要尝试自行处理。

1.2.10 电泳仪

一、用途

电泳仪（图 1.2-9）被广泛用于分子生物学、遗传学和生物化学等领域，主要用于分离核酸和蛋白质，也可用于纯化（将我们需要的条带割下来，进一步处理得到我们需要的核酸或蛋白）。

电泳：因分子或颗粒所带的电荷、形状和大小等的不同，其在电场介质中移动的速度不同，从而达到分离的效果。

图 1.2-9 电泳仪

二、工作原理

特定 pH 条件下，溶液中的带电物质（如蛋白质、氨基酸等），在直流电场中向相反电性的电极方向移动。不同物质在电场中的移动速度与其携带电荷数量、电场强度、颗粒大小及形状、介质黏度等因素有关。根据这一特征，应用电泳法便可以对不同物质进行定性或定量分析，或将一定混合物进行组分分析或单个组分提取制备。

三、使用注意事项

1. 电极连接正确，避免极性接反，并确保仪器良好接地，以防漏电。

2. 通电运行时，人体严禁触碰电极、电泳介质或任何带电部件，禁止在电泳槽内放取物品，如有操作需求，需先断电。

3. 通电后不得拔插导线插头，防止短路导致仪器损坏。

4. 不同电泳介质的电阻不同，其电泳过程中通过的电流、泳动速度及达到终点时间也不同，因此不宜在同一台电泳仪上进行不同介质的电泳实验。

5. 在总电流不超过仪器额定值的前提下，可多槽联用，但不得超载，否则会缩短仪器使用寿命。

6. 如使用过程中出现异常现象（如噪声、放电现象等），应立即切断电源，排查故障。

1.2.11　PCR 仪

一、用途

PCR 仪（图 1.2-10）是一种利用 DNA 聚合酶在体外合成特定 DNA 片段的仪器。被广泛用于医学、生物学实验室中，来判断检体是否会表现某遗传疾病的图谱等。

图 1.2-10　PCR 仪

二、工作原理

基本的 PCR 须由四个要素组成：DNA 模板（template）、引物（primers）、DNA 聚合酶（polymerase）、合成原料（四种脱氧核苷酸，dNTP）及水，其基本原理是 DNA 聚合酶介导的特异性复制。

三、使用方法

PCR 反应包括以下三个主要步骤。

1. 变性（dcnaturation）：将 DNA 加热至 90～95℃变性，双股 DNA 转为单股 DNA 作为复制模板。

2. 退火(annealing):冷却至55～60℃时引物会附着于单链DNA两端。

3. 延伸(extension):加热至70～75℃时在DNA聚合酶介导下进行引物延长。

四、使用注意事项

设备在运行过程中,不能以切断电源的方式结束实验,原因有二:一是对执行程序不利;二是电源切断后,风机停转,原件散热不畅,易积热损坏。

样品槽清洗时,应使用中性肥皂水,严禁使用强碱、有机溶剂和高浓度酒精;定期清洗基座时,要避免液体进入机器内部,本设备不适宜在潮湿、暴晒的环境中使用。

1.2.12 生物显微镜

一、用途

微生物的个体极其微小,一般以微米(μm)为单位进行描述,因此要研究微生物,必须借助光学显微镜观察微生物个体的形态和细胞结构,它能使人眼的分辨率提高500倍。显微技术是微生物实验与研究中的基本技术之一,明视野显微镜(普通光学显微镜)是一种具有高度放大作用的光学仪器,它的分辨率(分辨两点或两根细线之间最小距离的能力)可以达到0.2 μm,而人的眼睛在明视野的最高分辨率只有0.1 mm。同时,目前借助显微摄影技术,已经可以实时记录观察到的现象。

二、工作原理

普通光学显微镜(图1.2-11)是由机械装置和光学系统两大部分组成,机械装置保证光学系统的准确配置和灵活调控,是显微镜的基本架构,光学系统是显微镜的核心组件,直接影响显微镜的性能。在光学系统中,显微镜利用目镜和物镜两组透镜系统进行放大成像,一般在保持目镜不变的情况下通过调节物镜的放大倍数,来得到不同的放大率和分辨率。

在使用显微镜进行观察时,应根据所观察微生物的个体大小不同选用不同的物镜。例如,要观察霉菌、酵母菌、放线菌等个体较大的微生物形态时,可选择低倍镜或高倍镜,而要观察个体细小的细菌或细胞结构时,则应选择放大率和分辨率最高的油镜。

三、使用注意事项

显微镜为精密仪器,在实验过程中如要移动,应一手紧握镜臂,另一手托住底座,保持显微镜垂直和平稳,防止震动。

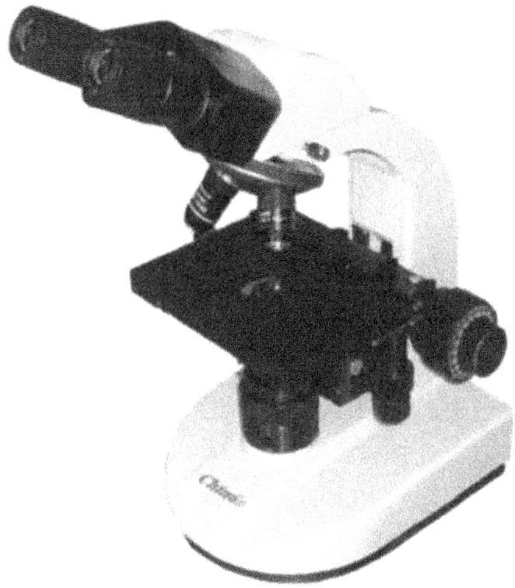

图 1.2-11　普通光学显微镜

显微镜应放在通风干燥处，避免阳光直射或暴晒，避免与酸、碱等具有腐蚀性的化学试剂接触。

显微镜的目镜清洁时应用专门的擦镜纸擦拭，不能用布或其他物品擦拭。同时在观察标本片时，如有戴眼镜者，一般应摘下眼镜，确需戴眼镜观察时，则应注意眼镜不要与目镜接触，以免眼镜划伤目镜。

显微镜在暂停使用时，应将物镜转成“八”字形，避免物镜镜头与集光器相对，同时缩短物镜和载物台之间的距离，避免因镜筒滑落造成物镜损坏。

1.2.13　冰箱

一、用途

冰箱和超低温冰箱（图 1.2-12）作为低温储存设备，一般用来进行各类生物样品（包括菌种、酶、基因、蛋白质等）、试剂以及各种特殊需求样品的临时或长期保存。

二、工作原理

冰箱或超低温冰箱一般由制冷系统、微处理器系统以及保温系统组成。制冷系统利用压缩机提供动力，利用制冷剂的不断液化-汽化循环将热量从冰箱腔体中移出，实现制冷。

三、使用注意事项

1. 准备放入冰箱的物品都应做好标记，应当清楚地标明内装物品的科学名称、储存日期和储存者的姓名；如要取出物品，需先查阅冰箱存放物品清单，明确物品在冰箱中的存放位置。开启超低温冰箱时一定要戴好手套，避免冻伤。除非有防爆措施，否则冰箱内不能放置易燃溶液。冰箱门上应注明这一点。开关冰箱门应动作迅速，避免冰箱门长时间开启导致温度升高而破坏样品。

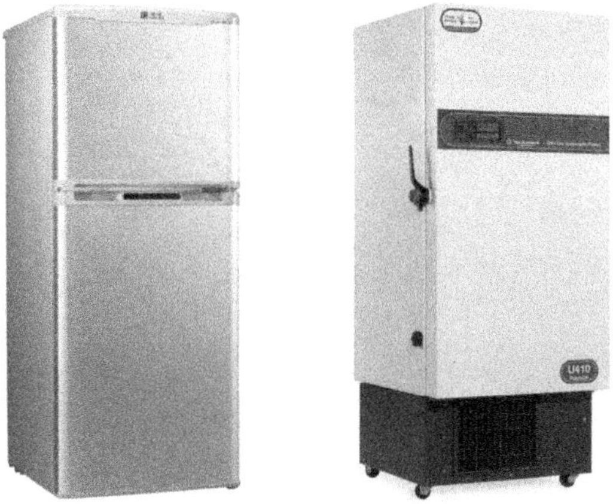

(a) 冰箱　　(b) 超低温冰箱

图 1.2-12　冰箱和超低温冰箱

2. 冰箱周围要和其他物品或墙面保持 10 cm 以上的距离。冰箱电源插头拔下后，应至少保持间隔时间 5 min，才能再次接通电源。搬运冰箱时，应切断电源，取出冰箱内所有物品，用胶带固定活动部件及冰箱门；搬运时最大倾角不能超过 45°，以免造成制冷系统故障。冰箱每次搬动后需要静置半小时后再插电使用。冰箱不平时可通过调节底角使其保持水平。要经常清洁冰箱背后以及左右两侧板上的尘埃，以提高散热效率。

3. 冰箱、低温冰箱和干冰柜应当定期除霜和清洁，应清理出所有在储存过程中破碎的安瓿管和试管等物品。清理时应先拔除电源插头，取出冰箱内物品，戴厚橡胶手套并进行面部防护，清理后要对内表面进行消毒。未标明的或废旧物品应在高压灭菌后丢弃。应当保存一份冻存物品的清单。

4. 清洗冰箱时应先拔除电源插头，使用软布或者海绵，蘸清水或肥皂液清洗，不能使用硬毛刷、钢丝刷、牙膏、去污粉、有机溶剂、热水或者酸、碱等清洗冰箱，清洁时不能用水喷淋冲洗，以免影响冰箱绝缘性能，清洁温控旋钮和照明灯等电器件时，要使用干抹布。

5. 如冰箱长时间停用，应切断电源，除霜清洁，并保持冰箱门敞开。

1.2.14　电热蒸馏水器

一、用途

电热蒸馏水器(图 1.2-13)是用电加热自来水制取纯水的设备。

图 1.2-13　电热蒸馏水器

二、工作原理

当水被加热至特定温度时,会转化为水蒸气。在蒸馏过程中,水蒸气与杂质分离,随后通过冷凝装置使水蒸气重新凝结为液态水,从而达到水的净化目的。

三、使用注意事项

1. 设备外壳必须接地,以防触电危险。

2. 使用前,应彻底清洗蒸发锅内部,排净残留的存水并更换新水。清洗时注意避免损伤表面锡层。

3. 建议使用去离子水作为水源,尽量避免使用自来水,以减少水垢的产生。

4. 确保锅内水量充足后再通电加热,且在运行过程中液面应始终维持在规定的水位线。

5. 更换电热管时,必须正确安装密封垫圈,以防止水泄漏,引发安全事故。此外,电热管接线端的导线与螺栓必须连接牢固,以避免接触不良导致的过热或电火花,损坏电热管。

6. 定期清理水垢，防止水垢影响冷凝效果、降低热效率，甚至堵塞管道，影响设备使用寿命。

7. 若设备长时间不使用，应排空蒸馏水器内的残留存水。

1.3 微生物学实验室常用器皿及使用

微生物学实验室常用的玻璃器皿包括培养皿（用于微生物培养）、试管（用于微生物的保存、菌液稀释等）、吸管（用于菌液的吸取）等。实验前，这些器皿必须经过清洗、包装，并经灭菌后方可使用。一般情况下，实验用玻璃器皿选用耐高温、高压的硬质玻璃，能够承受 121℃高温、0.1 MPa 高压及短时火焰灼烧。

1.3.1 常用器皿的种类

一、试管（test tube）

微生物学实验所用的试管为直口，盛装培养基时需加盖棉塞或塑料帽，防止试管内物质接触外界空气导致污染。

二、烧杯（beaker）与三角烧瓶（erlenmeyer flask）

烧杯主要用于配制培养基及溶液。三角烧瓶主要用于盛装无菌水和培养基。

三、培养皿（petri dish）

培养皿主要用于微生物培养、菌落形态观察、遗传突变株筛选、噬菌斑形成、基因工程菌株筛选等。培养皿材质主要为塑料材质和玻璃材质。塑料通常是聚乙烯材料，有一次性的和多次使用的。培养皿（图 1.3-1）由一个底和一个盖组成，当培养皿盛装固体培养基培养微生物时，通常倒置培养。需要注意的是，当用于抗生素生物效价测定时，培养皿不能倒置培养，为防止培养时皿盖冷凝水滴下，需选用陶瓦盖。

图 1.3-1 培养皿

四、杜氏发酵管(durham tube,又称德汉氏小管)

一种用于观察细菌在糖发酵培养基内产气情况的小套管(图 1.3-2),倒置于盛有液体培养基的试管或三角烧瓶内。

图 1.3-2　杜氏发酵管

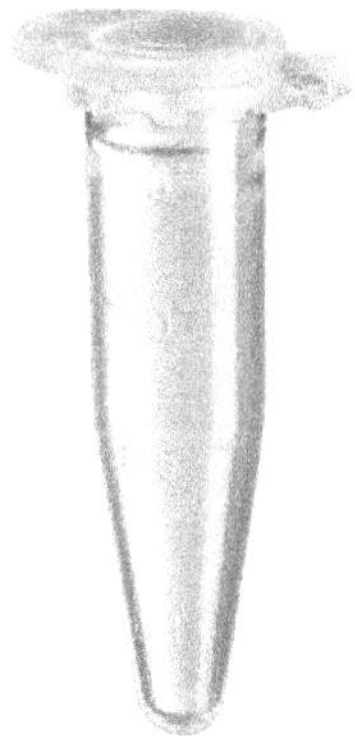

图 1.3-3　eppendorf 管

五、eppendorf 管

这类管又称小塑料离心管(图 1.3-3),主要用于微生物分子生物学实验中少量菌体的离心、DNA 和 RNA 的提取等。

六、吸管(pipette)

1. 刻度玻璃吸管(glass pipette)

刻度玻璃吸管(图 1.3-4)主要用于定量吸取菌悬液或其他溶液。

(1) 刻度玻璃吸管的使用方法

① 使用前检查吸管是否有破损、污渍,确认吸管的规格是否与所需吸取的溶液体积匹配。检查吸管是否标有"吹"字(表示刻度延伸至尖端,使用时需吹出残留溶液)。

② 正确握持:用拇指和中指夹住吸管,食指游离。

③ 取液:垂直将吸管插入液体,用洗耳球吸液,液面应高于刻度 2～3 cm,然后用食指封住吸管上端,提离液面,确保液体无气泡。

④ 放液至刻度:使吸管垂直,右眼视线与刻度线保持水平,缓慢松开食指,使液面逐渐下降,直至最低点与刻度线相切。

⑤ 放液至容器:吸管保持垂直,容器倾斜 45°,让溶液自然流入,根据吸管类型决定是否吹出残留液体。注意:一根吸管只可吸取一种试剂,使用后应立即浸泡于水中,防止交叉污染。

(2) 刻度玻璃吸管的读数方法

① 在吸液与读数时保持吸管垂直。

② 读数时保持液面与双眼成一水平线。

③ 液体在吸管中因表面张力作用会形成一个凹面,读数时要取凹面底部的数值。

注意在吸取不计量的液体,如染色液、离心上清液等时可用具乳胶头的毛细吸管,即滴管(图 1.3-5)。

图 1.3-4 刻度玻璃吸管

图 1.3-5 滴管

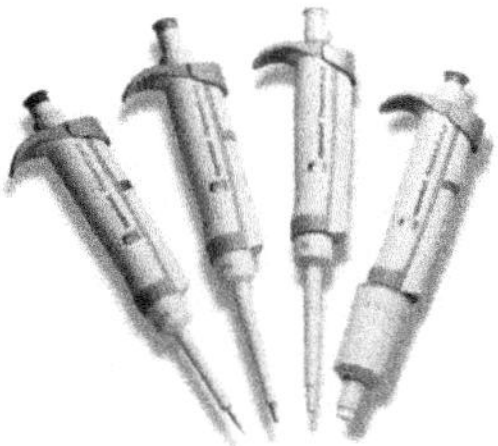

图 1.3-6 微量加样器

2. 微量加样器(micropipette)

微量加样器(图 1.3-6)又称微量吸管,用于吸取微量液体,规格型号较多,每种在一定范围内可调节几个体积,并标有使用范围,如:1～10 μL、2～20 μL、20～100 μL 等。加样器只能在特定量程范围内准确移取液体,不可超过量程使用,如超出最低或最大量程,会损坏加样器并导致计量不准。

使用时应按以下几个步骤操作:

(1) 将合适的塑料吸嘴牢固地套在微量加样器的下端;

(2) 旋动调节键,使数字显示器显示出所需吸取的体积;

(3) 手握移液器,大拇指按下按钮,直到遇到一个阻力即第一止点位置,将加样器垂直浸入液面 2～3 mm,然后缓慢平稳地松开拇指,慢慢吸入液体,注意吸取时不要有气泡,尽量避免用加样器吸取腐蚀性液体,防止由于过快吸入造成腐蚀性液体溅到加样器杆上,造成加样器被腐蚀;

(4) 释放液体时,需将枪头头部靠在容器壁上,并保持 10°～40°倾斜,平稳地把按钮压到第一停点,即第一阻力点,停 1～2 s,继续按压到第二停点,排除残余液体;

(5) 提起加样器,同时松开按钮,使之回到起始位置;

(6) 按压卸枪头按钮去除吸头,将吸头弃在废液缸内;

(7) 使用完毕,将加样器调到最大量程,这样有利于加样器的保养。

注意:改用不同样本时必须更换吸头。移液器必须卸下枪头后才能放到桌面上,防止吸头内未释放完的液体回流至移液器内。微量移液器应每年做定期校准,以保证其精确性。

七、载玻片(slide)与盖玻片(coverslip)(图 1.3-7)

载玻片通常为长方形,大小为 75 mm×25 mm。常用于将微生物涂片、染色以进行形态观察及免疫学中的凝集反应等。盖玻片是盖在载玻片上的材料,可以避免液体和物镜相接触,以免污染物镜,并且可以使被观察的细胞最上方处于同一平面。

图 1.3-7　载玻片与盖玻片

图 1.3-8　凹玻片

凹玻片(图 1.3-8)是在中央有一圆形凹窝的厚载玻片,用于制作悬滴片进行细菌运动的观察或微室培养等。

八、双层瓶(double bottle)

由内外两个玻璃瓶组成(图 1.3-9),内层小锥形瓶内盛有香柏油,用于滴加在细菌经染色后的涂片上,进行油镜观察;外层瓶盛有二甲苯,用于擦拭油镜头。

九、滴瓶(dropper bottle)

用来盛装各种染液、无菌水等(图 1.3-10)。

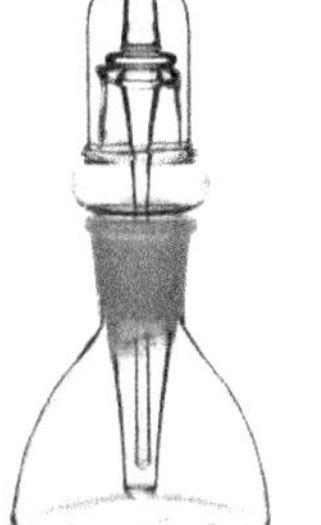

图 1.3-9　双层瓶

图 1.3-10　滴瓶

1.3.2 玻璃器皿的清洗

一、新购玻璃器皿的洗涤

新购置的玻璃器皿中含有游离碱，长期使用后内壁会析出乳白色的碱膜，器皿变得不透明，影响观察，同时也会影响培养基的酸碱度。因此，使用前需先用自来水简单刷洗，然后在2%稀盐酸溶液中浸泡数小时，取出后用纯化水冲洗干净，晾干备用。新的载玻片和盖玻片，先用肥皂水洗净，随后用2%稀盐酸溶液浸泡1 h，再用蒸馏水冲洗干净，浸入酸化的95%酒精中，使用时取出晾干或在火焰上烧去酒精即可。

二、使用过的玻璃器皿的洗涤方法

洗刷玻璃仪器时，应首先将手用肥皂洗净，以防手上的油污附在仪器上，增加洗刷的困难。如仪器沾有微生物应先在2%来苏尔(煤酚皂)溶液或0.25%新洁尔灭消毒液中浸泡24 h后，或用高压蒸汽灭菌，或放入沸水中煮沸以杀死微生物再进行洗涤。根据仪器上污染物性质选择常用清洁剂和洗液洗涤，如用洗衣粉，将刷子蘸上少量洗衣粉，将仪器内外全刷一遍，再边用水冲边刷洗，直至肉眼看不见泡沫时，用自来水洗3～6次，再用蒸馏水洗3次。如用碱性高锰酸钾洗液，一般油污可直接用它浸泡10～15 mim后，再用草酸-盐酸洗液洗净即可，但遇到沉淀的硫或者其他难洗的污迹，可在温水水浴中用碱性高锰酸钾洗液浸泡半小时，再用草酸-盐酸洗液洗净。如用硝酸-过氧化氢洗液处理油污、肮脏的玻璃器皿，可浸泡20 min或更长时间，因为其对玻璃器皿无腐蚀作用。洗液不能加热，防止洗液失效。玻璃器皿在浸泡后，需用自来水彻底冲洗，随后用蒸馏水冲洗3次。判断玻璃器皿是否清洁的标准为表面不挂水珠。若仍有水珠附着，则需重新清洗。

清洗使用后玻璃器皿时需注意以下2点。

1. 吸过糖溶液、染液、血液、血清、菌液(非致病菌)的刻度玻璃吸管和滴管，使用后应立即投入底部垫有脱脂棉或玻璃棉、盛有自来水的量筒或标本瓶内，以免干燥后难以冲洗干净。若吸管顶部塞有棉花，应先用牙签或尖嘴镊子将棉花取出，再进行洗涤。风干或烘干后备用。

2. 用过的载玻片与盖玻片，如涂有活菌和致病菌的应经消毒处理24 h后，方可进行洗涤。如滴有香柏油，应先用卫生纸擦去油面，再用浸有二甲苯的脱脂棉擦拭，溶解油垢。洗涤时应先在温热的含洗洁精的水中用纱布或脱脂棉擦洗，再用自来水冲洗，沥干水分后，于洗液中浸泡1～2 h，最后用自来水冲洗，蒸馏水冲洗。经目测，载玻片或盖玻片上无残留水珠，可视为洗涤干净，风干后于95%酒精中保存备用，使用时用镊子取出，烧去残留酒精即可。

1.3.3 常用器皿的存放

一、试管

实验室中的试管通常使用倒扣的方式置于试管架上，防止灰尘。除此以外，在实验过程中还要注意以下内容：

1. 给试管里的固体加热时，试管口要略微向下倾斜；
2. 给试管里的液体加热时，试管应与桌面成45°夹角；
3. 往试管里滴加液体时，试管要直立；
4. 往试管里倾倒液体时，试管口要略微倾斜；
5. 往试管里加入块状固体药品时，应先将试管横放；
6. 洗涤后的试管要倒放在试管架上。

二、烧杯与三角烧瓶

烧杯等杯皿类器皿要倒扣在柜内，以便防尘；三角烧瓶则可以将它们倒插在柜内隔板的孔洞上，既防尘又稳当。同时，玻璃仪器放置时，需相互隔一定的距离，以免碰撞损坏。

三、培养皿

培养皿在培养时要倒置，原因有以下几点。

1. 促进微生物生长：由于重力作用，培养基表层富集了微生物所需的营养物质，有助于微生物的正常生长。

2. 防止杂菌污染：倒置状态下，可避免空气中的杂菌沉降至培养基表面，防止杂菌污染。

3. 减少水分蒸发：倒置培养可有效减少琼脂培养基的水分蒸发，从而维持培养基处于适宜湿度，使细菌更易繁殖和存活。

四、德汉氏小管和eppendorf管

德汉氏小管和eppendorf管均需存放在干净卫生的袋子中。

五、吸管

吸管使用结束后要立即洗净晾干，保存时应防止管尖的损坏和沾染污物。

六、载玻片与盖玻片

载玻片和盖玻片清洗风干后于95%酒精中保存备用，使用时用镊子取出，烧去残留酒精即可。

七、滴瓶

滴瓶在存放时要注意以下几点：

1. 滴瓶上的滴管不要用水冲洗；
2. 不可长时间盛放强碱(玻璃塞)，不可久置强氧化剂；
3. 滴管不可倒放、横放，以免试剂腐蚀滴管；
4. 滴液时，滴管不能放入容器内，以免污染滴管，损伤容器；
5. 滴管不能平放或倒立，以防液体流入胶头；
6. 盛碱性溶液时应改用软木塞或橡胶塞。

第二章　环境工程微生物学基础实验

2.1　微生物染色与制片

微生物含有大量水分，与其背景无明显的明暗差别。大多数微生物进行镜检之前，都应进行染色。在实际实验过程中，应根据不同微生物的特点选择合适的制片方法与染液，便于获得较好的实验结果。

2.1.1　微生物制片技术

在显微镜下观察微生物，需要事先将微生物制片。制片的质量直接影响观察效果。常用的制片方法如下。

一、涂片法

在洁净的载玻片上滴一滴无菌水（或用灭菌后的接种环挑 1～2 环无菌水），用灭菌后的接种环从固体培养基表面挑取少量菌苔涂成菌膜，手持玻片，让有菌膜的一面朝上，在酒精灯火焰上过微火 3 次固定。

二、压滴标本法

在一洁净载玻片右侧用记号笔注明菌体的名称，点燃酒精灯，在载玻片的中央滴一滴无菌水，在无菌操作条件下挑取少量菌苔置于载玻片中央的无菌水中，涂抹均匀。将洁净的盖玻片的一端与菌液接触，然后缓缓放下盖玻片，防止产生气泡。如有气泡产生，可以用镊子轻轻敲击盖玻片，去除气泡。

三、悬滴标本法

在洁净的盖玻片的四角涂上凡士林，并在载玻片中央滴一滴无菌水，在无菌操作条件下用接种环蘸取少量菌苔置于无菌水中，避免水滴破散。将凹玻片凹面朝下，对准盖玻片中央水滴，轻压，保证凹玻片与盖玻片紧密贴合。然后，快速将凹玻片翻转过来，盖玻片处于凹玻片上方即可在显微镜下进行观察。

四、插片法

将灭菌的盖玻片斜插进接种放线菌的培养基中，培养一定时间后，放线菌菌丝会沿着盖玻片生长并黏附在上面。取出盖玻片，放在载玻片上，在显微镜下进行观察。

五、搭片法

在无菌操作条件下，用无菌解剖刀在无菌平板培养基上开出宽为 0.5 cm 左右的小槽，并取出槽内的培养基，用接种环以无菌操作的方法挑取少许放线菌孢子接种到培养基的槽内。然后在槽面上盖上无菌盖玻片，倒置平板在 28℃的培养箱内培养 3～7 d。

六、玻璃纸法

先把无菌的玻璃纸盖在平板表面，然后将放线菌接种在玻璃纸上，培养一段时间后，放线菌在玻璃纸上形成菌苔，取出玻璃纸，将其固定于载玻片上，在显微镜下观察。

七、印片法

用接种铲将菌苔连同紧贴菌苔的培养基取出一小块，放在无菌的载玻片上(有菌苔的一面朝上)。将载玻片放在微火上加热，冷却后，取一无菌的盖玻片轻轻放在摆有培养基小块的载玻片上印下菌苔。然后将此盖玻片放在滴有染液的载玻片上准备镜检。印片时，应注意印压力度，避免压破培养基小块，改变菌体的形态，影响镜检。

八、其他方法

其他方法包括透明膜培养法、载片培养法和埋片法等。

2.1.2 细菌的简单染色

细菌的染色和涂片是微生物实验中的基础技能之一。由于细菌细胞体积小且透明，在普通光学显微镜下难以直接观察，因此需要通过染色使菌体与背景形成明显的色差，从而清晰地呈现细菌的形态与结构。简单染色是一种操作简便的方法，仅使用单一染料使菌体着色，适用于观察细菌的一般形态，但不适用于观察细菌的内部结构。

一、实验目的

1. 熟知细菌的染色原理。
2. 掌握细菌的制片和染色方法。
3. 观察细菌的形态特征。

二、实验原理

生物染色常用的染料可分为碱性、酸性和中性染料三大类。碱性染料带正电荷，由于细菌的等电点较低，在中性、碱性或弱酸性环境中通常带负电荷，因此常采用碱性染料对细菌染色，如美蓝(亚甲蓝)、结晶紫等。酸性染料带负电荷，由于细菌在分解糖类过程中产酸，导致培养基的 pH 降低，细菌带正电荷增加，此时可被酸性染料（如伊红、酸性复红等）着色。中性染料由酸性染料与碱性染料组成，也称复合染料。典型代表有伊红美蓝、伊红天青等。

在进行细菌染色之前，必须先固定涂片，以增强菌体与玻片的附着力，避免冲洗时脱落。固定方式主要有两种：加热固定法（用于一般染色实验）和化学固定法（用于对菌体形态要求较高的实验，以减少细胞变形）。

三、实验材料

1. 菌种：大肠埃希氏菌（*Escherichia coli*）。

2. 仪器：显微镜。

3. 染液：草酸铵结晶紫。

4. 其他：载玻片、接种环、酒精灯、火柴、无菌水、香柏油、擦镜纸等。

四、实验步骤

1. 涂片：取已浸泡酒精的载玻片，在酒精灯火焰上烧灼，以去除残留酒精。冷却后，在洁净载玻片上滴加一滴无菌水，取少量菌体充分于水滴中混匀，涂成薄且均匀的菌膜，涂布面积约 1 cm^2。

2. 干燥：室温自然晾干，或在酒精灯微火下轻微加热烘干。

3. 固定：手持载玻片，菌膜朝上，在酒精灯微火上轻微通过火焰 3 次，使菌膜固定，冷却后进行染色。

4. 染色：滴加草酸铵结晶紫染液，以覆盖菌膜为准，静置染色约 3 min。

5. 水洗：倾去染色液，用水从玻片一端缓缓冲洗至另一端，直至冲洗水无染色液残留。

6. 干燥：自然晾干，或用吸水纸轻轻吸去玻片表面的水分，避免擦去菌体。

7. 镜检：观察时先用低倍镜再换用高倍镜，最后用油镜，绘制或拍照记录细菌形态。

8. 后处理：镜检完毕后，降低载物台，取下玻片，及时用干擦镜纸擦去油镜上的香柏油，然后用蘸有二甲苯的擦镜纸擦拭油镜，最后用干擦镜纸擦拭油镜。用洗衣粉水煮沸带有菌膜的玻片，最后用水冲洗后晾干。

以上涂片制作步骤示意图见图 2.1-1。

五、实验结果

将实验观察结果记录在表 2.1-1 中。

六、注意事项

1. 涂片时，无菌水不要滴得太多，否则干燥时间会大大延长，影响实验进程。

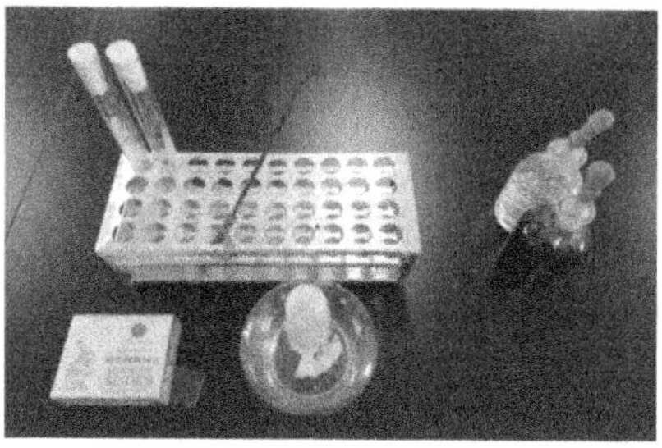

步骤 1　准备涂片用具和材料

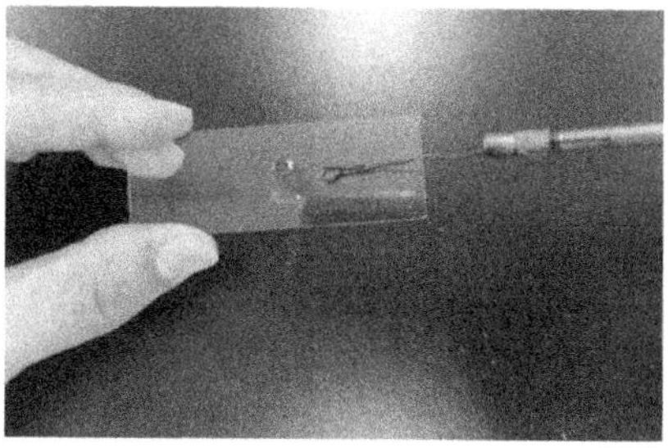

步骤 2　用无菌接种环挑取一环水至载玻片中央

步骤 3　挑取菌体适量与水滴充分混匀

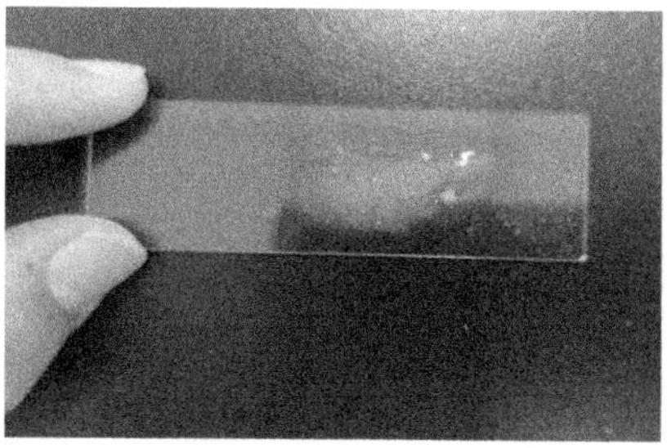

步骤 4　涂片在室温下自然晾干

步骤 5　载玻片过微火 3 次固定

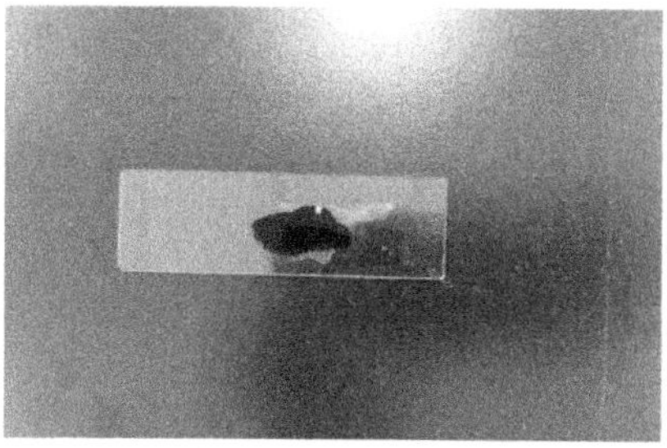

步骤 6　染色

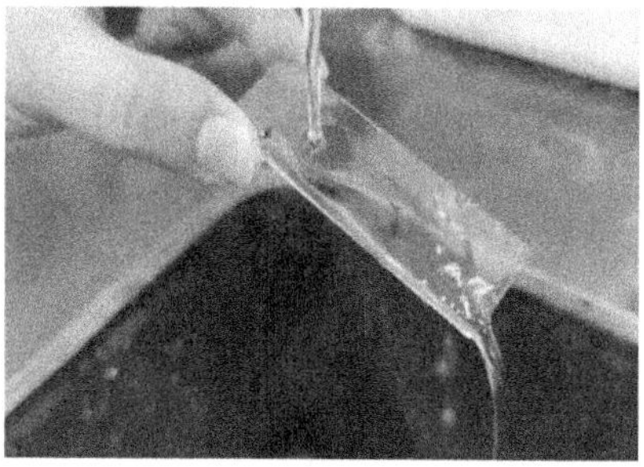

步骤 7　水洗

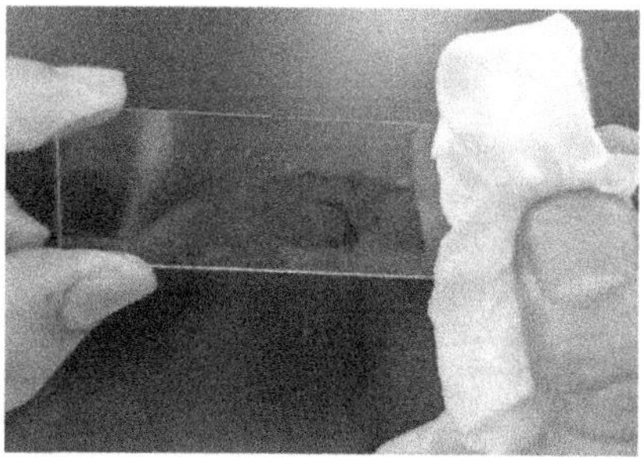

步骤 8　用吸水纸将多余水分吸干，镜检

图 2.1-1　涂片制作步骤

2. 挑菌宜少，菌膜不可出现堆叠现象。

3. 固定时，要使用微火，用手触摸载玻片背面，以不烫手为宜，且不能将载玻片直接放在火上烤。

表 2.1-1 简单染色实验结果记录表

菌种名称	染液名称	菌体颜色	固体形态特征

七、思考题

1. 简述涂片进行固定的原理及固定的注意事项。

2. 分析染色过程中出现的问题。

2.1.3 革兰氏染色法

革兰氏染色法是丹麦病理学家 C. Gram 于 1884 年创立的。革兰氏染色法可将所有的细菌分为革兰氏阳性菌（G^+）和革兰氏阴性菌（G^-），是细菌学中最常用的鉴别染色法。

一、实验目的

1. 熟知革兰氏染色的基本原理。

2. 掌握革兰氏染色法的操作步骤。

二、实验原理

革兰氏染色是一种常用的鉴别细菌类型的方法，采用四步染色法：初染（使用结晶紫对细菌进行染色）、媒染（加入碘液，使染料与细菌细胞形成复合物，增强染色稳定性）、脱色（用乙醇或丙酮脱色，使部分细菌脱去初染色）和复染（使用番红进行反向染色，使已脱色的细菌染上红色）。其鉴别原理是：革兰氏阳性菌细胞壁的肽聚糖层厚，交联度高，类脂质含量少，在脱色过程中，乙醇使肽聚糖网孔缩小，降低通透性，因此细菌保留结晶紫染色，呈现紫色；而革兰氏阴性菌细胞壁的肽聚糖层较薄，交联度低，类脂质含量多，且易被乙醇溶解，由于脱色剂增加了细胞壁通透性，结晶紫-碘复合物溶出，细菌脱色后被番红复染，呈现红色。

革兰氏染色是细菌的重要鉴别特性，为保证实验结果的准确性，我国学者黄元桐等建立了革兰氏染色的三步法，使实验操作简便、结果更可靠。

三、实验材料

1. 菌种：大肠埃希氏菌（*E. coli*）、枯草芽孢杆菌（*Bacillus subtilis*），培养时间为 18～24 h。

2. 试剂：草酸铵结晶紫染液、卢戈氏碘液、95%乙醇、番红染液，碘液（碘 1.0 g，KI 2.0 g，蒸馏水 100.0 mL）、复红乙醇溶液（碱性复红 0.4 g，95%乙醇 100.0 mL）。

3. 实验器具：普通光学显微镜、香柏油、接种环、载玻片、酒精灯、吸水纸、擦镜纸等。

四、实验步骤

1. 革兰氏染色四步法（经典法）

(1) 涂片

① 常规涂片：从酒精溶液中取出一个洁净的载玻片，在酒精灯上烧去残留酒精，冷却后，用无菌接种环挑 1～2 环水置于载玻片中央，在无菌操作条件下，再用接种环分别挑取少许大肠埃希氏菌和枯草芽孢杆菌（挑取的大肠埃希氏菌的量应略多于枯草芽孢杆菌的量）与载玻片上的水混合均匀，涂成极薄的菌膜。

② 三区涂片：在洁净玻片的两端分别用无菌接种环挑 1～2 环水，无菌操作条件下，再用接种环挑取少许大肠埃希氏菌与左侧水滴混合均匀，并将少量菌液延伸至玻片中央位置。用同样的方法挑取少许枯草芽孢杆菌放在右侧水滴中混匀，并将少量枯草芽孢杆菌菌液延伸至玻片中央位置，与大肠埃希氏菌混合形成含有两种细菌的混合区域。三区涂片示意图见图 2.1-2。三区涂片用于对未知菌种进行革兰氏染色。

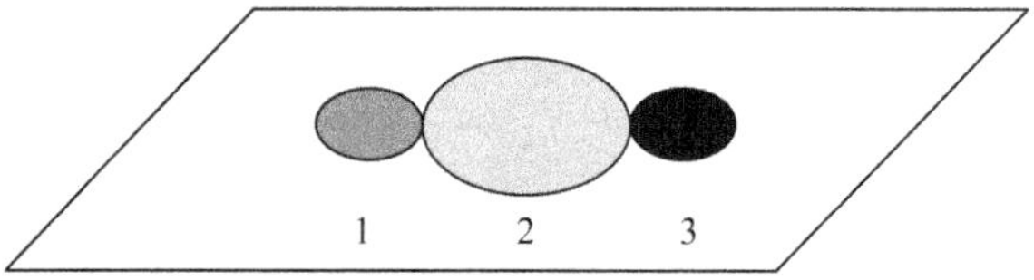

1—大肠埃希氏菌区；2—两菌混合区；3—枯草芽孢杆菌区

图 2.1-2　三片区示意图

(2) 干燥

让制作的涂片在空气中自然干燥。

(3) 固定

手持载玻片一端，让有菌膜的一面朝上，将载玻片通过微火 3 次，勿将载玻片直接放在火上烤。待载玻片冷却后，再滴加染液。

(4) 染色

① 初染：在玻片上滴加草酸铵结晶紫染液，以覆盖住菌膜为宜，染色 2 min

左右，倾去染液，用自来水细小的水流冲洗，让水从玻片的一端慢慢流向另一端，洗去染色液。

② 媒染：滴加卢戈氏碘液于玻片上，染色 2 min 左右，水洗。

③ 脱色：滴加 95%乙醇溶液于玻片上，轻轻摇动玻片后倾去乙醇，然后终止脱色，用水冲洗，用吸水纸吸干玻片上多余水分。

④ 复染：滴加番红染液于玻片上，染色 3 min 左右，水洗，再用吸水纸轻轻吸干水分。

(5) 镜检

用油镜观察菌体的形态特征，区分出革兰氏阳性菌和革兰氏阴性菌。

(6) 后处理

用洗衣粉水煮沸带有菌膜的玻片，最后用水冲洗后晾干。

2. 革兰氏染色三步法

(1) 制片方法

制片方法同革兰氏染色四步法中的涂片、干燥和固定等操作。涂片时，对于未知菌种可以采取单菌涂片或者三区涂片。

(2) 染色和脱色

① 结晶紫初染：在菌膜上滴加草酸铵结晶紫染液，以覆盖住菌膜为宜，染色 2 min 左右，倾去染液，水洗，让水从玻片的一端慢慢流向另一端，除去残余水分。

② 媒染：在玻片的菌膜上滴加碘液染色 1～2 min，水洗，用吸水纸除去水分。

③ 脱色与复染：在玻片上滴加复红乙醇溶液，保持 1 min 左右，水洗，吸干水分。

(3) 镜检

用油镜观察菌体的形态特征区分出革兰氏阳性菌和革兰氏阴性菌。

(4) 后处理

用洗衣粉水煮沸带有菌膜的玻片，最后用水冲洗后晾干。

五、实验结果

将革兰氏染色结果记录于表 2.1-2 中，并将实验结果拍照附于实验报告中。

六、注意事项

1. 注意革兰氏染色的关键是对脱色时间的控制。如脱色过度，革兰氏阳性菌会被误认为是革兰氏阴性菌；如脱色时间过短，革兰氏阴性菌会被误认为是革兰氏阳性菌。脱色时间与菌膜厚度、脱色时晃动玻片程度和乙醇用量有关，难以进行严格规定。一般可以用革兰氏阳性菌和革兰氏阴性菌进行练习，以便掌握脱色时间。

2. 选用菌龄为18～24 h的细菌。若菌龄过大、菌体死亡或自溶会使革兰氏阳性菌呈现革兰氏阴性菌的反应。

3. 染色过程中勿使菌液干涸。用水冲洗后，要用吸水纸吸取残留水分，以免稀释染液影响染色效果。

表 2.1-2 革兰氏染色法实验结果记录表

菌种名称	菌体颜色	菌体形态	G^+或G^-
大肠埃希氏菌(*E. coli*)			
枯草芽孢杆菌(*B. subtilis*)			

七、思考题

1. 革兰氏染色法的操作原理是什么?

2. 固定被杀死菌体和自然死亡的菌体有何区别?

3. 革兰氏染色经典法中，不经复染，能否区别革兰氏阳性菌和革兰氏阴性菌?

4. 革兰氏染色的关键步骤是什么？为什么?

2.1.4 细菌的芽孢染色法

芽孢是某些细菌生长到一定阶段在菌体内形成的圆形或椭圆形的休眠体，其大小、形状和位置是鉴定细菌的重要因素。芽孢在合适条件下能够吸水萌发，形成一个新菌体，且对不良环境有很强的抗性。因此在实际生产和实验中，经常以能否杀死芽孢作为评价灭菌效果的重要指标。在微生物学实验中，通常用芽孢染色法观察其形态。

一、实验目的

1. 了解细菌芽孢染色的基本原理。

2. 掌握细菌芽孢的染色方法。

3. 学会识别细菌涂片中的芽孢。

二、实验原理

芽孢因其壁厚且致密，透性较低，难以被染色。常规染色方法虽能使菌体着色，却无法使芽孢染色，使其呈现透明轮廓。然而，一旦芽孢被染色后，又极难脱色。因此，芽孢染色法正是基于这一特性而设计。该方法的核心原则在于，除使用着色力较强的染料外，还需借助加热促进芽孢着色，随后对菌体进行脱色，而芽孢因其特殊结构，能牢固保留染料，不易褪色。最终，通过使用对比鲜明的复染染料，使菌体和芽孢呈现不同的颜色，从而突显芽孢的形态便于人们观察。

三、实验材料

1. 菌种：枯草芽孢杆菌(*B. subtilis*)，苏云金芽孢杆菌(*B. thuringiensis*)。

2. 染色液：5%孔雀绿染色液、石炭酸复红染色液。

3. 仪器和相关用品：显微镜、擦镜纸、香柏油、二甲苯等。

4. 其他：酒精灯、接种环、载玻片、镊子、吸水纸、试管等。

四、实验步骤

1. Schaeffer-Fulton 氏染色法

(1) 涂片

按常规法制涂片，将菌液涂成极薄的菌膜。

(2) 固定

涂片自然干燥后，手持载玻片一端，让有菌膜的一面朝上，让载玻片通过微火 3 次。

(3) 染色

① 滴加染色液：在玻片上滴加 5%孔雀绿染色液，以覆盖住整个涂片为宜。用试管夹夹住玻片，在酒精灯火焰上进行加热，染料开始冒蒸汽时开始计时，维持 5 min。整个加热过程要及时添加染色液，以免标本变干。

② 水洗：待玻片冷却后，用自来水轻轻冲洗玻片，直至流下的水中无孔雀绿染色液的颜色为止。

③ 复染：在玻片上滴加石炭酸复红染色液，维持 2～3 min。

④ 水洗：倾去染色液，水洗，用吸水纸将多余水分吸干。

(4) 镜检

用油镜观察菌休和芽孢的颜色和形态特征。

2. 改良的 Schaeffer-Fulton 氏染色法

(1) 制备菌液

取一支小试管，加入 1～2 滴蒸馏水，用接种环挑取少量菌苔于试管中，充分混匀，制成浓稠的菌液。

(2) 加染色液

在小试管中滴加 2～3 滴 5%孔雀绿染色液，用接种环搅拌均匀。

(3) 加热染色

将小试管置于沸水浴中加热 15～20 min，使菌体和芽孢着色。

(4) 涂片

用接种环从小试管中挑取少量菌液置于洁净载玻片上，涂成极薄的菌膜。

(5) 固定

涂片在空中干燥后，手持载玻片一端，让有菌膜的一面朝上，让载玻片通过微火 3 次。

(6) 脱色

水洗载玻片，直至流下的水中无孔雀绿染色液的颜色为止，此时菌体中的染料溶出，芽孢仍保持着色。

(7) 复染

在玻片上滴加石炭酸复红染色液，维持 2～3 min。倾去染色液，无须水洗，用吸水纸将多余染液擦干。

(8) 镜检

用油镜观察菌体和芽孢的颜色和形态特征。

五、实验结果

将观察到的实验结果记录于表 2.1-3 中，绘图或拍照记录实验结果。

表 2.1-3　Schaeffer-Fulton 氏染色法实验结果记录表

菌名	菌体颜色	芽孢颜色	芽孢的形态特征及着生位置

六、注意事项

1. 供芽孢染色的菌种应控制菌龄。

2. 加热染色时，要及时添加染液，避免菌液干涸，且加热的温度不能过高。

3. 改良法染色时，首先要制备浓稠的菌液，充分混匀后，再挑取菌液，否则，菌体易沉在试管底部，导致涂片时菌体较少。

4. 水洗复染前，一定要等玻片冷却。

七、思考题

1. 简述芽孢染色法的原理。

2. 简述芽孢染色涂片上出现大量游离芽孢的原因。

2.1.5　细菌的荚膜染色法

荚膜是一层包裹在细胞壁外的疏松胶状物质，主要由多糖构成，少数细菌的荚膜则由多肽或其他复合物组成。荚膜是鉴别细菌的特征之一，通常仅包裹单个细菌，但部分细菌的荚膜可同时包裹多个细菌，形成菌胶团。由于荚膜的折射率较低，需采用特殊染色法才能清晰观察其结构。

一、实验目的

1. 了解细菌荚膜的染色基本原理。

2. 掌握细菌荚膜的染色方法。

二、实验原理

荚膜与染料的亲和力弱，不易着色。通常采用负染色法，即设法使菌体和背景着色，而荚膜不着色，从而使荚膜在菌体周围呈现一层透明圈。由于荚膜含水量一般在90%以上，故染色时一般不进行加热固定，防止荚膜皱缩变形。

三、实验材料

1. 菌种：胶质芽孢杆菌（*B. mucilaginosus*）（即钾细菌）。

2. 试剂：黑墨水（过滤后备用）、6%葡萄糖溶液、1%甲基紫水溶液、甲醇-Tyler染色液（0.1 g结晶紫，0.25 mL冰醋酸，100 mL蒸馏水）、20% $CuSO_4$ 水溶液、3%盐酸酒精、2%刚果红染液等。

3. 其他：显微镜、香柏油、二甲苯、擦镜纸、接种环、载玻片、吸水纸、试管、烧杯等。

四、实验步骤

1. 湿墨水法

(1) 制备菌液：在洁净载玻片中央滴加一滴黑墨水，用接种环挑取少量菌体，并与墨水充分混匀。

(2) 加盖玻片：取洁净盖玻片覆盖混合液，并在盖玻片上放置吸水纸，轻轻按压，吸去多余墨水。

(3) 镜检：先使用低倍镜观察，然后换用高倍镜。

观察结果：菌体较暗，背景呈灰色，荚膜无色透明。

2. 干墨水法

(1) 制备菌液：在载玻片一端滴加一滴6%葡萄糖溶液。用接种环挑取少量细菌，与葡萄糖溶液充分混合后，再加入一环墨水，搅匀。

(2) 制片：左手持玻片，右手取边缘光滑的另一载玻片，使其一端接触菌液前方，让菌液沿着玻片边缘扩散。以 30°角均匀推拉菌液，使其形成均匀薄膜。推片方法如图 2.1-3 所示。

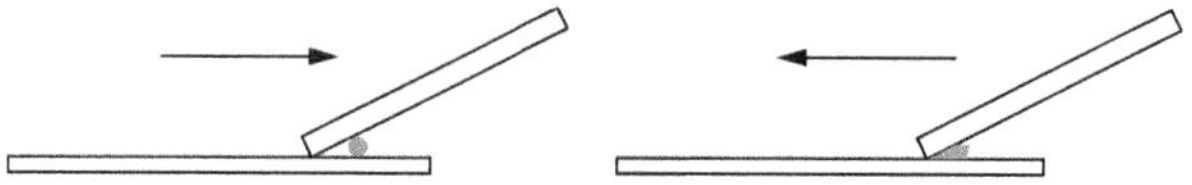

图 2.1-3　干墨水法推片示意图

(3) 干燥：自然晾干涂片。

(4) 固定：用甲醇浸没涂片，维持 1 min 后倒去甲醇。

(5) 干燥：在酒精灯微火上方轻微烘干涂片。

(6) 染色：滴加甲基紫染液，染色 1～2 min。

(7) 水洗：用自来水轻轻冲洗残余染液，自然晾干。

(8) 镜检：先使用低倍镜观察，再换用高倍镜。

观察结果：菌体呈紫色，背景灰色，荚膜呈无色透明圈。

3. Tyler 法

(1) 涂片：按常规涂片法进行涂片，用接种环挑取较多菌苔，与水充分混匀，涂成适中面积的菌膜(不宜过大)。

(2) 干燥：让涂片自然晾干。

(3) 染色：滴加 Tyler 染色液，染色 5～7 min。

(4) 脱色：用 20% $CuSO_4$ 水溶液冲洗，去除结晶紫，脱色冲洗两遍即可。用吸水纸吸干，并立即滴加 1～2 滴香柏油，防止硫酸铜结晶生成。

(5) 镜检：先使用低倍镜观察，再换用高倍镜进行详细观察。

结果：菌体呈现紫色，背景呈蓝色，荚膜呈现淡紫色或无色透明。

4. 刚果红染色法

用接种环取一环 2%刚果红染液于洁净的载玻片中央，在无菌操作条件下，取少量菌体与玻片上的刚果红染液混合均匀，涂成薄薄的菌膜，然后滴加 3%盐酸酒精，自然晾干后进行镜检。

结果：菌体呈浅蓝色，背景呈蓝色，荚膜呈无色透明状。

五、实验结果

将利用不同染色方法的荚膜染色实验结果记录于表 2.1-4 中，绘制或拍照记录镜检结果。

表 2.1-4　荚膜染色实验结果记录表

染色法	
湿墨水法	
干墨水法	
Tyler 法	
刚果红染色法	

六、注意事项

1. 不可进行加热固定，以免荚膜皱缩变形。
2. 湿墨水法在加盖玻片时，要避免产生气泡，否则会影响观察效果。
3. 在干墨水法中，涂片干燥时要用酒精灯的文火进行干燥，不能使玻片发热。
4. Tyler 法中，染色液要用 20% $CuSO_4$ 水溶液冲洗。

七、思考题

1. 荚膜染色的原理是什么?
2. 荚膜染色为什么不能加热固定?
3. 根据实验结果，分析总结荚膜染色过程中的注意要点。

2.1.6　酵母菌和霉菌的染色法

一、实验目的

1. 了解酵母菌和霉菌染色的基本原理。
2. 掌握酵母菌和霉菌的制片和活体染色方法。
3. 掌握用显微镜观察酵母菌和霉菌的形态特征。

二、实验原理

活体染色是一种不影响细胞生命活动的染色技术，通过使用无毒或低毒的染色剂，显示细胞内部结构。由于活细胞持续进行代谢活动，具有较强的还原能力，当无毒染料进入细胞后，活细胞可将其还原脱色。相反，死细胞或衰老细胞因缺乏还原能力，无法脱色，从而会被染料染上颜色。在中性或弱酸性环境下，活细胞的原生质不会被染色剂着色，若细胞被染色，则意味着其已死亡。因此，该方法可用于区分活菌与死菌。常用的活体染色剂有美蓝、中性红、刚果红等。

三、实验材料

1. 菌种：酿酒酵母(*Saccharomyces cerevisiae*)、黑曲霉(*Aspergillus niger*)。
2. 试剂：0.05%美蓝染色液，0.1%美蓝染色液、乳酸酚棉蓝染色液。

3. 其他：显微镜、香柏油、二甲苯、载玻片、擦镜纸、接种环、吸水纸、镊子等。

四、实验步骤

1. 酵母菌的活体染色及观察

(1) 制备染色样本：在洁净载玻片中央滴加一滴 0.1%美蓝染色液，用接种环取少量酵母菌，充分混匀，染色 3 min。

(2) 加盖玻片：用镊子夹住盖玻片，使一端先接触菌液，再缓慢放下，以免产生气泡。用吸水纸吸去多余染液。

(3) 显微镜观察：用高倍镜观察酵母菌的形态及出芽情况，依据细胞染色情况区分活细胞与死细胞，染成蓝色的为死细胞，无色透明的为活细胞。

(4) 染色 30 min 后，观察活、死细菌的数量是否增加。

(5) 用 0.05%美蓝染色液重复上述操作。

2. 霉菌的活体染色及观察

(1) 在洁净载玻片中央滴一滴乳酸酚棉蓝染色液，用接种环取少量霉菌置于乳酸酚棉蓝染色液中。

(2) 用接种针划开菌丝，直到其全部润湿，维持 1～2 min。用镊子夹住盖玻片，使其一端先与载玻片上的液体接触，再慢慢将盖玻片放下将其盖住，避免产生气泡。

(3) 在显微镜下先后使用低倍镜、高倍镜和油镜观察菌丝的形态。

五、实验结果

1. 观察酵母菌的活细胞数量，绘制或拍照记录显微镜视野中的图像。

2. 观察并记录霉菌菌丝的形态、孢子的形态及着生情况，绘制或拍照记录显微镜视野中的图像。

六、注意事项

1. 活体染色与染料比例、染色时间和染色时的 pH 等有关。

2. 在制片过程中，要避免出现气泡，以免影响观察效果。

七、思考题

1. 什么是活体染色?

2. 根据实验观察结果，比较酵母菌和霉菌在形态上的差异。

2.2　微生物的形态观察

2.2.1　四大微生物菌落的识别

在光学显微镜下常见的微生物主要有细菌、放线菌、酵母菌和霉菌等。识别这些微生物的方法有很多，最简单的方法是直接观察它们各自的菌落特征，这对菌种的筛选、鉴定等工作十分重要。菌落是某一微生物的一个或少数几个细胞在固体培养基上生长繁殖后形成的子细胞集团。菌落的外观形态和特征是细胞形态和特征在宏观上的反映，两者紧密相连。通过平板划线、涂布、稀释等让细菌、放线菌、酵母菌和霉菌在相应的平板上形成各自菌落，菌落的形态特征可用肉眼观察(图 2.2-1)。由于以上四种微生物的细胞形态不同，因而其菌落的形态特征也不相同，从而为识别四类微生物提供了依据。在四类微生物中，细菌和酵母菌的形态比较接近，而放线菌和霉菌的形态比较接近。微生物菌落的形态主要用菌落大小、形状、湿润程度、边缘情况、正反面颜色、中央和边缘颜色、质地粗糙度、紧密程度、厚度、透明度和气味等进行描述。

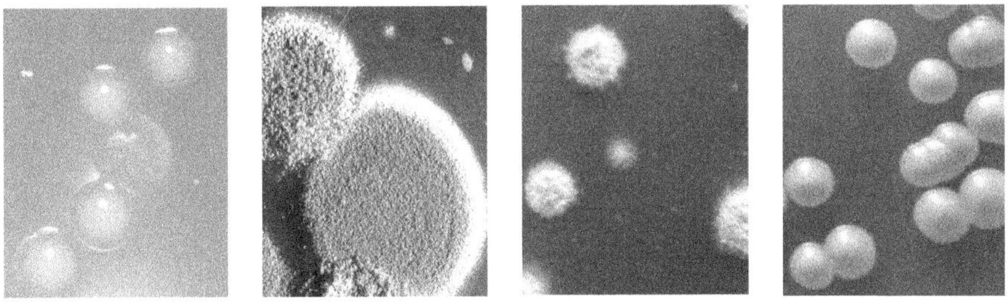

(a)　(b)　(c)　(d)

图 2.2-1　细菌(a)、霉菌(b)、放线菌(c)和酵母菌(d)菌落的形态

一、细菌和酵母菌菌落形态的异同

1. 细菌和酵母菌菌落形态的相似之处

细菌和多数酵母菌都是单细胞生物，菌落内各个细胞之间充满毛细管水、某些代谢物和养料等，因此，细菌和酵母菌呈现相似的菌落，如菌落湿润、光滑、较透明、质地均匀，易挑起，菌落正反面、中央和边缘的颜色一致等。

2. 细菌和酵母菌菌落形态的不同之处

(1) 细菌

细菌细胞体积较小，因此其菌落通常较小、较薄、透明，且质地较细腻。不同细菌可合成不同色素，形成多种颜色的菌落。此外，一些细菌因具有特殊结构，可呈现特定的菌落形态。例如，有鞭毛的细菌常常形成大而扁平、边缘不圆整的菌落；一些运动能力较强的细菌如变形杆菌（*Proteus* spp.），这一特征更加明显；有的细菌甚至会出现菌落迁移现象。一般无鞭毛的细菌的菌落会形成较小的、隆起、边缘完整光滑的菌落。而具有荚膜的细菌菌落会形成光滑、黏稠、透明、呈鼻糨糊状的大型菌落。有芽孢菌的菌落因芽孢与菌体有不同的折射率而呈现透明度差，表面粗糙、干燥、不平整等特点，有时还有沟槽状外观。另外，很多细菌在生长过程中，会产生很多有机酸或蛋白质分解产物，使菌落散发出一股腐败的臭味。

（2）酵母菌

单个酵母菌细胞比细菌大，其直径是细菌的约5～10倍，无运动能力，繁殖速度较快。其菌落通常较大、较厚、透明且呈圆形。大多数酵母菌不产生色素，但部分菌种可合成红色素，少数菌种合成黑色素。假丝酵母菌因形成藕节状假菌丝，使菌落边缘扩展较快，从而呈现扁平且边缘不规则的菌落形态。此外，酵母菌常生长于含糖量较高的有机养料上，并产生乙醇等代谢物，因而其菌落常常带有酒香味。

二、放线菌和霉菌菌落形态的异同

1. 放线菌和霉菌菌落形态的相同之处

放线菌与霉菌的细胞均以丝状方式生长，在固体培养基上可分化出两类菌丝：基内菌丝（深入培养基内部）和气生菌丝（向空气中生长，并相互分离，不形成毛细管水）。由于气生菌丝的存在，这类微生物形成的菌落通常干燥、不透明，并呈现丝状、绒毛状或毡状结构。基内菌丝伸向培养基内，不易挑取。由于气生菌丝、子实体、孢子和基内菌丝构造、颜色和发育阶段不同，因此菌落的正反面、边缘和中央呈现不同颜色和构造。一般情况下，菌落中心菌龄较大，可较早分化出子实体和孢子，颜色较深。此外，放线菌和霉菌的基内菌丝分泌的水溶性色素或气生菌丝或孢子颜色不同，因而使培养基或菌落呈现不同的颜色。

2. 放线菌和霉菌菌落形态的不同之处

（1）放线菌

放线菌为原核生物，菌丝纤细，生长极慢，在基内菌丝上生成大量气生菌丝，气生菌丝分化出孢子丝，其上形成色泽丰富的分生孢子。由此形成菌落形态较小，菌丝细小而致密，表面呈粉状，色彩较丰富，不易挑起，菌落边缘的培养基出现凹陷等特征。某些放线菌的基内菌丝因分泌水溶性色素而使培养基染上相应颜色。很多放线菌会产生利于菌体间识别的土臭素，从而使菌落带有特殊的土腥味或冰片气味。

（2）霉菌

霉菌是真核生物，其菌丝直径比放线菌大数倍至十几倍，长度比放线菌长几十倍，且生长速度快。因此，霉菌形成的菌落比放线菌的菌落大，且菌落质地比放线菌致密或疏松。霉菌的气生菌丝随生理年龄的增长会形成一定形状、结构和颜色的子实体，所以其菌落表面会形成肉眼可见的结构。

四大微生物的识别要点如表 2.2-1 所列。

表 2.2-1　四大微生物的识别要点表

<table>
<tr><th>菌落</th><th colspan="2">特征</th><th>相同点</th></tr>
<tr><td rowspan="2">细菌菌落</td><td>小而扁平</td><td rowspan="2">小</td><td rowspan="4">湿润、正反面颜色一致，中央和边缘颜色一致</td></tr>
<tr><td>小而隆起</td></tr>
<tr><td rowspan="2">酵母菌菌落</td><td>大而扁平</td><td rowspan="2">大</td></tr>
<tr><td>大而隆起</td></tr>
<tr><td>放线菌菌落</td><td>小而致密</td><td>小</td><td rowspan="3">干燥，正反面颜色不一致，中央与边缘颜色不一致</td></tr>
<tr><td rowspan="2">霉菌菌落</td><td>大而致密</td><td rowspan="2">大</td></tr>
<tr><td>大而疏松</td></tr>
</table>

2.2.2　细菌的形态观察

一、实验目的

1. 熟悉细菌的形态。

2. 掌握利用显微镜观察细菌形态的方法。

二、实验原理

微生物个体微小，用肉眼很难观察到其个体，所以需要借助显微镜观察它们的形态。且微生物细胞较透明，需对其进行染色后才能观察清晰。细菌个体微小，需要在油镜下观察。

三、实验材料

1. 菌种：枯草芽孢杆菌（*B. subtilis*）、苏云金芽孢杆菌（*B. thuringiensis*）。

2. 装片：巨大芽孢杆菌、普通变形菌、圆褐固氮菌三型细菌的染色装片。

3. 仪器及其他：显微镜、香柏油、擦镜纸、接种环、酒精灯、载玻片、盖玻片、吸水纸、滴管等。

四、实验步骤

1. 细菌基本形态的观察

先后用低倍镜、高倍镜和油镜观察巨大芽孢杆菌、普通变形菌、圆褐固氮菌三型细菌的染色装片，绘制或拍照记录视野中的图像。

2. 细菌细胞结构的观察

用低倍镜、高倍镜和油镜观察巨大芽孢杆菌(示细胞壁、异染粒)、普通变形菌(示鞭毛)、苏云金芽孢杆菌(示伴孢晶体)等细菌的染色装片，在油镜的视野中绘制或拍照记录图像。

3. 观察枯草芽孢杆菌

(1) 点燃酒精灯，用灭菌后的接种环挑一环无菌水放在洁净的载玻片中央。

(2) 用无菌操作的方法挑取少许枯草芽孢杆菌菌体于载玻片中央的无菌水中，混匀。

(3) 取洁净的盖玻片，使其一端先接触菌液，再慢慢放下盖住菌液，避免产生气泡，用吸水纸将多余菌液吸去。

(4) 先用低倍镜在视野中找到菌体，再换用高倍镜观察，视野亮度要暗一些。

五、实验结果

1. 将镜检结果绘制或拍照记录下来，并附于实验报告中。

2. 描述各个细菌的形态特征。

六、注意事项

1. 镜检后，用擦镜纸擦拭镜头。

2. 无菌操作过程中，勿使接种环碰到其他物品。

七、思考题

1. 活菌观察和染色装片相比，光线调节应注意些什么？

2. 在较亮视野下观察细菌时，菌体是否需要进行染色？

2.2.3 放线菌的形态观察

放线菌可以产生抗生素，其形态是菌种鉴定和分类的主要依据。

一、实验目的

1. 熟悉放线菌的形态结构特点。

2. 掌握放线菌形态观察的方法。

二、实验原理

放线菌的菌丝由基内菌丝、气生菌丝和孢子丝组成。基内菌丝生在培养基中，很难挑取，因此常规的制片方法很难获取完整的自然菌丝体。因此，人们设计许多方法观察它们的形态特征，目的是保持放线菌自然生长状态下的形态特征。其中以插片法和搭片法较为常用。其基本原理是：在接种放线菌的固体培养基上插入盖玻片，或者在培养基上开槽接种后搭上盖玻片，放线菌的菌丝体可以沿培养基与盖玻片的交界处生长延伸，从而黏附在盖玻片上；待培养物成熟后，轻轻取出盖玻片，置于载玻片上镜检，即可观察到放线菌自然生长状态下的形态特征。

三、实验材料

1. 菌种：细黄链霉菌(*Streptomyces microflavus*)。

2. 培养基：高氏1号合成培养基。

3. 其他：无菌培养皿、盖玻片、载玻片、接种环、显微镜、镊子、酒精灯等。

四、实验步骤

1. 插片法

(1) 倒平板

融化高氏1号合成培养基，冷却至50℃左右倒平板。平板应稍厚些(每皿倒入约20 mL培养基)，以便插片，冷凝后备用。

(2) 插片

可以先接种后插片，反之亦可。如果先接种、后插片，在无菌操作条件下，用接种环挑取少量孢子，在平板培养基一半面积上来回划线接种，接种量可大一些。然后用无菌操作的方法在接种线处以40°角左右斜插入无菌盖玻片，深度为盖玻片长度的三分之一即可。如果先插片、后接种，用无菌镊子将无菌盖玻片在平板的一侧斜插进去，然后在交界面处接种，接种线长约为盖玻片的一半，要在盖玻片两侧留有一定空白，以供放线菌菌丝生长。使用后者插片，镜检时可以不用擦去盖玻片另一面的菌丝。

(3) 培养

将插片平板倒置于28℃的培养箱中，培养3～7 d。

(4) 镜检

用镊子轻轻取出盖玻片，将背面附着的菌丝擦净(适用于先接种法)，然后把盖玻片有菌丝的一面朝上放在洁净的载玻片上，用低倍镜、高倍镜或油镜进行观察。

2. 搭片法

(1) 倒平板

融化高氏1号合成培养基，冷却至50℃左右倒平板。平板应稍厚些(每皿倒入约20.0 mL培养基)，以便插片。冷凝后备用。

(2) 开槽

用无菌解剖刀在凝固后的平板上开两个宽约0.5 cm的平行槽，并用无菌操作法取出槽内的培养基。

(3) 划线接种

在无菌操作条件下，用接种环挑取少许放线菌孢子在槽内边缘来回划线进行接种。然后在接种后的小槽上分别盖上无菌盖玻片。

(4) 培养

将接种后的平板倒置于28℃的培养箱中，培养3～7 d。

(5) 镜检

放线菌在生长时会黏附于盖玻片上表面，用镊子轻轻取出盖玻片置于洁净载玻片上，用显微镜进行观察。

五、实验结果

将放线菌的镜检结果记录于表2.2-2，并绘制或拍照记录视野中的图像。

表2.2-2 放线菌镜检结果记录表

菌种	培养方法	菌落特征	菌丝及孢子形态

六、注意事项

1. 镜检时要注意观察放线菌基内菌丝和气生菌丝之间的粗细和色泽差异。

2. 放线菌生长缓慢，在操作时要采用无菌操作方法，避免杂菌污染。

3. 培养后的盖玻片如用0.1%美蓝染色，镜检效果会更好。

七、思考题

1. 如何在显微镜下分辨出基内菌丝和气生菌丝?

2. 插片法和搭片法制备放线菌标本的优点是什么? 能否用此方法培养观察其他几类微生物? 请对此详细说明。

2.2.4 真菌的形态观察

真菌常有一些特殊结构，例如酵母菌和霉菌都是真核微生物；酵母菌为单细胞个体，菌体比细菌大。霉菌由有隔或无隔的菌丝构成，其菌丝一般包括基内菌丝、气生菌丝和孢子梗。

一、实验目的

1. 掌握酵母菌和霉菌形态观察的方法。

2. 观察酵母菌和霉菌的形态特征。

二、实验原理

霉菌由菌丝交织而成。气生菌丝生长到一定阶段可以分化出繁殖菌丝。霉菌菌丝及孢子是识别不同霉菌的重要依据。霉菌的菌丝一般比细菌和放线菌的菌丝大几倍至十几倍，因此，可以用低倍镜或高倍镜观察。由于霉菌菌丝体较大，孢子易飞散，菌丝体在水中易变形，因此，制片时可以将其置于乳酸石炭酸溶液中，保持菌丝自然形态。或者采用载片法培养，将霉菌接种在洁净载玻片的培养基上，盖上盖玻片，培养后用显微镜观察其生长发育的过程。

酵母菌单细胞一般呈圆形、椭圆形，其细胞核与细胞质有明显分化。其无性繁殖包括出芽繁殖和分裂繁殖两种方式；有性繁殖产生子囊和子囊孢子，有些酵母菌可以产生假菌丝。采用载片法培养，培养后用显微镜进行观察。

三、实验材料

1. 菌种：黑曲霉（*A. niger*）、热带假丝酵母（*Candida tropicalis*）。

2. 培养基：马铃薯葡萄糖琼脂培养基。

3. 试剂：乳酸酚棉蓝染色液。

4. 仪器及其他：显微镜、培养皿，载玻片、盖玻片、镊子、无菌滴管、滤纸等。

四、实验步骤

1. 霉菌的培养和观察

（1）一般观察法

① 洁净载玻片中央滴一滴乳酸酚棉蓝染色液，用接种环取少量黑曲霉菌置于乳酸酚棉蓝染色液中。

② 用接种针划开菌丝直到全部润湿，维持 1～2 min。用镊子夹住盖玻片，使其一端先与载玻片上的液体接触，再慢慢将盖玻片放下将其盖住，以避免产生气泡。

③ 在显微镜下先后使用低倍镜、高倍镜和油镜观察菌丝的形态。

（2）载片培养法

① 实验前准备：在培养皿底铺一层直径与之相同的圆形滤纸，放上 U 形玻璃棒，在玻璃棒上放置载玻片，并在载玻片的两端分别放置一个盖玻片，盖上皿盖，将培养皿包扎后，于 121℃湿热灭菌 20 min，烘干后备用。

② 融化培养基：将灭菌后的马铃薯葡萄糖琼脂培养基加热融化，置于 60℃水浴中保温。

③ 滴加培养基：用无菌接种环挑取少量孢子于载玻片上，用无菌的滴管将少量融化培养基滴加到载玻片的孢子上。培养基应圆薄完整，直径约 0.5 cm。

④ 加盖玻片：用无菌镊子将盖玻片盖在接种后的培养基上，均匀按压，以防气泡产生，使盖玻片和载玻片之间留下一定缝隙。

⑤ 保湿培养：向培养皿中倒入约 3.0 mL 的 20%无菌甘油至滤纸湿润即可，然后置于 28℃，恒温箱中培养 10 h。

⑥ 取出载玻片放在显微镜下观察霉菌的基内菌丝、气生菌丝和孢子的形态结构。

2. 酵母菌的培养和观察

(1) 实验前准备：在培养皿底铺一层直径与之相同的圆形滤纸，放上 U 形玻璃棒，在玻璃棒上放置载玻片，并在载玻片的两端分别放置一个盖玻片，盖上皿盖，将培养皿包扎后，于 121℃湿热灭菌 20 min，烘干后备用。

(2) 融化培养基：将灭菌后的马铃薯葡萄糖琼脂培养基加热融化，置于 60℃水浴中保温。

(3) 滴加培养基：用无菌的滴管将少量融化的马铃薯葡萄糖琼脂培养基滴在载玻片上两个合适位置形成圆薄完整的形状。

(4) 接种：用无菌接种环挑取少许菌体接种到培养基中央，避免将培养基戳破。盖上盖玻片轻轻按压，使盖玻片和载玻片之间留下一定缝隙。

(5) 保湿培养：向培养皿中倒入约 3.0 mL 的 20%的无菌甘油至滤纸湿润即可，然后置于 28℃恒温箱中培养 48 h。

(6) 取出载玻片，在显微镜下观察热带假丝酵母的菌丝形态。

五、实验结果

观察霉菌和酵母菌的特征结构，并将实验结果记录于表 2.2-3 中。

表 2.2-3　霉菌和酵母菌实验结果记录表

菌种	低倍镜视野	高倍镜视野
黑曲霉(*A. niger*)		
热带假丝酵母(*C. tropicalis*)		

六、注意事项

1. 进行载片培养时，接种量要少，培养基要圆薄完整，载玻片和盖玻片之间一定要留有缝隙，不能把培养基压破。

2. 镜检时，先用低倍镜找到合适的观察区，再换用高倍镜。

3. 因培养时间较长，一定要严格按照无菌操作要求进行相关的实验操作。

七、思考题

1. 载片培养时，若将培养基压破或载玻片和盖玻片之间无缝隙，会出现什么结果？

2. 热带假丝酵母的假菌丝和真菌丝有什么区别？

3. 为什么采用保湿培养法培养真菌？

2.3　微生物计数及细胞大小的测定

微生物的计数主要适用于以单细胞状态存在的微生物，如细菌和酵母菌等，或计数真菌和放线菌产生的孢子。微生物的计数可分为直接计数和间接计数。直接计数是指对样品中的细胞或孢子进行逐一计数，所得结果是微生物活、死细胞的总含菌量。间接计数的方法有液体稀释或平板菌落计数两种，它们分别以最大稀释度和平板菌落数间接获取样品的活细胞（或孢子）数。直接计数法使用血球计数板，若采用染色区分活、死细胞，也能分别计数活菌和死菌，但所得结果与平板菌落法的结果存在一定偏差。

2.3.1　酵母菌和细菌的直接计数

显微镜直接计数法是将样品置于血球计数板上，在显微镜下直接对微生物细胞计数的快捷、简便的方法。

一、实验目的

1. 掌握血球计数板的结构和计数原理。

2. 掌握用血球计数板在显微镜下直接计数的方法。

二、实验原理

使用血球计数板在显微镜下计数微生物细胞（或孢子），是一种常见的微生物计数方法。其计数原理是：先将菌悬液或孢子悬液适当稀释，然后滴加到血球计数板的计数室。然后在显微镜下逐个计数微生物细胞，并换算出单位体积样品中的微生物含量。计数室的固定体积为 0.1 mm^3，可根据显微镜下的计数结果计算微生物浓度。利用此法计数得到的数值为死菌和活菌的总和，因此，此法又被称为总菌计数法。血球计数板是一块特制的载玻片（图 2.3-1），载玻片上有 4 条小槽。将载玻片中间部分分为 3 个平台，中间平台比两边低 0.1 mm，在中间平台有一短槽又将其分为2个平台，在这两个平台上各有一个相同的方格。每个方格被分为9个大格，中央大格为计数室。计数室分为两种类型：一种是1个大格被分为25个中格，每个中格又被分为16个小格；另一种是1个大格被分为16个中格，每个中格又被分为25个小格。两种类型的计数室都有400个小格。此外，每个中格四周有双线标志，便于再区分。计数室大方格边长为1.0 mm，其面积为1.0 mm^2，计数室与盖玻片高度差为0.1 mm，所以计数室体积为0.1 mm^3，每个小格的体积为1/4 000 mm^3。计数时，先计数几个中格(一般是5个)的含菌数，然后计算每个中格菌数的平均值，乘中格数，即可得出1个计数室中的总菌数，再乘10^4(换算为1.0 mL的含菌量)和菌液稀释倍数，便得稀释前1.0 mL菌液的总菌数。如果想要区分死菌和活菌，则需要采用活体染色法。美蓝是一种常用的活体染料，其颜色随氧化还原状态变化，氧化态呈蓝色，还原态呈无色。在活体染色过程中，活细胞代谢旺盛，具有较强的脱氢能力，可将美蓝由氧化态(蓝色)还原为无色，因此活细胞呈现透明。衰老或死亡的细胞代谢较慢或停止，美蓝未被还原，仍保持氧化态(蓝色)，因此死细胞呈现淡蓝色或深蓝色。

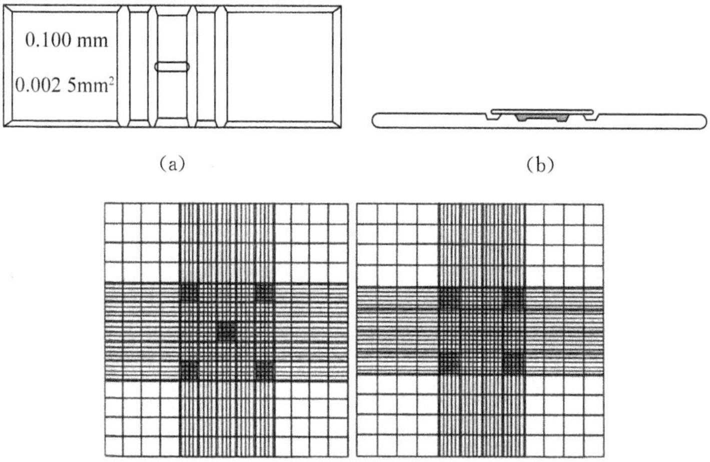

(c)

(a) 正面图；(b) 纵切面图；(c) 方格示意图，左图中央计数室为16×25规格，右图中央计数室为25×16规格。

图 2.3-1　血球计数板

三、实验材料

1. 菌种：酿酒酵母(*S. cerevisiae*)、枯草芽孢杆菌(*B. subtilis*)。

2. 试剂：美蓝染液（美蓝 0.025 g、NaCl 0.9 g、KCl 0.042 g、$CaCl_2 \cdot 6H_2O$ 0.048 g、$NaHCO_2$ 0.02 g、葡萄糖 1.0 g、蒸馏水 100.0 mL）、95%乙醇、生理盐水、pH 7.0 的磷酸盐缓冲液。

3. 仪器：显微镜，血球计数板。

4. 其他：盖玻片，滴管，锥形瓶，试管，擦镜纸，吸水纸等。

四、实验步骤

1. 计数总菌

（1）血球计数板的清洗

先用自来水水流冲洗，然后用蘸有 95%乙醇的棉球轻轻擦拭后用水冲洗，再用吸水纸吸干多余水分。在显微镜下镜检，计数室无污渍和其他微生物即可使用。

（2）菌液稀释

取培养 48 h 的菌体斜面上少许菌苔于 10.0 mL 生理盐水中，充分振摇使菌体分散均匀。菌悬液经适当稀释后即可作为计数的菌液样品。菌液的稀释度一般为每一中格约有 15～20 个细胞数为宜。

（3）加样

把盖玻片盖在血球计数板的计数室上，用无菌滴管吸取混匀后的菌液滴在盖玻片与计数板相交的缝隙处，让菌液自行沿盖玻片与计数室之间的缝隙进入整个计数室，避免产生气泡。为避免菌液过多使盖玻片浮起导致计数室体积改变，可用镊子轻轻敲下盖玻片，并用吸水纸将多余菌液吸去，静置数分钟。

（4）计数

将血球计数板放在显微镜下观察，先用低倍镜找到大方格，然后寻找大方格中的计数室，再把计数室移到视野中央，换用高倍镜进行观察。计数时，对于 25×16 型计数板，通常选计数室中的左上、右上、左下、右下 4 角和正中间共 5 个中格进行计数，对于 16×25 型计数板，通常选取计数室左上、右上、左下和右下 4 角共 4 个中格进行计数。为提高精确度，对每个样品重复计数 3 次，取其平均值。然后按公式计算原菌液中的菌体数。计数公式如下：

$$\text{菌数(个/mL)}=25(\text{或 }16)\times10^4\times\text{稀释倍数}\times[X_1+X_2+X_3+X_4(+X_5)]/5(\text{或 }4) \tag{2.3-1}$$

（5）清洗

计数结束，先用蒸馏水冲洗计数板和盖玻片，用吸水纸吸干，然后用乙醇棉球擦拭计数板，再用水冲洗，最后用擦镜纸擦干，将其放入计数板盒中。

2. 计数活菌、死菌

（1）血球计数板的清洗：先用自来水水流冲洗，然后用蘸有95％乙醇的棉球轻轻擦拭后用水冲洗，再用吸水纸吸干多余水分。在显微镜下镜检，计数室无污渍和其他微生物即可使用。

（2）菌液稀释：取培养 48 h 的菌体斜面上少许菌苔于 10.0 mL 生理盐水中，充分振摇使菌体分散均匀，并将菌悬液进行适当稀释。

（3）活体染色：取稀释后的菌液 0.1 mL 于试管中，加入 0.9 mL 的美蓝染色液，混合均匀，染色 10 min。

（4）加样：把盖玻片盖在血球计数板的计数室上，用无菌滴管吸取混匀后的菌液滴在盖玻片与计数板相交的缝隙处，让菌液自行沿盖玻片与计数室之间的缝隙进入整个计数室，避免产生气泡。为避免菌液过多使盖玻片浮起导致计数室体积改变，可用镊子轻轻敲下盖玻片，并用吸水纸将多余菌液吸去，静置数分钟。

（5）计数：分别计数活菌数和死菌数，然后计算活菌的百分比。

（6）清洗：计数结束，先用蒸馏水冲洗计数板和盖玻片，用吸水纸吸干，然后用乙醇棉球擦拭计数板，再用水冲洗，最后用擦镜纸擦干，将其放入计数板盒中。

五、实验结果

1. 将计数的总菌数（25×16 型计数板）记录于表 2.3-1。

表 2.3-1　计数总菌数实验结果记录表

	中格菌数/个					中格菌数均值/个	大格总均数/个	稀释倍数	菌数（个/mL）
	X_1	X_2	X_3	X_4	X_5				
一室									
二室									

2. 将计数的活菌和死菌数（25×16 型计数板）记录于表 2.3-2。

表 2.3-2　计数活菌、死菌数实验结果记录表

一室	中格菌数/个					中格菌数均值/个	大格总均数/个	稀释倍数	菌数（个/mL）	菌活率/％
	X_1	X_2	X_3	X_4	X_5					
活菌										
死菌										

续表

二室	中格菌数/个					中格菌数均值/个	大格总均数/个	稀释倍数	菌数（个/mL）	菌活率/%
	X_1	X_2	X_3	X_4	X_5					
活菌										
死菌										

六、注意事项

1. 制备菌悬液时，尽量使菌体分散开，便于观察和计数。

2. 为防止重复计数，压在边线上的菌体通常只计数底边和右侧边线上的菌体，以减少误差。

3. 酵母菌出芽时，当芽体和母细胞相同大小时才能按两个细胞计数。

4. 血球计数板属于精密玻片，不能用刷子刷洗或用力擦拭，避免损坏网状线。

七、思考题

1. 简述利用血球计数板计数菌体的原理和适用范围。

2. 加样时，为什么要先盖盖玻片再滴加样品？

3. 根据实验体会，分析实验数据误差来源，并提出解决方法。

2.3.2 平板菌落计数法

用平板菌落计数法测定微生物的活细胞数量，称为微生物的间接计数法或活菌计数法，它能检测微生物样品中活细胞（或孢子）数目。通过适当稀释菌液，在平板上培养微生物，微生物样品活细胞会在平板上形成肉眼可见的菌落，菌落数就代表样品中活细胞数或菌落形成单位（CFU/mL）。

一、实验目的

1. 掌握平板菌落计数法的原理。

2. 掌握平板菌落计数具体方法。

二、实验原理

平板菌落计数法的原理是：在平板上形成的单个菌落是由一个细胞繁殖而成的子细胞群体。将待测微生物样品按比例稀释后，吸取一定量不同稀释度的菌悬液至无菌培养皿里，然后及时倒入融化且温度在45℃左右的培养基中，立刻充分摇匀，静置冷凝。如果将菌悬液放在固体培养基上，要用灭菌的涂布棒将菌液涂布均匀。在适宜条件下培养后，将平板上的菌落数的均值换算为样品中单位体积的含菌数，再乘稀释倍数，即得样品中单位体积所含的活细胞数。样品稀释要适度，一般细菌菌液稀释后，平板菌落数在 30～300 个即可，这样利于减少实验误差。平板菌落计数法可以计数样品中的活细胞数，但是操作烦琐，时间较长，测定值易受干扰，因此有待进一步改进和完善。

三、实验材料

1. 菌种：大肠埃希氏菌(*E. coli*)。

2. 培养基：牛肉膏蛋白胨培养基。

3. 其他：无菌生理盐水、无菌培养皿、无菌试管、无菌移液管(或移液枪，枪头灭菌)、试管架、接种环、酒精灯等。

四、实验步骤

1. 培养基融化：将灭菌后的牛肉膏蛋白胨培养基加热融化，并置于 50℃ 水浴中保温，备用。

2. 分装稀释液：取 10 套无菌培养皿，依次编号为 10^{-4}、10^{-5}、10^{-6}(或至 10^{-8}，具体编号依据菌液浓度确定)。每个稀释度设置 3 个平行，另留 1 个培养皿作为对照。取 6～8 支无菌试管，依次编号为 10^{-1}～10^{-6}(或至 10^{-8}，具体视菌液浓度而定)。在无菌操作环境下，使用移液枪准确吸取 4.5 mL 无菌生理盐水至上述编号试管中。

3. 菌液稀释：每次稀释前，应充分摇匀菌液。用移液枪吸取 0.5 mL 菌液至 10^{-1} 试管中。更换枪头，在 10^{-1} 试管中反复吸吹数次，确保充分混匀。再次精确移取 0.5 mL 菌液至 10^{-2} 试管中。依次重复上述操作，直至稀释至 10^{-6}(或更高稀释度，视菌液浓度而定)。具体稀释过程见图 2.3-2。

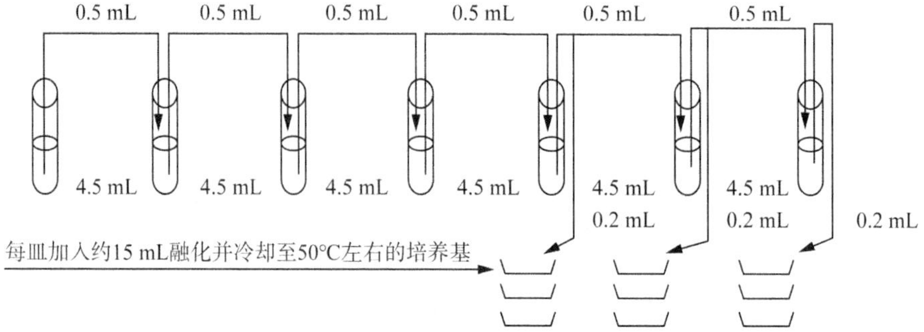

图 2.3-2　稀释过程

4. 菌液转移：从稀释后的菌液试管(10^{-4}、10^{-5}、10^{-6})中，使用移液枪吸取 0.2 mL 菌液至对应编号的无菌培养皿中。

5. 加入培养基并摇匀：菌液加入培养皿后，立即倒入约 15.0 mL 已融化并冷却至 50℃左右的培养基。轻轻摇动培养皿，使菌液与培养基均匀混合。

6. 培养：将凝固后的平板倒置于 37℃培养箱中培养 48 h。

7. 计数：从培养箱中取出平板，首先选出每皿菌落数在 30～300 个的平板，再计数每皿中的菌落数。若菌体密度大，可以在皿底划出具有代表性的部分区域进行计数，为统计整个平板的菌落数提供一定依据。求出每皿菌落的平均值，并乘以样品体积和稀释倍数，即得样品中的活菌数（个/mL）。公式如下：

$$活菌数(个/mL)=5\times稀释倍数\times(X_1+X_2+X_3)/3 \qquad (2.3\text{-}2)$$

8. 后处理：将试管和平板在沸水中煮沸 5～10 min，倒出培养基，清洗干净后摆放整齐，晾干。

五、实验结果

将每个平板中的菌落数记录于表 2.3-3 中。

表 2.3-3　各平板中菌落数实验结果记录表

稀释程度	每皿菌落数/个			平均值/个	活菌数(个/mL)
	X_1	X_2	X_3		
10^{-4}					
10^{-5}					
10^{-6}					

六、注意事项

1. 在稀释菌液和转移菌液的过程中，不要混淆试管和培养皿，注意看清编号，并且要及时更换移液管或枪头。

2. 菌液加入培养皿后，要立即倒入培养基赶快摇匀，防止菌液吸附于皿底，不利于形成单菌落或避免培养基凝固导致的菌体分布不均匀。

3. 如果平板上出现过多菌落（菌落数超过 300 个/皿）或者染杂菌，应舍弃计数该平板的菌落。

七、思考题

1. 简述平板菌落计数的原理和适用范围。

2. 实验成功的关键步骤是什么？

3. 稀释的菌液移入培养皿后，如果不及时倒入培养基中摇匀，会导致什么不良结果？

4. 显微镜直接计数和平板菌落计数各有何优缺点？

2.3.3 微生物细胞大小的测定

微生物细胞的大小是微生物基本形态特征之一，也是微生物分类鉴定的依据之一。由于微生物细胞体积很小，故只能在显微镜下进行观察，用于测量微生物细胞大小的工具主要有目镜测微尺和镜台测微尺。

一、实验目的

1. 了解目镜测微尺和镜台测微尺的用途和结构。

2. 掌握显微测微尺用于测量菌体大小的方法。

二、实验原理

显微测微尺可用于测量微生物细胞或孢子的大小，包括目镜测微尺和镜台测微尺两部分，如图 2.3-3 所示。镜台测微尺是一种专门设计的载玻片，其中央刻有 1 mm 的刻度线，被等分为 100 个小格，因此每个小格的长度为 0.01 mm。镜台测微尺本身无法直接测量细胞大小，而是用于校正目镜测微尺的刻度，以确定目镜测微尺每小格所代表的实际长度。目镜测微尺是一块圆形玻片，中央刻有刻度线，其标尺通常有两种：5 mm 被等分为 50 小格；10 mm 被等分为 100 小格。在测量过程中，目镜测微尺被放置在目镜内的光阑上，用于测量显微镜放大后的细胞图像。由于显微镜的目镜和物镜组合不同，目镜测微尺的刻度在不同放大倍数下代表的实际长度会有所不同。因此，在测量细胞大小之前，必须先使用镜台测微尺进行校正，计算出不同放大倍数下目镜测微尺每个小格的实际长度，以便精确测量微生物细胞的大小。

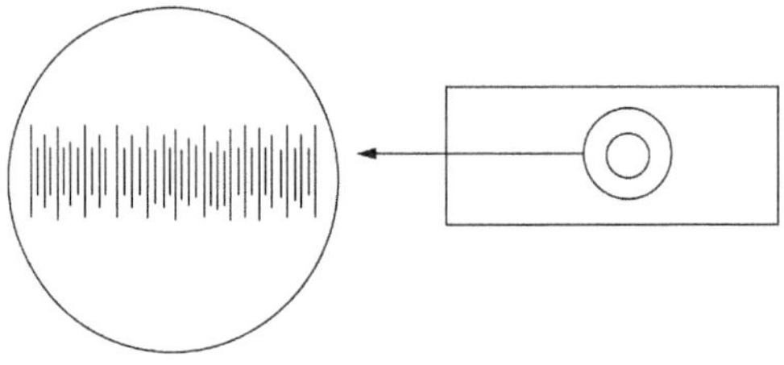

(a) 镜台测微尺及其放大部分

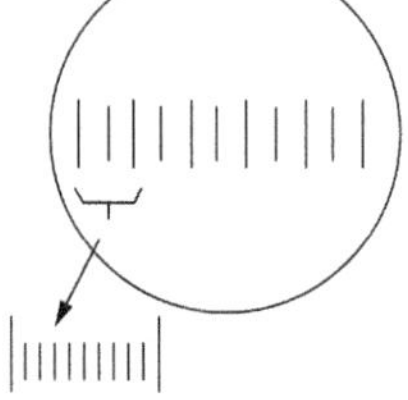

(b) 目镜测微尺

图 2.3-3 显微测微尺构造

三、实验材料

1. 菌种：枯草芽孢杆菌(*B. subtilis*)。

2. 仪器：显微镜、目镜测微尺、镜台测微尺。

3. 其他：擦镜纸、香柏油、二甲苯、载玻片、复红染液、接种环等。

四、实验步骤

1. 放置目镜测微尺：取出目镜，旋开目透镜，将目镜测微尺放置在目镜光阑上，确保刻度面朝下。然后安装目透镜，并将目镜放回镜筒内。

2. 放置镜台测微尺：将镜台测微尺放置在载物台上，确保刻度面朝上，便于显微镜观察。

3. 校正：使用低倍镜观察，调整镜台测微尺的位置，同时旋转目镜测微尺，使两者刻度线平行并位于视野中央。继续微调，直至两者刻度的一段起点线和终点线完全重合。计数重合段内目镜测微尺和镜台测微尺的格数，以计算目镜测微尺每小格对应的实际长度。重复相同步骤，测量高倍镜和油镜下目镜测微尺的实际刻度值。

4. 计算：目镜测微尺每小格的实际长度（μm）计算公式：

$$\text{目镜测微尺每小格的实际长度}(\mu\text{m})=\frac{\text{两重合线间镜台测微尺格数}\times 10}{\text{两重合线间目镜测微尺格数}} \tag{2.3-3}$$

5. 菌体大小测定

将枯草芽孢杆菌制成适宜浓度的菌悬液，无菌操作条件下，用接种环取几环菌液于洁净的载玻片上，染色后，制成涂片。从显微镜的载物台上取下镜台测微尺，放上枯草芽孢杆菌染色涂片，先用低倍镜找到菌体，然后换用高倍镜，调节焦距待物像清晰后，转动目镜测微尺或移动菌体涂片，测量枯草芽孢杆菌的长度和宽度各占几小格。将测得的格数乘目镜测微尺校正后的每小格的长度，即可得知菌体的实际大小。杆菌的大小用“长（μm）×宽（μm）”表示。为提高测定的准确性，可以测 10 个菌体后取其平均值。

6. 后处理

观察结束后，取出目镜测微尺，将目镜放回镜筒，再把目镜测微尺和镜台测微尺擦拭干净放回盒中保存。

五、实验结果

1. 将目镜测微尺的校正结果记录于表 2.3-4。

表 2.3-4　目镜测微尺校正结果记录表

目镜放大倍数	物镜放大倍数	镜台测微尺格数	目镜测微尺格数	目镜测微尺每小格长度/μm

续表

目镜放大倍数	物镜放大倍数	镜台测微尺格数	目镜测微尺格数	目镜测微尺每小格长度/μm

2. 将测定的枯草芽孢杆菌的大小记录于表 2.3-5 中。

表 2.3-5　枯草芽孢杆菌大小实验数据记录表

序号	长/μm	宽/μm
1		
2		
3		
4		
5		
6		
7		
8		
9		
平均值		

六、注意事项

1. 校正时，目镜测微尺装在目镜隔板上时，让有刻度的一面朝下；镜台测微尺放在载物台上时，有刻度的一面朝上放置，切勿放反。

2. 放大倍数改变时，需要用镜台测微尺重新校正目镜测微尺每小格的长度。

3. 可以用测得的最大值和最小值表示菌体的大小范围，如长为 3～6 μm，宽为 1～2 μm 可以表示为(3～6)μm×(1～2)μm 。

七、思考题

1. 简述显微测微尺的结构和各部分的作用。

2. 当放大倍数改变后，目镜测微尺每小格的长度是否改变？请说明原因。

2.4　细菌生长曲线的测定

一、实验目的

1. 了解细菌生长曲线的特点及测定原理。

2. 练习用比浊法测定细菌的生长曲线。

二、实验原理

当少量细菌接种至适宜的新鲜培养基中，并在适当条件下培养时，可通过定时测定培养液中的菌量，以菌量的对数值作为纵坐标，以培养时间作为横坐标，绘制所得的曲线即称为生长曲线。生长曲线可反映单细胞微生物在液体培养条件下的群体生长规律。根据生长速率的不同，生长曲线通常可划分为延滞期、对数生长期、稳定期和衰亡期。这四个阶段的时间长短受菌种的遗传特性、接种量及培养条件等因素的影响。因此，通过生长曲线的测定，可以分析不同菌种的生长规律，为科研及生产提供重要的指导依据。

微生物数量的测定方法多种多样，本实验采用比浊法进行测定。其原理是：细菌悬液的浓度与光密度（OD）成正比，因此可利用分光光度计测定菌悬液的光密度，并将所测得的 OD 与培养时间对应绘图，从而得到该细菌在一定条件下的生长曲线。该方法具有操作简便、快捷的特点。

三、实验材料

1. 菌种：大肠埃希氏菌（*E. coli*）。

2. 培养基：牛肉膏蛋白胨培养基。

3. 仪器和器具：721 分光光度计，比色杯，恒温摇床，无菌吸管，试管，三角烧瓶。

四、实验方法

1. 种子液制备：取大肠埃希氏菌斜面菌种 1 支，在无菌条件下挑取 1 环菌苔，接种至牛肉膏蛋白胨培养基中，静置培养 18 h，制备种子培养液。

2. 标记编号：取 250 mL 三角烧瓶共 11 个，分别加入 50.0 mL 无菌牛肉膏蛋白胨培养基，并依次编号：0 h、1.5 h、3 h、4 h、6 h、8 h、10 h、12 h、14 h、16 h、20 h。

3. 接种与培养：取 2.0 mL 无菌吸管，准确吸取 2.0 mL 种子液，分别接种至已编号的 11 个三角烧瓶中。将三角烧瓶置于 37℃条件下振荡培养，并按设定时间依次取出对应的三角烧瓶，立即冷藏，待所有培养时间点的样品收集完毕后，统一测定 OD。

4. 生长量测定：取未接种的牛肉膏蛋白胨培养基倒入比色杯，选用 600 nm 波长的分光光度计，调至零点，作为空白对照。按培养时间顺序，依次测定各时间点培养液的 OD。对于浓度较高的菌悬液，使用未接种的牛肉膏蛋白胨培养基适当稀释后再测定，确保 OD 在 0.10～0.65 范围内。稀释后的 OD 需乘以稀释倍数，以计算培养液的实际 OD。

五、实验结果

1. 将测定的 OD 填入表 2.4-1。

表 2.4-1　大肠埃希氏菌的光密度测定

时间/h	0	1.5	3	4	6	8	10	12	14	16	20
光密度（OD_{600}）											

2. 以上述表格中的时间为横坐标，OD_{600} 的值为纵坐标，绘制大肠埃希氏菌的生长曲线。

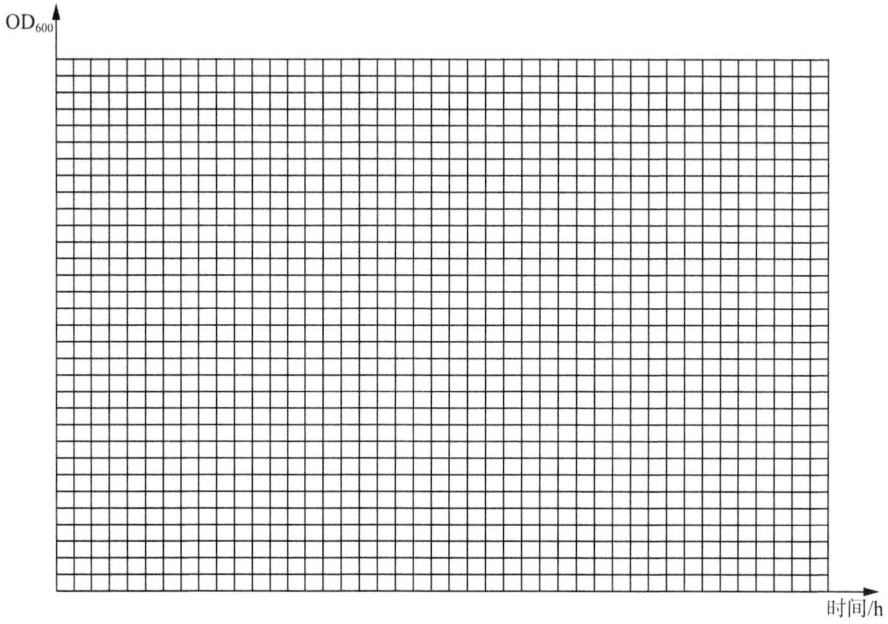

图 2.4-1　大肠埃希氏菌生长曲线

六、思考题

1. 若同时用平板菌落计数法测定，所绘出的生长曲线与用比浊法测定绘出的生长曲线有何差异？为什么？

2. 次生代谢产物的大量积累在哪个时期？根据细菌生长繁殖的规律，采用哪些措施可使次生代谢产物积累最多？

2.5　微生物的MPN计数法

一、实验目的

学习微生物细胞液体稀释培养计数的基本原理和方法。

二、实验原理

液体稀释培养计数法又称为最大可能数（Most Probable Number，MPN）法，其原理是将待测样品进行连续稀释，直至少量稀释液（如 1.0 mL）接种到新鲜培养基中后，细菌生长变得极少或完全不生长。最终通过“或然率”理论计算出单位体积样品中的近似菌数。

其操作步骤是，取待测样品，进行 10 倍系列稀释，直至达到适宜的稀释度（即最低稀释度的各管均出现菌落生长，而最高稀释度的各管完全无菌落生长）。取后续 5 个稀释度的稀释液，分别接种 1.0 mL 至已灭菌的选择性液体培养基中。每支试管充分摇匀。每个稀释度通常重复 3 管，以减少误差。将接种好的试管置于适宜温度下培养 2～15 d，定期观察并记录生长情况。通过统计长菌与不长菌的稀释度，确定数量指标，MPN 由三个数字构成，计算原则为：取最高稀释度中所有试管均长菌的数量，作为 MPN 数的第一个数字，取后续两个稀释度中长菌的数量，分别作为第二、第三个数字。

如果重复接种管数为 3 管，各稀释度的长菌情况如表 2.5-1 所示。

表 2.5-1　各稀释度长菌情况例 1

稀释度	10^{-1}	10^{-2}	10^{-3}	10^{-4}	10^{-5}
长菌管数	3+	3+	2+	1+	0
数量指标	3	3	2	1	0

则在这个例子中，3 个重复管数全部长菌的稀释度有 10^{-1} 和 10^{-2}，两者中 10^{-2} 的稀释度较高，以该稀释度中的长菌管数作为数量指标的第一位数字，即“3”；后续的二个稀释度的长菌管数分别为 2 和 1，因此第二和第三位数分别为“2”和“1”；得到的数量指标为“321”。

如果重复接种管数为 3 管，各稀释度的长菌情况如表 2.5-2 所示。

表 2.5-2　各稀释度长菌情况例 2

稀释度	10^{-3}	10^{-4}	10^{-5}	10^{-6}	10^{-7}
长菌管数	0	1+	0	0	0

续表

稀释度	10^{-3}	10^{-4}	10^{-5}	10^{-6}	10^{-7}
数量指标	0	1	0	0	0

则此时所取的数量指标应使长菌的稀释度位于中间，即数量指标为“010”。

确定数量指标后，可以从最大可能数表中查得最大可能细菌数，再乘以数量指标第一位数的稀释倍数，即为原菌液中的含菌数。在上述两例中，数量指标依次为“321”和“010”，在最大可能数表中所对应的近似值分别为 15 个/mL 和 0.3 个/mL，由于第一个数字所取的稀释度分别为 10^{-2} 和 10^{-3}，因此待测样品中最大可能菌数分别为 1 500 个/mL 和 300 个/mL。

倘若所做的重复管数为 4 或 5，则以所确定的数量指标，采用相应的最大可能数表（4 管或 5 管）查其稀释液所含的近似菌数，再乘以稀释倍数，则可计算出待测样品中所含的最大可能菌数。

三、实验材料

1. 待测样品：新鲜河流底泥。

2. 培养基：氨化培养基（分装于无菌试管中，每管 9.0 mL）。

3. 其他用品：装有 45.0 mL 无菌水的三角烧瓶（内有 10 颗小玻璃珠），装有 9.0 mL 无菌水的试管，无菌移液管，白色陶瓷比色板，无菌滴管，奈斯勒试剂。

四、实验步骤

1. 制备稀释液

取 5.0 g 新鲜河流底泥，加入含有 45 mL 无菌水的三角烧瓶中，按照图 2.5-1 进行十倍系列稀释，最终制备 10^{-2} 至 10^{-7} 的悬浮液。

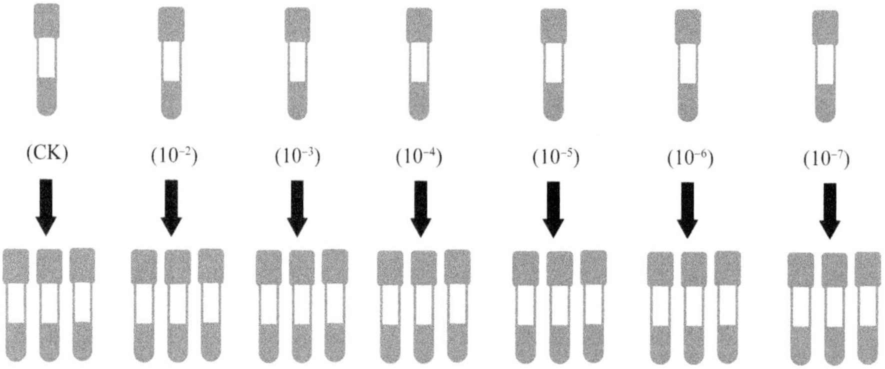

图 2.5-1 每种稀释液接种 3 管培养基

2. 接种培养

吸取各个稀释度的悬浮液 1.0 mL，接种于 9.0 mL 培养基试管中，每个稀释度重复接种 3 管；并吸取无菌水 1.0 mL，接种于 9.0 mL 培养基试管中，重复 3 管做空白对照(CK 组)。

接种后的试管在 28℃ 条件下恒温培养 7～15 d，观察培养液是否浑浊，并使用奈斯勒试剂检测氨氮的存在(图 2.5-2)。若培养液变为棕褐色，则判定为阳性(＋)，否则判为阴性(－)。记录各稀释度中长菌的管数。

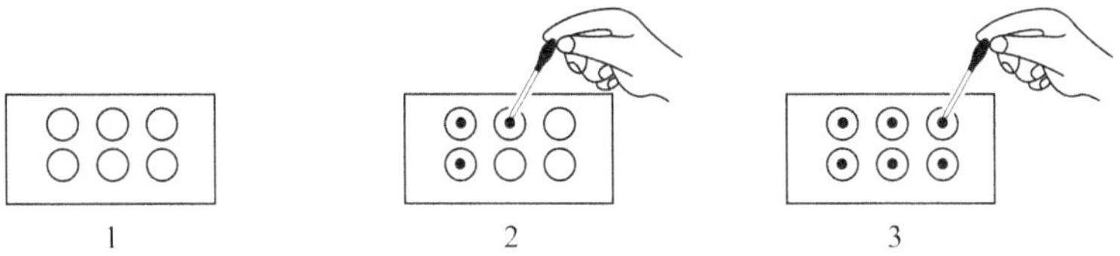

1—清洁的白色比色板；2—向凹穴内滴加培养液；3—向凹穴内滴加奈斯勒试剂

图 2.5-2　检验培养液中的氨氮

3. 细菌计数

根据阳性反应的管数确定数量指标，然后从最大可能数表中查得最大可能细菌数，再乘以数量指标第一位数的稀释倍数，即为原菌液中的含菌数。

五、注意事项

稀释要均匀，并注意无菌操作。

六、思考题

液体稀释法是基于统计数学方法来计算含菌量的，谈谈怎样减少实验结果的误差。

2.6　细菌的运动观察和鞭毛染色

一、实验目的

1. 学习并初步掌握鞭毛染色法，观察细菌鞭毛的形态特征。

2. 学习用压滴法和悬滴法观察细菌的运动性。

二、实验原理

鞭毛是细菌的运动结构，其存在与否、着生位置及数量是细菌的重要形态特征之一。由于鞭毛极其纤细，直径通常仅为 0.01～0.02 μm，因此大多数细菌的鞭毛无法直接通过光学显微镜观察，仅少数能形成鞭毛束的细菌可借助相差显微镜观察到。一般情况下，细菌鞭毛的观察需借助电子显微镜，若需在普通光学显微镜下观察，必须采用鞭毛染色法。

鞭毛染色的基本原理是先使用媒染剂处理，使其沉积在鞭毛表面，增加鞭毛的直径，从而便于染色和观察。本实验介绍硝酸银染色法和改良的 Leifson 氏染色法，其中硝酸银染色法较易掌握，但染色剂的保存期较短。

此外，细菌的运动性观察也可作为判断其是否具备鞭毛的初步依据，常用的方法包括压滴法和悬滴法。观察时需适当调节光强，以增强图像对比度，避免强光影响细菌与周围液体的区分。

三、实验材料

1. 仪器和其他物品

硝酸银鞭毛染色液（A 液，B 液），A 液配制方法：丹宁酸 5 g，三氯化铁 1.5 g，蒸馏水 100 mL，待溶解后，加 1%氢氧化钠溶液 1 mL 和 15%甲醛溶液 2 mL。B 液配制方法：硝酸银 2 g，蒸馏水 100 mL。待硝酸银溶解后，取出 10 mL 作回滴使用。向剩余 90 mL B 液中滴加浓氢氧化铵溶液，当出现大量沉淀时再继续滴加，直至溶液中沉淀刚刚消失为止，此时溶液澄清。然后用保留的 10 mL 硝酸银溶液逐滴加入，则出现薄雾，轻轻摇动后，薄雾状沉淀又消失，再滴入硝酸银溶液，直到摇动后仍呈现轻微而稳定的薄雾状沉淀为止。配好的染色液当日有效，通常冰箱内保存 10 d 内仍可使用。如果雾重，则银盐沉淀出，不宜使用。备好 Leifson 氏染色液，95%乙醇，0.01%美蓝水溶液，载玻片，盖玻片，凹载玻片，无菌水，凡士林，显微镜等。

2. 微生物材料

培养 12～16 h 的苏云金芽孢杆菌（*B. thuringiensis*）、假单胞菌（*Pseudomonas*）和金黄色葡萄球菌（*Staphylococcus aureus*）。

四、实验方法

1. 鞭毛染色技术

（1）硝酸银染色法

① 菌种的准备：选择活跃生长期的菌种进行鞭毛染色和运动性观察，对于冰箱保存的菌种，通常需要连续传代培养 1～2 次后使用。菌种接种方法：取新配制的营养琼脂斜面（表面湿润，基部含冷凝水），30℃培养 24 h，使细菌扩散生长。取菌落边缘的菌苔用于染色观察（避免取菌落中央）。

② 载玻片的准备：将玻片在含适量洗衣粉的水中煮沸约 20 min，取出后用清水冲洗干净，并晾干。然后浸泡于 95%乙醇中，使用前取出，在火焰上燃烧去除残留酒精及油迹。

③ 菌液制备：取斜面或平板培养物数环，加入 1.0～2.0 mL 无菌水，制备轻度混浊的菌悬液。也可直接取培养物制片，但制备菌液的效果更稳定。取菌时应避免带入培养基，以免影响染色效果。

④ 制片：取一滴菌液滴于载玻片一端，然后倾斜玻片，让菌液缓慢流向另一端。用吸水纸吸去玻片下端多余的菌液，在室温或 37℃下自然干燥。干燥后应尽快进行染色，放置过久可能影响结果。

⑤ 染色：涂片干燥后，滴加硝酸银染色液（A 液），覆盖涂片 3～5 min。用蒸馏水充分冲洗 A 液，然后用 B 液冲去残留水分，再滴加 B 液覆盖涂片，染色数秒至 1 min。当涂片表面显现明显褐色时，立即用蒸馏水冲洗。若加 B 液后显色较慢，可轻微加热，直到显现褐色后立即冲洗，避免过度染色。冲洗后自然干燥。

⑥ 显微镜观察：干燥后使用油镜观察，可从玻片一端逐步移动至另一端。鞭毛通常呈波浪状，菌体呈深褐色，鞭毛显褐色。

（2）改良的 Leifson 氏染色法

① 载玻片和菌种材料的准备与硝酸银染色法相同。

② 制片：在载玻片反面用记号笔标记，将玻片等分为 3～4 个小区。在每个小区的一端放一滴菌液，然后倾斜玻片，让菌液缓缓流向另一端。用滤纸吸去多余菌液，在室温下自然干燥。

③ 染色：滴加 Leifson 染色液，覆盖第一区的涂片，间隔几分钟后依次染色第二、第三和第四区。染色时间根据实验调整，以找到最佳染色时间。当玻片出现铁锈色沉淀，且染料表面呈金色膜时，立即用水冲洗。注意不能先倾去染料再冲洗，否则背景不清晰。染色大约持续 10 min，冲洗后自然干燥。

④ 显微镜观察：干燥后使用油镜观察，菌体和鞭毛均呈红色。

2. 运动性观察

玻片的准备、菌种材料的准备同鞭毛染色法。

（1）压滴法

① 制片：在洁净载玻片上滴加一滴无菌水，挑取一环菌液混匀。再加入一环 0.01%美蓝水溶液，充分混合。用镊子取洁净盖玻片，一边接触菌液缓慢盖上，以免气泡。观察专性好氧菌时，可压入小气泡，防止因缺氧导致细菌停止运动。

② 显微镜观察：先用低倍镜找到标本，再换用高倍镜观察。若使用油镜，盖玻片厚度不得超过 0.17 mm。有鞭毛细菌表现为直线运动、波浪运动或翻滚运动。

(2) 悬滴法

① 涂凡士林:在凹载玻片四周涂少许凡士林。

② 加菌液:在盖玻片中央滴加菌液,可在菌液周围标记位置。菌液不能加得太多,为了便于观察,也可用接种环挑取一环菌液于盖玻片中央。

③ 盖凹玻片:将凹玻片的凹槽对准盖玻片菌液,轻轻盖合,翻转观察。若菌液加得过多,此时菌液就会流到凹槽外,影响观察。

④ 镜检:用低倍镜找到菌液滴,再用高倍镜观察。若用油镜观察,需特别小心,避免压碎盖玻片或损坏镜头。

五、实验结果

观察的 3 种细菌是否都有鞭毛?是否都能运动?绘图表示有鞭毛的细菌的形态特征。

六、思考题

1. 鞭毛染色过程中应该注意哪些问题?

2. 悬滴法中,为什么要涂凡士林?为什么不能加太多菌液?如果发现显微镜视野中大量细菌向一个方向流动,你认为是什么原因造成的?

七、注意事项

1. 不宜用已形成芽孢或衰亡期的培养物作鞭毛染色的菌种材料,因为老龄细菌的鞭毛容易脱落。

2. 硝酸银染色法中的染色液必须现配现用,不能存放。

3. 染色用玻片务必干净、无油污。

2.7 菌种保藏

2.7.1 菌种简易保藏

在微生物实验室中,为了长期保存菌种并维持其活性,通常采用多种保藏方法,包括低温保藏、液体石蜡保藏、砂土管保藏以及冷冻真空干燥保藏等。不同的保藏方法适用于不同类型的微生物,其基本原理主要通过抑制微生物的生长和代谢,延长菌种的存活时间。

一、实验目的

1. 了解几种常用的菌种简易保藏原理。

2. 学习几种常用的菌种简易保藏法。

二、实验原理

斜面低温保藏法(图 2.7-1)，是将微生物接种于适宜的斜面培养基上，在适温条件下培养至充分生长后，置于 4～5℃冰箱中保存，并定期转接的方法。这种方法通过低温抑制微生物生长，延长菌种存活时间。该法适用于保藏细菌、放线菌、酵母菌及霉菌。

半固体穿刺保藏法(图 2.7-2)类似于斜面低温保藏，但接种方式为穿刺接种，适用于兼性厌氧菌的长期保藏。

液体石蜡保藏法(图 2.7-3)是在新鲜培养的斜面菌种表面覆盖一层灭菌的液体石蜡，形成隔氧环境，减少培养基水分蒸发，从而抑制菌种的生长与代谢，延长保藏时间。该法适用于霉菌、酵母菌、放线菌，保藏时间可达 1～2 年。不适用于固氮菌、乳杆菌、分枝杆菌及部分霉菌(如毛霉、根霉)。

砂土管保藏法(图 2.7-4)，是将孢子悬液滴入已灭菌的砂土管中，然后将砂土管置于真空干燥器中，抽真空吸干砂土管中水分，最后将干燥器置于 4℃冰箱中保藏的方法。该法适用于产孢子的放线菌和霉菌。

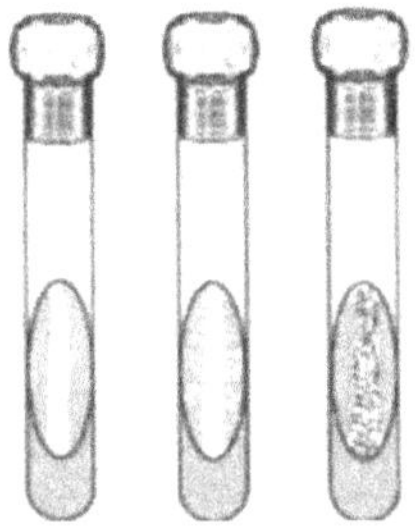
图 2.7-1　斜面低温保藏法

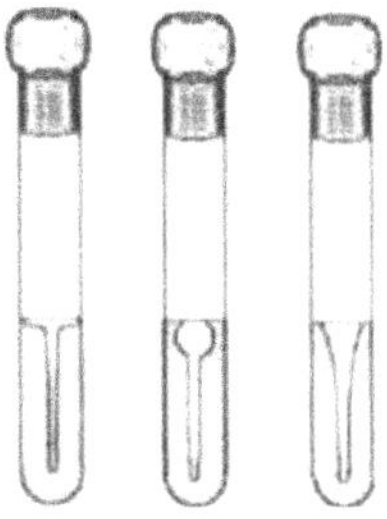
图 2.7-2　半固体穿刺保藏法

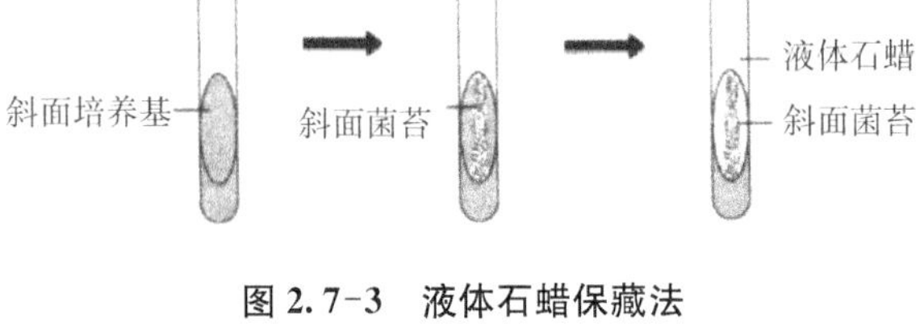

图 2.7-3　液体石蜡保藏法

图 2.7-4　砂土管保藏法

三、实验材料

1. 菌种：准备保藏的细菌、放线菌、酵母菌和霉菌。

2. 培养基：牛肉膏蛋白胨斜面培养基，牛肉膏蛋白胨半固体深层培养基，豆芽汁葡萄糖斜面培养基，高氏 1 号合成斜面培养基，LB(Luria Bertani)培养基。

3. 其他用品：接种环，接种针，无菌滴管，无菌液体石蜡，无菌甘油，P_2O_5 粉末或 $CaCl_2$，黄土，河砂等。

四、实验步骤

1. 斜面低温保藏法

(1) 接种：将不同菌种接种至适宜的斜面培养基上。

(2) 培养：在适宜的温度下培养，待菌体充分生长后(孢子形成菌需等待孢子长成后)进行保藏。

(3) 保藏：将培养好的菌种置于 4～5℃冰箱中存放。

(4) 转接：不同微生物具有不同的有效保藏期，一般菌种需每 3～6 个月转接一次，接种至新斜面培养基上，经适当培养后再行保藏。

2. 半固体穿刺保藏法

(1) 接种：用穿刺接种法将菌种接种至半固体深层培养基中央部分，注意不要穿透底面。

(2) 培养：在适宜的温度下培养，使其充分生长。

(3) 保藏：将培养好的菌种置于 4～5℃冰箱中保藏。

(4) 转接：一般在保藏半年或一年后，需转接到新配的半固体深层培养基中，培养后保藏。

3. 液体石蜡保藏法

(1) 液体石蜡灭菌：将液体石蜡置于 100 mL 锥形瓶，每瓶装 10.0 mL，塞上棉塞并包裹牛皮纸。高压蒸汽灭菌(0.1 MPa，30 min)，随后置于 105～110℃烘箱加热 1 h，去除水分。

(2) 接种：将菌种接种至适宜的斜面培养基上。

(3) 培养：在恒温培养箱中培养，使菌体充分生长。

(4) 加液体石蜡：用无菌吸管吸取灭菌后的液体石蜡，注入菌苔表面，石蜡层厚度约 1 cm，确保菌种与空气完全隔离。

(5) 保藏：将培养物直立置于 4～5℃冰箱或室温下保藏。

(6) 定期转接：到保藏期后，需转接至新斜面培养基，培养后重新加液体石蜡，再行保藏。

4. 砂土管保藏法

(1) 砂土制备

① 筛选砂土：选取非耕作层黄土，磨细后过筛。

② 混合：取 1 份土与 4 份砂混合，装入小试管（血清管大小），装量约 1 cm，塞上棉塞。

③ 灭菌：高压蒸汽灭菌（0.1 MPa，1 h），连续灭菌 3 d。

④ 菌检测：取少量灭菌砂土接种至牛肉膏蛋白胨培养基中，30℃培养 1～2 d，观察有无杂菌生长。如有，则需重新灭菌。

(2) 菌悬液制备：向已培养好的菌种斜面中加入 3.0～5.0 mL 无菌水，用接种环搅拌，制成菌悬液。

(3) 转移：用无菌移液管将菌悬液滴加 4～5 滴至灭菌砂土管中，搅拌均匀，塞上棉塞。

(4) 干燥：将砂土管置于干燥器内，利用 P_2O_5 粉末或 $CaCl_2$ 吸水，确保砂土管完全干燥。有条件时，也可用真空泵连续抽气约 3 h，干燥效果更佳。

(5) 定期抽样检查：每 10 支砂土管抽 1 支进行检查。取少量砂土接种至适宜斜面培养基，观察菌种生长情况及杂菌污染情况。

(6) 保藏：若经检查没有发现问题，砂土管继续放在干燥器内，将干燥器置于室温或冰箱中。

五、注意事项

1. 保藏前，应使菌种充分生长，如果是生芽孢的细菌或生孢子的放线菌和霉菌，必须等到孢子长成。

2. 到保藏期后，及时将菌种转接到新配的培养基上，重新保藏。

六、思考题

1. 实验室中最常用哪一种方法保藏细菌菌种？

2. 砂土管保藏法适用于保藏哪种类型的微生物？灭菌后的砂土管为什么必须进行无菌检查？

2.7.2　菌种冷冻真空干燥保藏

冷冻真空干燥保藏法是一种高效的菌种保藏方法，它具有以下 2 点特点：(1)适用范围广，除少数非孢子丝状真菌外，几乎适用于所有微生物；(2)保藏时间长，可达数年至十几年，存活率高。它的缺点是设备昂贵，操作复杂。

一、实验目的

1. 了解冷冻真空干燥保藏法的原理。

2. 学习冷冻真空干燥保藏法的操作。

二、实验原理

冷冻真空干燥保藏法的基本原理结合了低温、缺氧、干燥及保护剂的作用。主要包括三个步骤:(1)细胞或孢子悬浮于保护剂(如脱脂牛奶)中,以减少冷冻和升华对细胞的损害;(2)迅速冷冻至约－70℃,使细胞快速冷冻;(3)在真空条件下进行升华,去除部分水分。

三、实验材料

1. 菌种:准备保藏的细菌、放线菌、酵母菌或霉菌。

2. 培养基:适于培养待保藏菌种的各种斜面培养基。

3. 试剂:脱脂牛奶,2% HCl 溶液等。

4. 器皿:安瓿管,长颈滴管,青霉素小瓶,无菌移液管,冷冻干燥装置。

四、实验步骤

1. 冷冻真空干燥保藏

(1) 准备安瓿管:安瓿管一般用中性硬质玻璃制成,管内径约 6～8 mm,长度约 100 mm,先用 2% HCl 溶液浸泡过夜,然后用自来水冲洗至中性,最后用蒸馏水冲洗 3 次,烘干备用。将印有菌名和接种日期的标签纸置于安瓿管内,印字一面向着管壁,管口塞上棉花塞并包上牛皮纸,高压蒸汽灭菌,0.1 MPa 灭菌 30 min。

(2) 制备菌悬液:①菌种斜面培养。一般利用最适培养基在最适温度下培养菌种斜面,以便获得生长良好的培养物(一般为静止期细胞)。芽孢细菌可以保藏芽孢,放线菌和霉菌则可保藏孢子。不同菌种所需的斜面培养时间各不相同,细菌培养 24～48 h,酵母菌培养 3 d 左右,放线菌和霉菌培养 7～10 d。②制备菌悬液。吸取 2.0 mL 已灭菌的脱脂牛奶至培养好的新鲜菌种斜面中,用接种环轻轻刮下培养物,使其悬浮在牛奶中,制成的菌悬液浓度以 10^8～10^{10} 个/mL 为宜。③分装菌悬液。用无菌长滴管吸取 0.2 mL 菌悬液,滴加在安瓿管底部,注意不要使菌悬液黏在管壁上。

(3) 冷冻真空干燥的操作步骤为:①菌悬液预冻。将装有菌悬液的安瓿管直接放在低温冰箱中(－35～－45℃)或放在干冰无水乙醇浴中进行预冻。预冻的目的是使菌悬液在低温条件下冻结成冰(注意预冻温度不要高于－25℃,因为含有脱脂牛奶的菌悬液冰点下降)。②冷冻真空干燥。将装有已冻结菌悬液的安瓿管置于真空干燥箱中，开动真空泵进行真空干燥。若采用简易冷冻真空干燥装置，应在开动真空泵后 15 min 内，使真空度达到 0.066 7 MPa。在此条件下，菌悬液保持冻结状态并逐渐升华。继续抽气，当真空度达到 0.026 7～0.013 3 MPa 后，维持 6～8 h，样品即被干燥，干燥样品呈白色疏松状态。③安瓿管封口。样品干燥后，先用火焰将安瓿管棉塞下端处烧熔并拉成细颈，再将安瓿管接在封口用的抽气装置上，开动真空泵，室温抽气，当真空度达到 0.026 7 MPa 时，继续抽气数分钟，再用火焰在细颈处烧熔封口。④保藏。将封口带菌安瓿管置于冰箱(5℃左右)中或室温下避光保存。

2. 简易冷冻真空干燥保藏

简易冷冻真空干燥保藏法的优点是：可用生化实验室中常用的普通冷冻干燥装置代替微生物实验室中专用的冷冻真空干燥装置，并可用无菌容器封口膜覆盖的药用青霉素小瓶代替无菌熔封安瓿管，进行菌种的冷冻真空干燥保藏。具体操作如下。

(1) 制备无菌瓶：将药用青霉素小瓶浸泡于 2% HCl 溶液 8～10 h，烘干清洗后高压灭菌备用。

(2) 制备保护剂：配制 40%脱脂奶粉，0.08 MPa 灭菌 20 min，进行无菌检测。

(3) 制备菌悬液：取新鲜菌种斜面，加 3.0 mL 无菌水，搅拌制备菌悬液。

(4) 分装和预冻：用无菌移液管取 0.2 mL 菌悬液，装入青霉素小瓶中，再加入 0.2 mL 灭菌脱脂牛奶，混匀。置于－40℃低温冰箱预冻 20 min。

(5) 真空干燥：将装有菌悬液的青霉素小瓶置于冷冻干燥器，抽真空干燥 24～36 h，直至菌体呈疏松状态。

(6) 封存：迅速换上无菌橡皮塞，封口，存放于－20℃低温冰箱中。

五、注意事项

冷冻真空干燥时，应让菌体混合物充分干燥，使之呈疏松状态。

六、思考题

在冷冻真空干燥保藏法中，为什么先将菌悬液预冻，再进行真空干燥？

2.7.3　菌种液氮超低温冷冻保藏法

液氮超低温冷冻保藏法是比较理想的一种菌种保藏方法，其主要优点是适合保藏各种微生物，特别适合保藏某些不宜用冷冻真空干燥保藏的微生物。此外，菌种保藏期较长，不易发生变异。该法已被国外某些菌种保藏机构作为常规保藏方法，并也已被我国许多菌种保藏机构采用。其缺点是需要液氮冰箱等特殊设备，应用受到一定限制。

一、实验目的

1. 了解液氮超低温冷冻保藏法的原理。

2. 学习液氮超低温冷冻保藏法的操作。

二、实验原理

液氮超低温冷冻保藏法的原理是：在超低温（－130℃）条件下，生物的一切代谢停止，但生命仍在延续。将微生物细胞悬浮于含保护剂的液体培养基中，或者把带菌琼脂块直接浸没于含保护剂的液体培养基中，经预先缓慢冷冻后，再转移至液氮冰箱内，于液相（－196℃）或气相（－156℃）中保藏。

三、实验材料

1. 菌种：准备保藏的细菌、放线菌、酵母菌或霉菌。

2. 培养基：适于培养待保藏菌种的各种斜面培养基或琼脂平板。

3. 试剂：含 10%(v/v)甘油的液体培养基等。

4. 器皿：安瓿管，打孔器，液氮冰箱，控速冷冻机。

四、实验步骤

1. 准备安瓿管

液氮超低温冷冻保藏所用的安瓿管必须能够经受极速温度变化而不破裂，一般采用硼硅酸盐玻璃制品，安瓿管规格一般为 75×10 mm 或能容纳 1.2 mL 液体的管体。将安瓿管洗刷干净后烘干，在管口塞上棉花并包上牛皮纸，高压蒸汽灭菌，0.1 MPa 灭菌 20 min，然后把安瓿管编号备用。

2. 准备冷冻保护剂

液氮超低温冷冻保藏法一般都需要添加保护剂，通常采用终浓度为 10%(v/v)甘油或 10%(v/v)二甲亚砜作为冷冻保护剂。含甘油溶液需经高压灭菌，而含二甲亚砜溶液则采用过滤除菌。

如要保藏只能形成菌丝体而不能产生孢子的霉菌，除需制备带菌琼脂块外，还需在每个安瓿管中预先加入一定量含 10%(v/v)甘油的液体培养基（加入量以能浸没即将加入的带菌琼脂块为宜）。0.1 MPa 灭菌 20 min 备用。

3. 制备菌悬液或带菌琼脂块浸液

① 制备菌悬液：在每支长好菌的斜面中加入 5.0 mL 含 10%(v/v)甘油的液体培养基，制成菌悬液。并用无菌吸管吸取 0.5～1.0 mL 菌悬液分装于无菌安瓿管中，然后用火焰熔封安瓿管口。

② 制备带菌琼脂块浸液：如要保藏只长菌丝体的霉菌时，可用无菌打孔器从平板上切下带菌落的琼脂块（直径 5～10 mm），置于装有含 10%(v/v)甘油的液体培养基的无菌安瓿管中，用火焰熔封安瓿管口。

为了检查安瓿管口是否熔封严密，可将上述经熔封的安瓿管浸于水中，发现有水进入管内，说明管口尚未封严。

4. 慢速预冷冻处理

将菌种置于液氮冰箱保藏前，微生物需经慢速冷冻，其目的是防止细胞因快速冷冻而在细胞内形成冰晶，从而降低菌种存活率。

① 控速冷冻：将已经封口的安瓿管置于铝盒中，然后置于一个较大金属容器中，再将此金属容器置于控速冷冻机的冷冻室内，以每 min 下降 1℃的速度冻结至－30℃。

② 普通冷冻：如实验室无控速冷冻机，可将已封口的安瓿管置于－70℃冰箱中预冷冻 4 h，以代替控速冷冻处理。

5. 液氮保藏

将上述经慢速预冷冻处理的封口安瓿管迅速置于液氮冰箱中，于液相（－196℃）或气相（－156℃）中保藏。

若把安瓿管保藏在液氮冰箱的气相中，则无须除去安瓿管口棉塞，也无须熔封安瓿管口。

6. 恢复培养

如需用所保藏的菌种，可用急速解冻法融化安瓿管中结冰。具体操作为从液氮冰箱中取出安瓿管，立即置于 38～40℃水浴中，并轻轻摇动，使管中结冰迅速融化。然后采用无菌操作打开安瓿管，并用无菌吸管将安瓿管中保藏的培养物全部转移至含有 2.0 mL 无菌液体培养基中，再吸取 0.1～0.2 mL 菌悬液至琼脂斜面上，进行保温培养。

五、注意事项

1. 安瓿管需绝对密封，如有漏洞，保藏期间液氮会渗入安瓿管内，从液氮冰箱取出安瓿管时，液氮会从管内逸出，由于室温高，液氮常会因急剧气化而发生爆炸。为防不测，操作人员应戴上皮手套和面罩等防护用具。

2. 皮肤接触液氮时，极易被“冷烧”，操作时应特别小心。

3. 从液氮冰箱取出一支安瓿管时，为了防止其他安瓿管升温，应尽量缩短取出和放回安瓿管的时间，一般不得超过 1 min。

六、思考题

1. 在液氮超低温冷冻保藏法中,为什么需用含保护剂的液体培养基制备菌悬液? 保护剂的作用是什么?

2. 用什么方法检查安瓿管是否熔封严密? 如管口尚未封严,将会产生什么不良后果?

3. 在液氮超低温冷冻保藏法中,为什么需采用缓慢冷冻(控速冷冻)细胞?

第二篇

现代实验技术篇

第三章　现代微生物学实验

3.1　细菌基因组 DNA 的提取

一、实验目的

1. 了解 CTAB 法提取 DNA 的原理。

2. 掌握 CTAB 法提取细菌总 DNA 的具体方法。

二、实验原理

生物体内的 DNA 在细胞内是以与蛋白质结合形成复合物的形式存在的。因此在提取脱氧核糖核蛋白复合物后，要把其中的蛋白质除去。CTAB（十六烷基三甲基溴化胺，Hexadecyl Trimethyl Ammonium Bromide）是一种去污剂，可裂解细胞膜，然后与核酸形成复合物，该复合物可以在高盐溶液中溶解并稳定存在。如果盐浓度降低，CTAB 与核酸形成的复合物会沉淀析出，而大部分蛋白质和多糖则溶解于溶液中。

三、实验器材

1. 菌种：大肠埃希氏菌（*Escherichia*）。

2. 培养基：LB 培养基（将氯化钠 10.0 g、蛋白胨 10.0 g、酵母粉 5.0 g，溶解后加蒸馏水至 1 000 mL，高压蒸汽灭菌 121℃，维持 20 min）。

3. 试剂：TE 缓冲液（10.0 mmol/L Tris-HCl，0.1 mmol/L EDTA，pH 8.0）、20.0 mg/mL 蛋白酶 K，CTAB-NaCl 溶液（将 5.0 g CTAB 溶解于 100.0 mL 0.5 mol/L NaCl，加热至 65℃溶解，然后在室温下保存）、酚-氯仿-异戊醇（质量比 25∶24∶1）、异丙醇、10％十二烷基磺酸钠、70％乙醇、0.8％琼脂糖、核酸上样缓冲液、DNA Marker（DNA 分子量标准物）。

4. 器具：水浴锅、摇床、离心机、超净工作台、电泳仪、紫外成像仪、1.5 mL 离心管、锥形瓶等。

四、实验步骤

1. 在超净工作台中进行操作。从培养大肠埃希氏菌的平板上挑取单菌落接种至装有 3.0 mL LB 培养基的锥形瓶中，盖上瓶塞，在 37℃摇床中振荡培养过夜。

2. 取 1.5 mL 培养液于离心管中，12 000 r/min 离心 2 min。

3. 倾去上清液，在沉淀物中加入 567.0 μL TE 缓冲液，用移液枪反复吹打使之混合均匀，然后加入 10%十二烷基磺酸钠（SDS）30.0 μL 和 20.0 mg/mL 蛋白酶 K 3.0 μL，混匀后在 37℃下温育 1 h。

4. 加入 5.0 mol/L NaCl 溶液 100.0 μL 混合均匀，然后加入 CTAB-NaCl 溶液 80.0 μL 混匀，在 65℃下温育 10 min。

5. 将样品与等体积酚-氯仿-异戊醇混合，8 000 r/min 离心 4～5 min，转移上清液至新管。加入 0.6～0.8 倍体积异丙醇混匀，离心沉淀 DNA。用 1 mL 70%乙醇清洗沉淀两次，干燥后溶解于 20.0 μL 含有 25.0 ng/mL RNaseA 的 TE 缓冲液中，准备进行电泳检验。

6. 配制 0.8%琼脂糖凝胶，移取 3.0 μL 总 DNA 提取样品上样进行电泳检测，可以用 DNA Marker 判断 DNA 分子量的大小。样品在－20℃下保存。

五、实验结果

用紫外成像仪拍摄 DNA 电泳的图像，将其附在实验报告中，并观察记录 DNA 片段大小和降解程度。

六、注意事项

1. 培养物离心后的操作都要动作轻柔，以减少 DNA 的损伤。

2. 离心后，倾去上清液时要防止 DNA 样品流失。

3. 用 70%乙醇洗涤时，将移液枪的枪头紧靠管壁，缓缓加入，防止因液体飞溅造成 DNA 样品损失。

七、思考题

1. 影响细菌总 DNA 提取的因素有哪些？

2. 整个操作过程的关键步骤是什么？如何控制？

3. 简述提取的细菌总 DNA 发生降解的原因。

3.2　微生物总 DNA 的 PCR 扩增

3.2.1　土壤微生物总 DNA 的提取

一、实验目的

学习从土壤中分离、纯化微生物 DNA 的原理与方法。

二、实验原理

从土壤样品中提取和纯化微生物总 DNA 的主要问题来自土壤样品成分的

复杂性，尤其是其中的腐殖酸类物质会影响后续的PCR扩增、酶切反应等操作。本实验采用CTAB法提取土壤微生物总DNA。CTAB（Cetyl Trimethyl Ammonium Bromide）是一种阳离子去污剂，能够在低离子强度环境下沉淀核酸和酸性多聚糖。而在高离子强度溶液（如NaCl浓度高于0.7 mol/L）中，CTAB可与蛋白质和多聚糖形成复合物，但不会沉淀核酸。通过有机溶剂提取可去除蛋白、多聚糖等杂质，随后利用乙醇沉淀核酸，实现分离。

目前，DNA片段的纯化方法多种多样，包括电洗脱法、低熔点琼脂糖凝胶回收法、玻璃珠纯化法等。本实验采用透析袋电洗脱方法对分离得到的土壤微生物总DNA进行纯化。

三、实验器材

1. 土壤样品：取土壤样品至少10.0 g于−20℃条件下保存备用。

2. 溶液或溶剂：DNA提取缓冲液、10.0 mg/mL蛋白酶K、20% SDS、TE缓冲液、氯仿、异戊醇、异丙醇、无水乙醇、超纯水、λDNA(0.056 9 μg/μL)、溴化乙锭。

3. 仪器：电洗脱仪、电泳仪、离心机、电泳槽、移液枪。

4. 耗材：1 mL枪头、200 μL枪头。

四、实验步骤

1. 称取5.0 g土壤样品于50 mL离心管中，加入13.5 mL DNA提取缓冲液（100.0 mmol/L Tris-HCl，100.0 mmol/L EDTA，100.0 mmol/L Na_3PO_4，1.5 mol/L NaCl，1.0% CTAB，pH 8.0）混合，再加入100.0 μL的10.0 mg/mL蛋白酶K，在37℃条件下将离心管放置摇床中，200 r/min振荡30 min。

2. 加入1.5 mL的20% SDS，65℃水浴2 h，其间每隔15～20 min轻轻颠倒混匀数次。

3. 在室温下，以10 000 r/min离心10 min，收集上清液至新的50 mL无菌离心管中。将土壤沉淀加入4.5 mL DNA提取缓冲液和0.5 mL 20% SDS，涡旋振荡10 s混匀后，在65℃水浴加热10 min，随后10 000 r/min离心10 min。

4. 取两次离心所得的上清液合并。

5. 向上清液中加入等体积的氯仿-异戊醇（V∶V＝24∶1），充分混匀，在4℃以12 000 r/min离心10 min。

6. 将水相转移至新的50 mL无菌离心管中，并重复步骤5一次。

7. 取上清液置于新的50 mL无菌离心管中，加入0.6倍体积冰冷异丙醇，混匀后于室温放置1 h，使DNA沉淀。

8. 以16 000 r/min离心20 min，弃去上清液。

9. 用70%冰乙醇清洗沉淀后离心,弃去上清液。

10. 将DNA沉淀风干后,重悬于无菌去离子水或TE缓冲液中,最终体积为500.0 μL。

11. 进行DNA定量分析:以λDNA(0.056 9 μg/μL)作为标准样品,与提取的DNA一同电泳,经溴化乙锭染色后,用TANON凝胶分析软件进行定量测定。

12. 提取DNA的纯化:0.8%琼脂糖凝胶电泳,电压为10 V/cm,电泳2 h。电泳结束后将含有目标DNA片段的琼脂糖凝胶块切割下来,放在预先煮沸过的透析袋中,加入约为1.0 mL的电泳缓冲液,扎紧透析袋,置于电泳缓冲液中电泳,使DNA分子迁移出凝胶条进入透析袋的溶液中,然后用注射器吸出袋内含有DNA的缓冲液,最后经抽提纯化得到DNA分子。

13. 纯化回收效率:吸取20.0 μL的标准λDNA,按上述回收方法纯化DNA,与标准λDNA同时电泳,用TANON凝胶分析软件进行定量分析,计算纯化回收效率。

五、思考题

1. 对土壤样品进行总DNA的提取,取土壤样品的时候应该注意哪些问题?

2. 从土壤中提取微生物总DNA时,为什么要把去除腐殖质等抑制因子作为重点?可以用哪些方法去除这些因子?

3.2.2　16S rDNA的PCR扩增

一、实验目的

学习并掌握16S rDNA PCR扩增的基本原理与实验技术。

二、实验原理

细菌rRNA(核糖体RNA)按沉降系数分为3种,分别为5S rRNA,16S rRNA和23S rRNA。16S rDNA是编码原核生物核糖体小亚基16S rRNA的基因,在细菌分类学上具有重要意义。16S rDNA是细菌系统分类研究中最常用的分子标记,因其基因种类较少、在细菌RNA中含量丰富(约占80%),且分子大小适中(约1.5 kb),同时具有稳定的进化时钟特性,被誉为"细菌化石"。在16S rRNA分子中,既含有高度保守的序列区域,又有中度保守和高度变化的序列区域,可变区序列因细菌不同而异,保守区序列基本恒定,所以利用保守区序列设计引物,将16S rDNA片段扩增出来,因通过测序技术较容易得到其序列,可利用可变区序列的差异来对不同种属的细菌进行分类鉴定。建立在PCR技术上的16S rRNA基因的直接测序方法方便快捷。

三、实验器材

1. 菌种:大肠埃希氏菌(*E. coli*)。

2. 溶液或试剂:牛肉膏蛋白胨培养基,DNA 提取缓冲液,100.0 μg/mL 溶菌酶,40.0 mmol/L Tris-HCl,pH 8.0 的 20.0 mmol/L 乙酸钠,1.0 mmol/L EDTA,1% SDS,5.0 mol/L NaCl,Tris 饱和酚,氯仿,无水乙醇,超纯水,TE 缓冲液,10×*Taq* DNA 聚合酶缓冲液, 25.0 mmol/L $MgCl_2$,引物 27F 和 1492R,2.5 mmol/L dNTP,5.0 U/μL *Taq* 酶,模板 DNA,ddH_2O。

3. 引物:选用细菌通用引物 27F (5′-AGAGTTTGATCCTGGCTCAG)和 1492R (5′-TACGGCTACCT TGTTACGACTT)作为土壤细菌 16S rDNA 扩增的引物。

4. 仪器或其他用具:试管,eppendorf 管,无菌水,PCR 仪,电泳仪,电泳槽,台式高速离心机,凝胶扫描仪,接种针,恒温箱,调温摇床,水浴锅,721 分光光度计。

四、实验步骤

1. 细菌 DNA 的提取

(1) 取大肠埃希氏菌斜面菌种,接种于 10.0 mL 牛肉膏蛋白胨培养基,置于 37℃ 振荡培养 16～18 h,以获得充足的菌体。

(2) 取 1.0 mL 细菌培养液于 1.5 mL 离心管中,以 6 000 r/min 离心 2 min,弃去上清液,并收集菌体(需吸干多余水分)。若为革兰氏阳性菌,则需额外加入 50.0 μL 100.0 μg/mL 溶菌酶,于 37℃作用 1 h。

(3) 在每个试管中加入 200.0 μL 裂解缓冲液(40.0 mmol/L Tris-HCl,pH 8.0,20.0 mmol/L 乙酸钠,1.0 mmol/L EDTA,1% SDS),通过吸管头快速抽吸,以促进细菌细胞充分裂解。

(4) 向裂解液中加入 66.0 μL 5.0 mol/L NaCl,充分混匀后,12 000 r/min 离心 3 min,去除蛋白质复合物及细胞壁残留物。

(5) 取上清液,转移至新离心管,加入等体积 Tris 饱和酚,充分混匀后,12 000 r/min 离心 3 min,进一步去除蛋白质杂质。

(6) 取离心所得水层,加入等体积氯仿,充分混匀,再以 12 000 r/min 离心 3 min,以去除酚残留。

(7) 取上清液,加入预冷的无水乙醇(体积为上清液的两倍),在 15 000 r/min 高速离心 15 min 后,弃去上清液。

(8) 用 400.0 μL 70%乙醇清洗 DNA 沉淀两次。

(9) 真空干燥后，加入 50.0 μL TE 缓冲液或超纯水溶解 DNA。

(10) 取 4.0 μL 总 DNA 于封口膜上，加入 1.0 μL 6×载样缓冲液，混匀后加入电泳孔中。设定电压为 35 V/cm，观察溴酚蓝迁移方向，电泳时间 30～60 min。电泳结束后，将凝胶置于 EB 染色液中浸泡 5～10 min，再用清水漂洗，观察电泳条带。

2. 16S rDNA 片段的 PCR 扩增

(1) 配制 25.0 μL 反应体系，在 PCR 管中依次加入下列溶液：10× *Taq* DNA 聚合酶缓冲液 2.5 μL，25.0 mmol/L $MgCl_2$ 1.5 μL，引物 27F 和 1492R (10.0 μM)各 0.5 μL，2.5 mmol/L dNTP 2.0 μL，5 U/μL *Taq* 酶 0.15 μL，模板 DNA 0.5 μL，ddH_2O 补足至 25.0 μL。

(2) 设置 PCR 反应程序：94℃预变性 5 min；94℃变性 1 min，52℃退火 1 min，72℃延伸 1.5 min，循环 30 次；最后 72℃延伸 10 min。

(3) 上样，启动反应程序。

(4) 扩增产物取 3～5 μL 进行 1%琼脂糖凝胶电泳检测，目标产物大小约为 1.5 kb。将目的片段用 DNA 纯化试剂盒进行回收纯化后测序，也可将 PCR 产物直接送交测序公司进行测序。将测序得到的 16S rDNA 序列在 NCBI 上进行 BLAST 比对，选择与比对序列相似度高的菌株。

(5) 剩余 DNA 样品在－20℃时保存待用。

五、注意事项

1. DNA 样品不纯，会抑制后续酶解和 PCR 反应。

2. 所提取 DNA 应分装后保存于缓冲液中，避免反复冻融造成降解。

3. 为了避免非特异性扩增，可以采取适当降低模板或引物浓度、适当提高退火温度、减少循环次数等措施。

六、思考题

1. 16S rRNA 与 16S rDNA 有什么区别?

2. 16S rRNA 在细菌分类学上具有什么意义?

3.3　活性污泥中微生物总 DNA 的提取

一、实验目的

熟悉从活性污泥样品中分离提取微生物总 DNA 的基本原理，掌握其技术方法。

二、实验原理

从样品中分离微生物总 DNA，并利用特异性引物对 16S rRNA 基因进行 PCR 扩增，随后使用 DNA 纯化试剂盒对扩增产物进行纯化。通过测定 16S rRNA 基因序列，可构建系统发育树，从而分析活性污泥中微生物的群落组成及生物多样性。

由于污泥样品通常含有腐殖酸、类腐殖酸化合物及重金属等多种干扰物质，这些成分会显著影响 DNA 提取效率及其纯度。因此，活性污泥中微生物 DNA 的提取通常包括三个关键步骤：细胞裂解、核酸提取和纯化。首先，结合物理（剧烈振荡）、化学（SDS）和生物（溶菌酶）方法破碎细胞，释放胞内 DNA。随后，利用乙酸钾进行 DNA 沉淀，得到初步提取的核酸溶液。由于该溶液中仍含有较多腐殖酸等杂质，因此需要采用氯化铯密度梯度离心或 DNA 纯化试剂盒进一步纯化，以获得高纯度的 DNA 样品。

三、实验器材

1. 样品：活性污泥。

2. 试剂：0.1 mol/L 磷酸钠缓冲液（pH 8.0），溶菌酶，20% SDS，70%乙醇，TE 缓冲液，氯化铯，异丙醇，8.0 mol/L 乙酸钾溶液，DNA 分子质量标准，1.0%（w/v）琼脂糖，核酸上样缓冲液。

3. 仪器：核酸电泳系统，凝胶成像分析系统，移液枪，恒温水浴锅，涡旋振荡器，高速离心机，颠倒混匀仪。

4. 其他用品：细玻璃珠，各种规格枪头。

四、实验步骤

1. DNA 提取

(1) 取 5.0 g 活性污泥，加入 5.0 mL 0.1 mol/L 磷酸钠缓冲液（pH 8.0），加入适量细玻璃珠，在室温下剧烈振荡 10 min。

(2) 加入溶菌酶 25.0 mg（终浓度 2.5 mg/mL），振荡 5 min，并在 37℃水浴孵育 30 min。

(3) 添加 600.0 μL 20% SDS，轻柔振荡 15 min，随后以 6 000 r/min 离心 10 min。

(4) 收集上清液，分别转移至 1.5 mL eppendorf 管（每管 1.0 mL），然后加入 0.2 倍体积的冰冷 8.0 mol/L 乙酸钾，颠倒混匀 1 min，并以 12 000 r/min 离心 10 min。

(5) 吸取上清液至新的 eppendorf 管中，加入 0.6 倍体积预冷的异丙醇，颠倒混匀 1 min，室温放置 10 min，12 000 r/min 离心 10 min。

(6) 弃去上清液，加入 1.0 mL 70%乙醇洗涤 DNA 沉淀，以 12 000 r/min 离心 2 min，弃去乙醇后，在 37℃干燥 10 min。

(7) 每管加入 200.0 μL TE 缓冲液重新悬浮样品，并将所有样品合并至 1 管(总体积约 1.0 mL)，加入氯化铯(终浓度 1.0 g/L)，混匀后室温静置 2 h，14 000 r/min 离心 30 min。

(8) 取离心所得上清液，加入 4.0 mL 去离子水，再加入 0.6 倍体积冰冷的异丙醇，颠倒混匀后，室温静置 10 min，12 000 r/min 离心 10 min。

(9) 弃去上清液，将沉淀重悬于 1 000.0 μL TE 缓冲液中，并加入 0.2 倍体积 8.0 mol/L 乙酸钾溶液，混匀后室温放置 5 min，12 000 r/min 离心 10 min。

(10) 吸取上清液至新的 eppendorf 管中，加入 0.6 倍体积的冰冷异丙醇，颠倒混匀后室温放置 10 min，12 000 r/min 离心 10 min。

(11) 弃去上清液，使用 1.0 mL 70%乙醇清洗 DNA 沉淀，以 12 000 r/min 离心 10 min 后弃去乙醇，干燥后重悬于 200.0 μL TE 缓冲液中。

(12) 取 5.0 μL DNA 溶液，在 1.0%(w/v)琼脂糖凝胶上进行电泳检测 DNA 提取效果。电泳过程中需添加 DNA Marker，以便确定 DNA 片段大小。

2. 琼脂糖凝胶电泳

称取 0.3 g 琼脂糖溶解于 30.0 mL 1×TAE 缓冲溶液中，通过微波加热或沸水浴加热使其完全溶解。稍微冷却后，加入 3.0 μL 核酸染料，混匀后倒入模具中，并插入梳子，静置约 30 min 直至凝胶凝固。将凝胶放入电泳槽中，加载样品(DNA 样品需与载样缓冲液混合)。以 5 V/cm 电压进行电泳 30 min，在紫外光下观察电泳条带，并进行拍照记录。

五、实验结果

详细记录实验的各个步骤，确保实验过程的完整性。由于实验涉及多个步骤，除第一、第二步外，其余操作应轻柔进行，以防止 DNA 因机械力作用而降解。弃去上清液时需谨慎操作，以避免 DNA 随液体流失。在使用乙醇洗涤 DNA 时，移液枪头应贴着管壁缓慢加入乙醇，以避免 DNA 损失。

六、思考题

1. 影响样品微生物总 DNA 提取效率的因素有哪些？

2. 怎样从活性污泥中获得高纯度的微生物总 DNA？

3.4 质粒DNA的分离纯化与鉴定

一、实验目的

1. 了解质粒DNA分离、纯化和鉴定的原理。

2. 掌握用碱裂解法小量制备质粒DNA的方法。

二、实验原理

质粒是一种独立于细菌染色体外的双链环状DNA分子，可以超螺旋形式从细菌中分离并纯化。它能够在宿主细胞内自主复制，并赋予宿主特定的表型特征。在基因工程中，常用的质粒载体通常包含遗传选择标记，使宿主在特定选择条件下具备生长优势。质粒提取的方法较多，其中碱裂解法和煮沸法较为常用。碱裂解法结合去垢剂SDS可有效分离细菌中的质粒DNA。细菌悬浮液与高pH的强阴离子去垢剂混合后，细胞壁被破坏，染色体DNA和蛋白质发生变性，而质粒DNA释放至上清液中。尽管碱性溶液可破坏碱基配对，但由于环状质粒DNA的拓扑结构，其双链不会完全解离。当pH恢复至中性时，DNA双链可迅速复配。裂解过程中，细菌蛋白质、细胞壁碎片及变性的染色体DNA会形成由SDS包裹的大分子复合物。当溶液中的钠离子被钾离子取代后，这些复合物可有效沉淀并通过离心去除，从而获得上清液中的质粒DNA。

三、实验器材

1. 菌株和质粒：大肠埃希氏菌DH 5α，携带有pUC19质粒。

2. 缓冲液

(1) 溶液Ⅰ：50.0 mmol/L 葡萄糖，25.0 mmol/L Tris-HCl(pH 8.0)，10.0 mmol/L EDTA(pH 8.0)。溶液Ⅰ一次可配制约100.0 mL，在121℃高压蒸汽灭菌15 min，保存于4℃。

(2) 溶液Ⅱ：0.2 mol/L NaOH溶液(从10.0 mol/L NaOH贮存液中现用现稀释)，1% SDS(从10% SDS贮存液中现用现稀释)。

(3) 溶液Ⅲ：5.0 mol/L 乙酸钾60.0 mL，冰乙酸11.5 mL，水28.5 mL。所配成的溶液中钾的浓度为3.0 mol/L，乙酸根的浓度为5.0 mol/L。

3. 试剂：无水乙醇、冰预冷的70%乙醇、酚-氯仿、TE(pH 8.0)、TE(pH 8.0，含20.0 μg/mL RNaseA)、LB培养基、氨苄西林。

实验仪器和其他用具：包括摇床、振荡混合器、离心机、微量取液器、枪头、eppendorf管等。

四、实验步骤

1. 质粒 DNA 的小量快速提取

(1) 选取大肠埃希氏菌 DH5α 单克隆，接种至 2.0 mL LB 培养液(含氨苄西林，100.0 μg/mL)，37℃、250 r/min 振荡培养过夜。

(2) 取 1.0 mL 菌液，置于 1.5 mL 微量离心管中，以最高转速 16 000 r/min 离心 30 s，保留沉淀，剩余菌液可存放于 4℃备用。

(3) 尽量去除上清液，避免残存液体影响后续实验(如限制性内切酶切割)。

(4) 加入 100.0 μL 冰预冷溶液Ⅰ，剧烈振荡以确保菌体完全重悬。

(5) 加入 200.0 μL 新鲜配制的溶液Ⅱ，盖紧管盖，快速颠倒 5 次以充分混匀，确保整个管壁均与溶液Ⅱ接触。避免剧烈振荡，以防质粒 DNA 断裂。

(6) 加 150.0 μL 冰预冷溶液Ⅲ，盖紧管盖，缓慢颠倒混匀，确保溶液Ⅲ与裂解物充分融合。

(7) 在 4℃条件下，最高转速离心 5 min，将上清液转移至新离心管。

(8) 加入等体积酚-氯仿，振荡 30 s，在 4℃以最高转速离心 2 min，转移上清液至新离心管。

(9) 加等体积氯仿，振荡 30 s，在 4℃以最高转速离心 2 min，再次转移上清液。

(10) 加入 2 倍体积无水乙醇，混匀后室温放置 2 h。

(11) 在 4℃最高转速离心 5 min，小心弃去上清液。

(12) 充分去除残余液体，倒置离心管于吸水纸上，确保管壁无残液，以免影响限制性内切酶活性。

(13) 加入 1.0 mL 17%乙醇，轻柔混匀，在 4℃最高速离心 2 min。

(14) 参考步骤(12)，彻底去除上清液。

(15) 敞开离心管盖，置于室温 5～10 min，直至溶液完全挥发。

(16) 加入 50.0 μL TE 缓冲液(pH 8.0，含 20.0 μg/mL RNaseA，无 DNase)，轻微振荡混匀，−20℃保存。

2. 质粒 DNA 的纯化(PEG 法)

(1) 加入等体积饱和酚，混匀后在室温下以 12 000 r/min 离心 5 min。

(2) 取上清液，加入等体积氯仿，混匀后在室温下以 12 000 r/min 离心 5 min。

(3) 取上清液，加入等体积 13% PEG 8000，置冰上静置 30 min。

(4) 以 12 000 r/min 离心 10 min，弃去上清液，用 TE 缓冲液溶解备用。

3. DNA 电泳检测

(1) 配制 0.7%琼脂糖凝胶于 1×TAE 缓冲液中。

(2) 微波或水浴加热至完全溶解。

(3) 按 1.0 ng/100 mL 加入溴化乙锭(EB)。

(4) 稍冷却后倒入胶槽,插入梳子,待凝胶完全固化。

(5) 将凝胶置于电泳槽中,加入 1×TAE 缓冲液,确保液面覆盖凝胶表面。

(6) 取 10.0 μL DNA 样品,与 1.0 μL 10×载样缓冲液混合。

(7) 将样品加载至凝胶样品孔中。

(8) 在实验样品旁加入 5.0 μL DNA Marker(参见图 3.4-1)。

(9) 设置 5 V/cm 电压,确保负电极靠近加样孔,正电极位于相对一侧。

(10) 电泳结束后,取出凝胶,置于紫外观察仪检测 DNA 条带,并拍照记录。

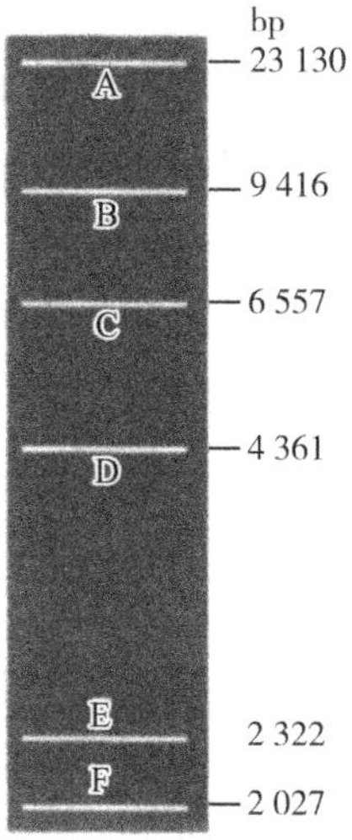

图 3.4-1 λHind Ⅲ marker 电泳示意图谱

五、实验结果

绘图表示质粒的电泳情况,并依据 DNA Marker 判断片段的大小。

六、思考题

1. 质粒的基本性质有哪些?

2. 碱裂解法提取质粒 DNA 操作过程应该注意哪些问题?

3.5 细菌DNA琼脂糖凝胶电泳实验

一、实验目的

学习和掌握琼脂糖凝胶电泳法鉴定DNA的原理和方法。

二、实验原理

琼脂糖凝胶电泳是DNA片段分离、鉴定及纯化的标准技术。琼脂糖是一种从琼脂提取的亲水性多糖，不带电荷，适合作为电泳介质。DNA在碱性缓冲液(pH 8.0)中带负电荷，在电场作用下向正极迁移。由于不同DNA片段在大小和构型上的差异，其迁移速率也不同。溴化乙锭(EB)可嵌入DNA碱基对间形成荧光络合物，在紫外光照射下可观察到不同区带，从而用于DNA片段的分离、相对分子质量测定及重组子筛选。

三、实验器材

1. 样品

实验提取的DNA样品。

2. 仪器

核酸电泳系统，凝胶成像分析系统，离心机，移液枪，恒温水浴锅，微波炉，微量进样器，三羟甲基氨基甲烷，盐酸，乙酸钠，EDTA，琼脂糖，溴酚蓝，溴化乙锭。

四、实验步骤

1. 安装电泳槽：清洗有机玻璃制成的电泳凝胶床，晾干后，用胶带封住两端的开口，并将其放置在水平工作台上。随后插入样品梳以形成加样孔。

2. 琼脂糖凝胶的制备：称取适量琼脂糖溶解于电泳缓冲液中(根据DNA片段大小选择合适的琼脂糖浓度，如1%凝胶适用于1～25 kb的DNA，0.5%凝胶适用于20～100 kb的DNA，1.5%凝胶适用于200～2 000 bp的DNA)。将混合液置于微波炉或沸水浴中加热至完全溶解(注意避免过度加热至沸腾)，取出后摇匀。

3. 灌胶：待琼脂糖溶液冷却至约60℃时，缓慢倒入电泳槽水平板上，确保均匀分布。

4. 固定：待琼脂糖凝固后，在电泳槽内加入适量电泳缓冲液，确保凝胶完全浸泡。随后，小心拔出样品梳，避免损坏加样孔。

5. 加样：按照4∶1的比例，将DNA样品与加样缓冲液混合。使用微量移液器将混合液精确加入至样品槽，每个孔加样量控制在10.0～20.0 μL，并记录样品加样顺序及具体加样量。

6. 电泳：连接电极导线，使样品加样孔一侧连接负极，对侧连接正极。开启电源，并调整电压至35 V/cm，运行电泳13 h。当溴酚蓝前沿移动至距凝胶前端1～2 cm时，终止电泳。

7. 染色与观察：取出电泳凝胶，放入含溴化乙锭的染色液中浸泡30 min。随后，在254 nm紫外光下观察DNA条带，其荧光呈橙红色。同时，可在紫外灯下拍照记录电泳结果(注意佩戴防护眼镜)。由于溴化乙锭具有致癌性，实验过程中需戴手套，并妥善处理实验废液和污染物，避免污染实验器材。

五、实验结果

记录实验各操作步骤。注意实验过程要轻柔细致操作，有助于提高DNA的收率。

六、思考题

1. 琼脂糖凝胶电泳如何测定DNA的相对分子质量？

2. 为什么接电源时，点样孔一端接负极，另一端接正极？

3.6　RNA的提取及逆转录

一、实验目的

1. 学习掌握真核生物细胞基因组RNA的提取原理和方法。

2. 学习掌握逆转录-聚合酶链反应的原理和方法。

3. 学习掌握PCR技术原理和基本实验步骤。

二、实验原理

获得高纯度、完整的RNA对于分子生物学实验至关重要。细胞内大部分RNA与核蛋白结合成复合体，因此在RNA提取过程中，需要使用高浓度蛋白变性剂快速破坏细胞结构，使核蛋白解离并释放RNA。接着，通过酚、氯仿等有机溶剂提取，使RNA与其他细胞组分分离，从而获得纯化的总RNA。

哺乳动物细胞通常含有5.0～10.0 μg RNA，其中rRNA和tRNA占比较高，而mRNA仅占总RNA的1%～5%。在基因表达过程中，mRNA作为蛋白质合成的模板，编码细胞内的全部多肽和蛋白。因此，mRNA是分子生物学研究的重点。mRNA分子种类繁多，长度各异，但多数真核生物mRNA的3′末端均带有多聚腺苷酸[Poly(A)]尾巴，可利用寡聚(dT)亲和层析等方法从总RNA中选择性分离mRNA。

逆转录(reverse transcription)是DNA依赖性RNA合成DNA的过程，利用RNA作为模板，在dNTP作用下合成DNA分子。首先，逆转录酶以单链

RNA 为模板，催化合成互补的单链 DNA（cDNA），该产物与模板 RNA 形成 DNA-RNA 杂化双链。随后，RNA 酶水解 RNA 链，剩余的单链 DNA 作为新模板，合成第二条 DNA 链。催化此过程的酶即逆转录酶。

逆转录-聚合酶链反应（RT-PCR）是 PCR 技术的一种扩展应用形式，其原理如下：提取组织或细胞总 RNA，并以其中的 mRNA 作为模板。用 Oligo（dT）或随机引物，通过逆转录酶将 mRNA 逆转录为 cDNA。以 cDNA 为模板进行 PCR 扩增，从而获取特定基因或检测基因表达水平。RT-PCR 的高灵敏度使其可检测极低含量的 RNA 样品，适用于基因转录产物分析、目标基因克隆、cDNA 探针合成及 RNA 体外高效转录系统的构建。

本实验是从培养细胞中提取总 RNA，并通过逆转录酶合成 cDNA，以此作为 PCR 模板扩增甘油醛-3-磷酸脱氢酶（GAPDH）基因中的一段 300 bp DNA 片段。两个 PCR 引物的 5′末端分别引入 EcoR Ⅰ 和 BamH Ⅰ 的酶切位点，为后续 DNA 重组实验做好准备。

三、实验材料

1. 材料

培养细胞或组织。

2. 溶液或试剂

DEPC 水：100.0 mL ddH_2O 中加入 DEPC 0.1 mL，充分振荡，37℃孵育过夜。0.103 MPa 121℃灭菌 20 min，4℃保存备用。

其他溶液或试剂：溴化乙锭（EB）、Trizol 试剂、异丙醇、氯仿、70%乙醇、逆转录酶、dNTPmix、PCR 缓冲液、Oligo（dT）或随机引物、RNase 抑制剂、10× *Taq* 酶缓冲液、*Taq* 酶（5.0 U/μL）、对应目的基因的特异上下游引物。

3. 仪器或其他用具

离心管、微量移液枪、枪头、冰盒、离心机等。

四、实验步骤

1. 真核细胞总 RNA 的提取与鉴定

（1）细胞样本处理

① 培养细胞：收集 $1\times10^7\sim2\times10^7$ 个细胞于 1.5 mL 离心管中，加入 1.0 mL Trizol 试剂，充分混匀后，在室温静置 5 min。

② 组织样本：取 1.0～2.0 g 组织（可使用新鲜样本或−70℃冷冻及液氮保存的组织），置于组织匀浆器中，加入 1.0 mL Trizol 试剂，混匀后，在室温放置 5 min。

(2) RNA 提取

① 加 0.2 mL 氯仿,振荡 15 s,静置 2 min。

② 4℃,12 000 r/min 离心 15 min。

③ 小心吸取上层水相(RNA 所在层),转移至新的 1.5 mL 离心管,避免吸取两相之间的蛋白层。

④ 加入 0.6 倍体积异丙醇,轻轻颠倒混匀,促进 RNA 沉淀形成,室温静置 10 min。

⑤ 4℃,12 000 r/min 离心 10 min,回收 RNA 沉淀。

⑥ 弃去上清液,加入 1.0 mL 70%乙醇,洗涤 RNA 沉淀,随后 4℃,12 000 r/min 离心 5 min。

⑦ 弃去上清液,将 RNA 沉淀晾干。

⑧ 取适量 DEPC 水溶解 RNA,并在 65℃保温 10~15 min 促进溶解。

(3) RNA 定量分析

RNA 在 260 nm 处具有最大光吸收值,OD_{260} 值为 1 时,相当于 40.0 μg/mL 单链 RNA。

RNA 浓度计算公式:

$$\text{RNA(mg/mL)}=40\times OD_{260}\times \text{稀释倍数}/1\,000 \tag{3.1}$$

RNA 纯度判定:通过 OD_{260}/OD_{280} 比值评估纯度,理论上纯 RNA 的 $OD_{260}/OD_{280}\approx 2.0$,若该比值较低,可能存在蛋白质污染。比值太高,则提示 RNA 有降解。

2. 逆转录反应

(1) 在 0.5 mL 微量离心管中加入 1.5 μg 总 RNA,补充适量 DEPC 处理水,使总体积达 11.0 μL,继续加入 10.0 μmol/L Oligo(dT)1.0 μL 或 1.0 μL 随机六聚物,轻轻混匀并短暂离心。

(2) 70℃加热 5 min,随后立即将离心管置于冰上,以防 RNA 降解。依次加入表 3.6-1 中试剂,轻轻混匀后短暂离心,即可进行逆转录。

表 3.6-1　逆转录步骤(2)试剂

成分	体积/μL
5×PCR 缓冲液	4.0
RNase 抑制剂	1.0

续表

成分	体积/μL
10.0 μmol/L dNTPmix	2.0

(3) 37℃ 5 min(若用随机六聚物,则 25℃ 5 min)。

(4) 加 M-MLV 反转录酶(erse Transcriptase)1.0 μL,总体积 20.0 μL。在 42℃ 60 min,(若用随机六聚物,先 25℃ 10 min,后 42℃ 60 min)。

(5) 于 70℃加热 15 min 以终止反应。

五、注意事项

1. 在实验过程中要严格控制内源和外源的 RNA 酶污染,保护 RNA 分子不被降解,因此提取必须在无 RNase 的环境中进行。

2. 要避免沉淀完全干燥,否则 RNA 难以溶解。

3. RNA 纯化方法的选择:实验过程中应选择污染风险最小的纯化方式,操作越简便,污染的风险越低。

4. 实验器材的灭菌处理:在所有试剂及样品的准备过程中,需使用一次性无菌塑料管及瓶,玻璃器皿必须清洗干净并进行高压灭菌处理。

5. 操作温度要求:所有实验步骤应尽量在冰上进行,以减少 RNA 降解风险。

六、思考题

1. 提取 RNA 时,如何防止 RNA 酶的污染?

2. 阳性菌 RNA 的提取可否用 Trizol 试剂?

3. 造成 OD_{260}/OD_{280} 的比值偏低的原因有哪些?

3.7　16S rDNA 基因序列鉴定细菌

一、实验目的

1. 学习并理解 16S rDNA 基因序列鉴定细菌的原理。

2. 掌握不提取 DNA 的菌落 PCR 扩增的方法。

3. 掌握序列分析的方法。

二、实验原理

近年来随着 PCR 扩增技术和测序技术的发展,从纯培养的原核微生物中获取 16S rDNA 基因序列的技术已趋于成熟。通常情况下,若测定菌株的 16S rDNA 基因序列与已知典型菌株的相似度低于 97%,则该菌株可能属于新种;若相似度高于97%,则无法直接确定其是否为典型菌株,而只能认为其最接近该种的典型菌株。

菌落PCR可以将少量细菌菌体放入PCR反应体系中而不需要提取细菌的DNA,在变性过程中,细胞裂解释放出的DNA可以用作模板。菌落PCR技术省略了从菌体中提取DNA的过程,节约了培养微生物的时间,但该方法不适用于细胞壁不易破裂的菌株。

三、实验器材

1. 菌种:纯化的待测细菌菌株。

2. 器具:超净工作台、离心机、PCR仪、微波炉、振荡器、电子天平、电泳仪、制胶器、凝胶成像系统、微量移液管及其枪头、量筒、锥形瓶、无菌离心管、无菌PCR管、封口膜、冰盒、手套、称量纸等。

3. 试剂

(1) PCR试剂

细菌16S rDNA基因通用引物(引物1为27F,引物2为1492R)、10×PCR扩增缓冲液,dNTPs(dATP,dTTP,dCTP,dGTP各2.0 mmol/L),*Taq* DNA聚合酶、25.0 mmol/L $MgCl_2$,ddH_2O。

(2) 电泳检测试剂

琼脂糖、1×TAE缓冲液(Tris-乙酸)、6×凝胶加样缓冲液,98%甲酰胺、10.0 mmol/L EDTA(pH 8.0)、0.25%溴酚蓝、0.25%二甲苯腈]、DNA Marker,0.5 mg/L溴化乙锭溶液等。

四、实验步骤

1. 细菌16S rDNA基因PCR扩增

(1) 用无菌移液枪枪头从细菌培养基上挑取少量菌体放入无菌PCR管底部。

(2) 在冰浴下按照表3.7-1所示的顺序依次将不同的组分加入无菌PCR管内,制成50.0 μL PCR反应体系。

表3.7-1 PCR反应体系

组分	加入量
10×PCR扩增缓冲液	5.0 μL
2.0 mmol/L dNTPs	4.0 μL
引物1	2.0 μL

续表

组分	加入量
引物 2	2.0 μL
25.0 mmol/L $MgCl_2$	3.0 μL
Taq 酶	1.0 μL
ddH_2O	33.0 μL

(3) 在 PCR 仪上按下列反应程序进行设置：

94℃,5 min；
94℃,1 min；
56℃,1 min；　30 次循环
72℃,90 s；
72℃,15 min。

(4) 反应结束后,将 PCR 产物放在 4℃条件下,等待电泳检测。若不能立即检测,可以将其放在−20℃冰箱中保存。

2. PCR 产物的琼脂糖凝胶电泳检测

(1) 制备 1%琼脂糖凝胶

① 称取 1.0 g 琼脂糖固体粉末至 100.0 mL 锥形瓶中,然后量取 100.0 mL 1×TAE 缓冲液转移至锥形瓶,混匀后,用封口膜封住锥形瓶口,将其放入微波炉中加热,高火持续 5 min 左右,直至琼脂糖完全融化。

② 戴上隔热手套将锥形瓶从微波炉中取出,使其降温至 60～70℃后,将琼脂糖胶液倒入胶盒中,使胶液厚度为 3～5 mm,然后轻轻插上梳子,防止产生气泡。

③ 室温下,待琼脂糖胶液完全凝固,小心拔下梳子,取出底板,并清除底板上的残余碎胶。

(2) 电泳

① 在电泳槽内加入 1×TAE 缓冲液,把胶板放入电泳槽内,注意正负电极。

② 用移液枪吸取 3.0 μL PCR 产物与 0.5 μL 6×凝胶加样缓冲液混合均匀后,加入胶孔。

③ 在胶板上的每一个孔中分别加入 3.0 μL DNA Marker。

④ 在 120 V 电压下,电泳 40 min。

(3) 染色

① 电泳结束后,戴上手套取出胶板,在溴化乙锭溶液中染色 10～15 min。

② 戴上手套将胶板从染色液中取出,放入 TAE 溶液中浸泡 5 min。

③ 取出胶板,打开紫外灯,用凝胶成像系统拍摄照片。将照片保存后,关闭紫外灯和凝胶成像系统,取出胶板。

(4) 测序

PCR 扩增效果理想的话,可以用 PCR 纯化试剂盒将扩增产物纯化后送至测序公司进行测序,并向测序公司提供相应的测序引物及其浓度、PCR 产物浓度及片段大小等信息。

(5) 测序结果分析

① 测序公司对 PCR 产物测序完成后,通过 DNAstar 软件的 SeqMan 程序拼接测序列 ABI 形式的文件,除去两端质量差的序列,然后以 FASTA 形式保存。

② 在 NCBI BLAST(https://blast. ncbi. nlm. nih. gov/)中 66 对,可看到典型菌株的信息以及与已发表的典型菌株的相似程度。根据最接近的序列分类信息,初步确定待检细菌的分类地位。

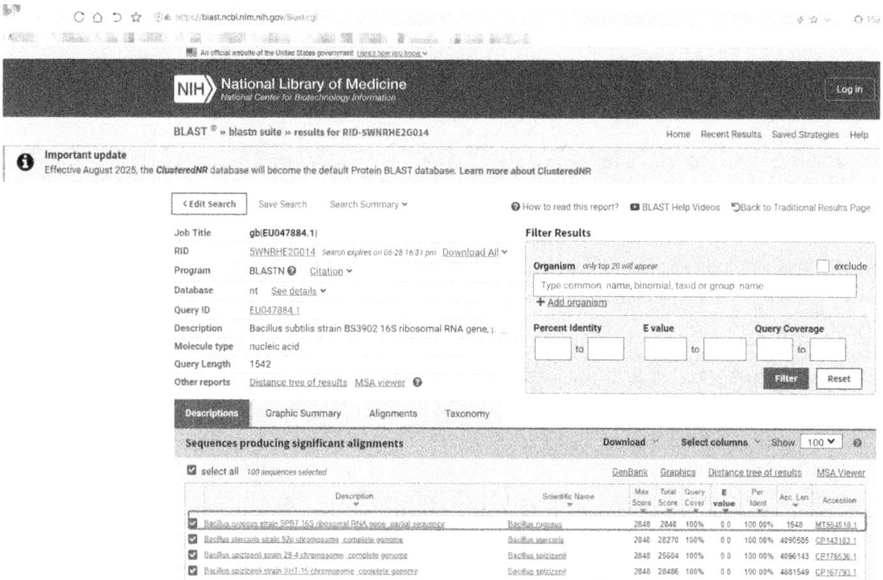

图 3.7-1 细菌序列 BLAST 比对结果

③ 若想获得更加精确的分类信息，则需选择较多相关的参考序列进行构建系统发育树。构建系统发育树可以使用 MEGA，ClustalX 等软件。

五、实验结果

根据测序结果鉴定细菌的分类地位。

六、注意事项

1. 如果平板上的菌落较为黏稠，可以用无菌生理盐水进行适当稀释，经振荡离心，再挑取少量菌体执行以下操作。

2. 在 PCR 反应体系制备过程中，应最后加入 *Taq* 酶，并及时将反应体系放入 PCR 仪中进行扩增。

3. 若测序结果中多个位置出现峰图重叠，可能原因是待鉴定的细菌中互相之间存在序列差异的多拷贝 16S rRNA 基因。

七、思考题

1. 在进行 16S rDNA 基因的 PCR 扩增时，选择引物的依据是什么？

2. 如果测序结果中多个位置出现峰图重叠，原因是什么？怎样解决？

3.8　ITS 基因序列鉴定真菌

一、实验目的

1. 理解利用 ITS 基因序列鉴定真菌的原理。

2. 学习并掌握利用 ITS 基因序列鉴定真菌的操作流程。

二、实验原理

真菌鉴定的主要依据往往是其形态学性状和生理生化特征。随着分子生物学技术的发展和原核生物分类学的发展，真菌的鉴定也可以结合基因型进行分类研究。真菌基因型分类法中应用最多的是根据真菌的 18S rDNA 基因序列进行分类。但这种方法存在其局限性，18S rDNA 基因高度保守，导致区分不同属时存在一定困难。因此，基因变化较大的 rRNA 基因间隔（Internal Transcribed Spacer，ITS）序列广泛应用于真菌的分类鉴定。ITS 序列由 18S 和 5.8S 之间的序列以及 5.8S 和 28S 之间的序列共同组成，ITS 序列扩增时使用的引物是根据 18S rDNA 基因末端和 28S rDNA 基因起始端的保守序列设计而成的，这样能够从大部分真菌中扩增出 ITS 片段，又可以获得差异较大的序列，从而用于不同属的真菌的鉴别。

本实验采用酶法提取真菌 DNA，这种方法也可用于环境中细菌和真菌的 DNA 提取，要注意的是提取真菌 DNA 使用溶细胞酶，提取细菌 DNA 使用溶菌酶，然后对真菌 ITS 序列进行 PCR 扩增，再对 PCR 产物进行电泳、测序等分析后，对待鉴定真菌进行初步分类。

三、实验器材

1. 菌种：纯化的酵母菌。

2. 器具：超净工作台、离心机、PCR 仪、烘箱、微波炉、振荡器、研钵、电子天平、电泳仪、制胶器、凝胶成像系统、胶回收试剂盒、微量移液管及其枪头、量筒、锥形瓶、无菌离心管、无菌 PCR 管、封口膜、冰盒、玻璃棒、手套、称量纸、玻璃珠等。

3. 试剂

(1) 提取真菌 DNA 所需的试剂：

裂解缓冲液(1.0 mol/L Tris-HCl 5.0 mL，500.0 mmol/L EDTA 10.0 mL，蔗糖 12.83 g，总体积 50.0 mL)、50.0 mg/mL 溶细胞酶、20.0 mg/mL 蛋白酶 K、20%十二烷基磺酸钠(SDS)、10% CTAB、0.7 mol/L NaCl 溶液、5.0 mol/L NaCl、酚-氯仿-异戊醇(体积比 25∶24∶1)、氯仿-异戊醇(体积比 24∶1)、TE 缓冲液(Tris-EDTA 缓冲液)、70%乙醇、异丙醇等。

(2) PCR 扩增所需的试剂：

真菌 ITS 序列通用引物(ITS：5′-3′TCCGTAGGTGAACCTGCGG，ITS4：5′-3′ TCCTCCGCTTATTGATATGC)、10×PCR 扩增缓冲液、dNTPs(dATP，dTTP，dCTP，dGTP 各 2.0 mmol/L)、2.0 U/μL *Taq* 酶、25.0 mmol/L $MgCl_2$、ddH_2O。

(3) 琼脂糖凝胶电泳检测所需的试剂：

琼脂糖、1×TAE 缓冲液(Tris-乙酸)、6×凝胶加样缓冲液[即 Loading Buffer，98%甲酰胺、10.0 mmol/L EDTA(pH 8.0)、0.25%溴酚蓝、0.25%二甲苯腈]、DNA Marker、0.5 mg/L 溴化乙锭溶液等。

四、实验步骤

1. 真菌 DNA 的提取

(1) 称取适量真菌菌体加入装有 450.0 μL 裂解缓冲液的离心管中，然后加入 50.0 mg/mL 溶细胞酶 10.0 μL，混匀后，在 37℃水浴中放置 30 min。

(2) 向离心管中加入 20% SDS 25.0 μL 和 20.0 mg/mL 蛋白酶 K 5.0 μL，轻轻混匀，勿剧烈振荡。

(3) 将离心管在 55℃下水浴 2 h 以上，然后加入玻璃珠剧烈振荡 5 min 左右。

(4) 将上述离心管在装有液氮的研钵中冻融 3 次。

(5) 加入 5.0 mol/L NaCl 80.0 μL，混匀后加入 CTAB-NaCl 溶液 60.0 μL，在 65℃水浴中维持 20 min。

(6) 加入等体积的酚-氯仿-异戊醇(体积比 25∶24∶1)混匀，4 000 r/min 离心 20 min，把上清液转移至新的离心管中。

(7) 向离心管中加入氯仿-异戊醇(体积比 24∶1)混匀，12 000 r/min 离心 10 min，将上清液转移至新的离心管内，然后向上清液所在离心管中加入 0.6 体积的异丙醇，在－20℃条件下放置过夜。

(8) 将上述离心管进行离心，12 000 r/min 离心 15 min，倾去上清液，用在－20℃下预冷的 500.0 μL 70%乙醇洗涤一次，然后 12 000 r/min 离心 15 min，小心倾去上清液。

(9) 将离心管中的样品在 65℃下烘干 30 min，然后用 50.0 μLTE 缓冲液将其溶解。

2. 真菌 ITS 序列的 PCR 扩增

(1) 在冰浴下按照表 3.8-1 所示的顺序依次将不同的组分加入无菌 PCR 管内，制成 50.0 μL PCR 反应体系。

表 3.8-1 PCR 反应体系

组分	加入量
10×PCR 扩增缓冲液	5.0 μL
2.0 mmol/L dNTPs	4.0 μL
引物 1	2.0 μL
引物 2	2.0 μL
25.0 mmol/L $MgCl_2$	3.0 μL
1.0～10.0 ng/μL 模板	2.0 μL
2.0 U/μL *Taq* 酶	1.0 μL
ddH_2O	31.0 μL

(2) 在 PCR 仪上按下列反应程序进行设置：

94℃，5 min；
94℃，1 min；
58℃，30 s；
72℃，1 min；
72℃，15 min。

30 次循环

(3) 反应结束后，将 PCR 产物放在 4℃条件下，等待电泳检测。若不能立即检测，可以将其放在－20℃冰箱中保存。

(4) PCR 产物的琼脂糖凝胶电泳检测

① 制备 1%琼脂糖凝胶

a. 称取 1.0 g 琼脂糖固体粉末至 100 mL 锥形瓶中，然后量取 100.0 mL 1×TAE 缓冲液转移至锥形瓶，混匀后，用封口膜封住锥形瓶口，将其放入微波炉中加热，高火持续 5 min 左右，直至琼脂糖完全融化。

b. 戴上隔热手套将锥形瓶从微波炉中取出，使其降温至 60～70℃后，将琼脂糖胶液倒入胶盒中，使胶液厚度为 3～5 mm，然后轻轻插上梳子，防止产生气泡。

c. 室温下，待琼脂糖胶液完全凝固，小心拔下梳子，取出底板，并清除底板上的残余碎胶。

② 电泳

a. 在电泳槽内加入 1×TAE 缓冲液，把胶板放入电泳槽内，注意正负电极。

b. 用移液枪吸取 3.0 μL PCR 产物与 0.5 μL 6×凝胶加样缓冲液，混合均匀后，加入胶孔。

c. 在胶板上的每一个孔中分别加入 3.0 μL DNA Marker。

d. 在 120 V 电压下，电泳 40 min。

③ 染色

a. 电泳结束后，戴上手套取出胶板，在溴化乙锭溶液中染色 10～15 min。

b. 戴上手套将胶板从染色液中取出，放入 TAE 溶液中浸泡 5 min。

c. 取出胶板，打开紫外灯，用凝胶成像系统拍摄照片。将照片保存后，关闭紫外灯和凝胶成像系统，取出胶板。

(5) 测序

PCR 扩增效果理想的话，可以用 PCR 纯化试剂盒将扩增产物纯化后送至测序公司进行测序，并向测序公司提供相应的测序引物及其浓度、PCR 产物浓度及片段大小等信息。

(6) 测序结果分析

① 打开测序公司送来序列信息中的 ABI 形式的峰图文件，除去两端质量差的序列，然后以 FASTA 形式保存。

② 登录 UNITE 网站(http://vnite.ut.ee/analysis.pnp)选择“Identfiy”模块，或使用 BLAST 功能 66 对 ITS 序列。

③ 打开保存的 FASTA 文件，将序列复制到“Paste sequence to align”，点击“Start alignment”，网站中会显示最接近的序列。

④ 根据软件 Reference description 给出的顺序判断最接近的分类信息，并查看其相似度。

⑤ 点击“>”，可以查看到更加详细的信息，然后初步判定菌株的分类。

五、实验结果

根据测序结果确认待鉴定真菌的分类。

六、注意事项

1. 提取真菌 DNA 过程中会使用酚和氯仿等有毒溶剂，在配制试剂的过程中要格外小心，并在通风橱内进行操作。

2. 琼脂糖凝胶电泳检测时用到的溴化乙锭(EB)有致癌性，使用时要小心，戴手套拿染色后的胶板时，不要接触 EB 区的物质。

七、思考题

1. 简述提取真菌 DNA 不使用溶菌酶的原因。

2. 利用 ITS 基因序列鉴定真菌的原理是什么？

3.9　限制性片段长度多态性(RFLP)分析

分子标记是建立在分子水平上的遗传标记，具有可遗传性和可识别性。DNA 分子标记通常是一些小分子量的 DNA 片段，这些小分子片段一般存在于真核生物的基因组内，可通过一定的方法和技术对其进行检测。DNA 分子标记的种类有很多，常用的有 RFLP(限制性片段长度多态性)分析、RAPD(随机引物扩增多态性 DNA)、AFLP(扩增片段长度多态性)分析等。

一、实验目的

1. 理解限制性片段长度多态性分析的原理。

2. 学习并掌握限制性片段长度多态性分析的主要流程。

二、实验原理

DNA 限制性片段长度多态性分析是 Bostein 首先提出的一种分子遗传标记，即生物体基因组结构的独特性，以及某些限制性内切酶能够识别并切割特定碱基序列的特性，使得无须依赖传统培养方法便可开展微生物群落分析。该方法利用限制性内切酶和电泳技术，对特定 DNA 片段的限制性酶切产物进行分析。通过比较片段的大小、标记片段的种类及数量，可用于评估环境微生物的群落组成及多样性。

观察DNA限制性片段长度多态性的方法有两种。一种是限制性片段长度分布图像。其原理是某些DNA片段能被分离、复制和被限制性酶分解，限制酶切产物与DNA Marker一同在含有溴化乙锭的琼脂糖凝胶上电泳，在紫外灯下观察。另一种是限制酶切产物与探针杂交的放射自显影，尤其适用于有限拷贝DNA的分析。其原理是限制酶切割方式通过探针与特异性碱基序列结合，用放射自显影或免疫荧光观察。

RFLP提供的关于不同类群生物的区别和联系程度的信息是一种定性信息，RFLP的优点是不需要进行放射性标记的探针杂交即可观察到实验结果。

三、实验器材

1. 试剂：待检样品DNA、限制性内切酶、RNase反应缓冲液、0.8%琼脂糖凝胶、凝胶上样缓冲液、凝胶染色液。

2. 仪器：电泳装置、恒温箱、照相装置。

3. 其他：微量离心管，移液枪及无菌枪头、刻度尺等。

四、实验步骤

1. 调节所有DNA样品浓度为0.5 mg/mL，用紫外分光光度计或琼脂糖凝胶电泳检测样品的浓度。在反应液中加入2.0～5.0 μL RNase溶液，避免RNA污染。

某些重复序列如rDNA广泛存在于不同细胞，常用于作为遗传标记。大片段的rDNA及其寡核苷酸类似物常用于检测不同动物和微生物遗传关系，rDNA RFLP可用琼脂糖凝胶电泳或者聚丙烯凝胶电泳分析。线粒体DNA也可进行RFLP分析，线粒体基因组一般为20 kb。存在范围较广的RFLP，线粒体DNA可以用琼脂糖凝胶电泳观察。PCR产物片段大于1 kb的也可用RFLP进行分析。

2. 把等体积(8.0 μL)DNA样品溶液用移液枪转移至不同的微量离心管内，每条泳道需要3.0～6.0 μL DNA。若DNA溶于TE中，反应中DNA样品体积应小于反应体系总体积的25%，目的是降低EDTA对酶活性的抑制作用。

3. 进行酶切反应。首先配制反应混合液，将2.5体积的10×反应缓冲液、2体积的2.0 U/μL内切酶溶液和12.5体积的水混合均匀，然后对其进行短暂离心。混合液中内切酶含量应低于溶液总体积的10%，减少甘油对酶活性的影响。

4. 在含DNA样品的微量离心管内加入17.0 μL反应混合液，在适当温度下温育，温育时间根据选择的内切酶而定。

5. 温育结束后，向每个微量离心管中加入 5.0 μL 凝胶上样缓冲液，混匀。

6. 从微量离心管中用移液管取出 5.0 μL 加到 0.8%琼脂糖凝胶板的孔中进行预电泳。若预电泳效果较好，用移液管取 25.0 μL 反应混合物加入 0.8%琼脂糖凝胶上，与 DNA Marker 一同在 0.5 V/cm 电压下电泳过夜，直至酚蓝色条带接近凝胶底部。

7. 电泳结束后，在胶板 DNA Marker 旁放置一把刻度尺，拍照记录电泳结果。

8. 将 DNA 转移至膜上，用探针进行杂交，利用放射自显影让 DNA 条带显现。如果是质粒 DNA、核糖体 DNA、线粒体 DNA 以及小的 DNA 片段可以省略此步骤。

9. 根据刻度尺和 DNA Marker，以距离(cm)为横坐标、分子量(kb)为纵坐标作图，当然最好采用计算机软件进行分析。把条带输入图中，测定条带大小。

10. 计算 DNA 的大小和位置，用于 RFLP 分析和 DNA 样品亲缘性分析。

五、实验结果

拍照记录电泳结果，根据 DNA 的大小和位置进行 RFLP 分析。

六、注意事项

高纯度 DNA 样品是 DNA RFLP 分析的关键性因素，因此需要在 DNA 样品中添加 RNase 溶液，除去 RNA，防止 RNA 污染样品降低样品纯度。

七、思考题

1. 简述 RFLP 分析技术的原理。
2. 为什么利用 RFLP 可用于微生物的群落结构和多样性分析？

3.10 荧光定量 PCR 检测微生物的丰度

一、实验目的

学习定量 PCR 原理，熟悉绝对定量的操作流程。

二、实验原理

实时荧光定量 PCR 通过在 PCR 反应体系中加入荧光标记物，利用荧光信号的累积对 PCR 扩增过程进行实时监测，最终通过标准曲线对未知模板进行定量分析。在 PCR 扩增的指数阶段，模板的 CT 值与起始拷贝数呈线性关系，因此可通过 CT 值与标准曲线的分析计算出目标模板的初始浓度。

目前，定量 PCR 检测主要有 SYBR Green 法和 TaqMan 探针法。SYBR Green 法是在 PCR 反应体系中加入过量的 SYBR 荧光染料，该染料能够特异性嵌入 DNA 双链中，并发射荧光信号。未结合 DNA 的染料不会产生荧光，从而确保荧光信号的增加与 PCR 扩增产物的生成完全同步。TaqMan 探针法是当探针完整时，荧光报告基团的信号被淬灭基团吸收，无法被检测到。在 PCR 扩增过程中，*Taq* 酶具有 5′-3′外切酶活性，会将探针降解，使荧光报告基团与淬灭基团分离。这一过程中，荧光信号被释放并被荧光检测系统捕获。每扩增一条 DNA 链，都会产生一个荧光分子，从而实现荧光信号的累积与 PCR 扩增产物的形成同步。

三、实验器材

Realtime PCR 仪（ABI7500，RotorGene3000），微量移液器，Tip 头，0.2 mL 光学薄壁管，8 联 PCR 管，1.5 mL 离心管，SYBR Mix，引物及 10^8 copy/μL 标准品。

四、实验操作

1. 标准样品稀释

取 4 个 1.5 mL 的离心管，做好标记 10^7、10^6、10^5、10^4，向每支离心管中加入 90.0 μL ddH_2O，取 10.0 μL 10^8 copy/μL 的标样加入 10^7 离心管中，充分混匀后，从离心管中取 10.0 μL 10^7 copy/μL 的液体到 10^6 管中。按上述操作依次稀释，得到 5 个倍数的标准样品。注意，每次稀释都要换 Tip 头。

2. 配制预混液

取 119.0 μL ddH_2O、7.0 μL 引物 4204f、7.0 μL 引物 4448r 和 7.0 μL Rox 到装有 175.0 μL SYBR Mix 液的 1.5 mL 离心管中，混匀。

3. 分装预混液

取 7 个小离心管，分别标记 10^8、10^7、10^6、10^5、10^4、UNK(未知样)、NTC(阴性对照)。向其中分别加入 42.0 μL 预混液和 4.7 μL 模板(1～5 号加标样、6 号加未知样、7 号加等量 ddH_2O)，混匀。

4. 加入样品

戴上手套取两个 8 联管，并排放置管架上。分别取上述样品 20.0 μL 加入联管的第 1～7 管中(第 8 管空出)，每个样品两个重复，共 14 个样品。将加好样的 8 联管振荡。

5. 设置分析仪参数

95℃ 3 min；以 95℃ 15 s＋60℃ 40 s 为一个循环，循环 40 次，熔解曲线温度范围 60～95℃。振荡好的样品进机进行 PCR 扩增。

6. 分析定量结果

扩增后利用软件分析 CT 值及未知样的定量结果。

7. 电泳

PCR 产物与 DNA Ladder 在 2%琼脂糖凝胶中电泳，用 GoldView™ 进行染色，检测 PCR 产物是否为单一特异性扩增条带。

五、注意事项

实时定量 PCR 使用引物应遵循以下原则：

1. 引物序列应与目标模板高度互补，以确保特异性结合。
2. 避免引物之间形成稳定的二聚体或发夹结构，以减少非特异性扩增。
3. 确保引物不会在模板的非目标区域引发 DNA 聚合反应，以防止错配扩增。

六、思考题

1. SYBR Green 法与 TaqMan 探针法的区别是什么？其各自的优缺点是什么？
2. 定量 PCR 中主要参数包括哪些？试分别列出。

3.11　RT-PCR 的基本方法和步骤

3.11.1　实验方案一

一、材料

移液枪，eppendorf 管，试剂瓶，1 个 125 mL 的白色试剂瓶(用于存放无水乙醇)，量筒，容量瓶，DEPC 水溶液，核酸电泳系统，凝胶成像分析系统，离心机，水浴锅，离心管，涡旋振荡器，紫外分光光度计，75%乙醇，异丙醇，氯仿，琼脂糖，电泳缓冲液(Tris 54.0 g，硼酸 27.5 g，0.5 mol/L EDTA 20.0 mL pH 8.0，蒸馏水 1 000 mL)，5×TBE，上样缓冲液(0.25%溴酚蓝，0.25%二甲苯青，30%甘油)，*Taq* 酶(含 $MgCl_2$ 的缓冲液)200 U，dNTP，oligo(dT)15，M-MLV 反转录酶即 5×TBE，RNasin，分子量标准，引物。

二、操作步骤

使用两步法 RT-PCR。

1. 反转录反应

(1) 配制反应体系：23.0 μL RNA+0.005 μg/μL oligo(dT)15(终浓度)，稀释 10 倍后用。

(2) 混匀，离心，70℃，5 min。

(3) 立即冰水浴，稍离心。

(4) 反应体系(总体积 40.0 μL)如表 3.11-1 所示。

表 3.11-1　反转录反应体系

试剂	浓度	体积	终浓度
M-MLV 缓冲液	5×	8.0 μL	1×
dNTP	10.0 mmol/L	2.0 μL	0.5 mmol/L
RNasin	40.0 U/μL	1.0 μL	1.0 U/L
M-MLV 反转录酶	200.0 U/μL	2.0 μL	10 U/L

(5) 混匀，离心，42℃，60 min。

(6) 95℃，10 min（破坏 MLV），4℃保存。

2. PCR 反应

(1) 反应体系（总体积 50 μL）如表 3.11-2 所示。

表 3.11-2　PCR 反应体系

试剂	浓度	体积	终浓度
Taq 酶缓冲液	10×	5.0 μL	1×
$MgCl_2$	25.0 mmol/L	3.0 μL	1.5 mmol/L
dNTP	10.0 mmol/L	0.5 μL	<200.0 μmol/L
上游引物	10.0 pmol/μL	1.0 μL	10.0 pmol/L
下游引物	10.0 pmol/μL	1.0 mL	10.0 pmol/L
cDNA 模板	/	1～10.0 μL	/
Taq 酶	2.5 U/μL	1.0 mL	2.5 U/μL

(2) 混匀，97℃，5 min，立即冰水浴混匀。

(3) 反应条件（参考）如下。

95℃，预变性，5 min；
94℃，变性，1 min；
X℃，退火，1 min；
72℃，延伸，3 min；
72℃，终末延伸，10 min；
4℃，保温。
}28～36 个循环

(4) 电泳：加 1.0～10.0 μL PCR 产物＋溴酚蓝（1.0～2.5 μL）混匀，加样，电泳。

注意：*Taq* 酶、M-MLV、RNasin 等－20℃保存，操作时置于冰上。dNTP 勿反复冻融。

3.11.2　实验方案二

一、材料

除以上的基本仪器外，以下材料特别指明产品厂家。

1. 针对目的序列或目的基因的互补寡聚核苷酸引物（3′和 5′）。许多公司帮助合成顾客设计好的引物，或出售预合成的各种序列的引物（Gibco-BRL）。

2. 反转录酶（Gibco-BRL）。

3. 随机六聚物[pd$(N)_6$，Pharmacia LKB]。

4. *Taq* 酶（Perkin-Elmer/Cetus）。

5. 用于聚丙烯酰胺凝胶电泳的微型凝胶装置（Hoefer）。

二、操作步骤

1. 反转录

（1）细胞总 RNA 以 1.0 μg/mL 溶于无 RNase 的水中，用分光光度计测定 A_{260} 以确定 RNA 浓度。RNA 的降解程度和定量的精确度可以通过变性的琼脂糖凝胶电泳加以核查。

（2）RT 反应混合物包括以下组分（20.0 μL）：

① 0.5～1.0 μg 全细胞 RNA 或对照 RNA；

② 1.25 mmol/L dNTP（dATP，dTTP，dCTP，dGTP）；

③ 1.6 μg 随机六聚物[pd$(N)_6$]；

④ 2.0 μL，10×RT 缓冲液；

⑤ 200 U/mL 反转录酶；

⑥ 加 ddH_2O，使总体积为 20.0 μL。

（3）于 37℃反应 1 h，然后于 95℃加热 5 min 以终止反应。

2. PCR 扩增

（1）将以下组分混合（50.0 μL）以进行 PCR 扩增。

① 从上面反应中反转录得到的 10.0 μL cDNA。

② 1 U 的 *Taq* 酶。

③ 5′和 3′的引物（0.2 μmol/L）。

④ 5.0 μL 10×PCR 缓冲液（0.5 mmol/L $MgCl_2$，50.0 mmol/L KCl，10.0 mmol/L Tris-HCl，0.001%明胶）。

⑤ 加 ddH_2O，使总体积为 50.0 μL。

由于 cDNA 混合液中有足量残余的 dNTP，因此无须另加 dNTP。每管加一滴矿质油以防止蒸发。

(2) 将反应混合体系置于PCR热循环加热器中，按如下程序设置PCR反应。

95℃，预变性，4 min；
95℃，变性，60 s；
55℃，退火，90 s；　30个循环
72℃，延伸，90 s；
72℃，终末延伸，10 min；
4℃，结束反应。

(3) 小心地吸出矿物油下的反应液。也可以在－20℃冷冻水相样品，然后移走顶层矿物油。

(4) PCR产物可通过10% PAGE与123 bp DNA梯度标准品一起电泳检测。

(5) 用0.5 μg/mL的溴化乙锭将凝胶染色5 min。

(6) 在紫外灯下检测DNA条带并拍照。

3.11.3　实验方案三

一、材料

随机六聚物[pd(N)$_6$]，M-MLV反转录酶，ddNTP，10×*Taq*酶缓冲液，*Taq*酶，DTT，$MgCl_2$，引物，其他同方案一。

二、操作步骤

1. 将0.1～1.0 μg的细胞总RNA加入含有以下成分的终体积为50 μL的RT-PCR反应混合体系进行混合。

200.0～500.0 μmol/L dNTP（每种），2.0 μmol/L随机六聚物[pd(N)$_6$]，200 U的M-MLV反转录酶，1×*Taq*酶缓冲液，0.5～1.5 mmol/L $MgCl_2$，1.0 mmol/L DTT，15 U的*Taq*酶，0.5 μmol/L的引物(每种)，在顶层加一滴矿物油。

3. 在热循环反应器中制定如下反应程序(可做修正)。

37℃，反转录，40 min；
95℃，变性，5 min；
94℃，变性，1 min；
55～60℃，退火，1 min；　30个循环
72℃，延伸，1 min；
72℃，延伸，10 min；
4℃，保温。

4. 通过聚丙烯酰胺凝胶电泳和溴化乙锭染色可以评估测定PCR产物。

5. 对凝胶照相并用光密度计分析条带。

3.11.4　实验方案四

一、材料

Tris-HCl pH 8.3，cDNA引物，总RNA，乙酸钠缓冲液，乙醇（100%），灭菌水，KCl (0.4 mol/L)，2.0 mmol/L dNTP，反转录酶，氯仿。

二、操作步骤

1. 在微量离心管中加入表3.11-3物质，共沉淀RNA和cDNA引物。混匀，−20℃放置过夜。

表3.11-3　实验四第一步所加成分

总RNA	2.0 μg
cDNA引物	25.0 ng(3.0 pmol)
乙酸钠缓冲液(3.0 mol/L，pH 5.5)	10.0 μL
乙醇(100%)	200.0 μL
灭菌水	加至300.0 μL

2. 以10 000 r/min离心15 min，弃去上清液。

3. 加入200.0 μL 70%乙醇，轻轻混合，离心5 min，弃去上清液后，将沉淀稍做干燥。

4. 加入表3.11-4中成分于RNA沉淀，然后加热至90℃，缓慢冷却至67℃。

表3.11-4　实验四第四步所加成分

Tris-HCl(0.4 mol/L，pH 8.3)	4.0 μL
KCl(0.4 mol/L)	4.0 μL
无菌水	10.0 μL

5. 样品短暂离心后，在52℃温育3 h，随后10 000 r/min离心5 min。

6. 加入4.0 μL 5×反转录酶缓冲液，12.5 μL 2.0 mmol/L dNTP，10.0 μL水和3.0 μL AMV反转录酶，混合均匀后，在42℃温育1 h。

7. 加入150.0 μL 10.0 mmol/L Tris-HCl和10.0 mmol/L EDTA(pH 7.5)，混合均匀后加入200 μL酚缓冲液，在涡旋振荡器上轻微振荡。随后

10 000 r/min 离心 5 min。

8. 取上层水相转移至新的离心管，加入 200.0 μL 氯仿，再次在涡旋振荡器上轻微振荡，并以 10 000 r/min 离心 5 min。

9. 取上层水相，加入 20.0 μL 3.0 mol/L 乙酸钠缓冲液和 500.0 μL 无水乙醇，充分混匀后，−20℃放置过夜。

10. 以 10 000 r/min 离心 15 min，弃去上清液，干燥后将沉淀溶解于 40.0 μL 灭菌水中。

11. DNA 的提取方法同本章第一节。

3.11.5 实验方案五 试剂盒法 1

一、材料

第一链 cDNA 合成试剂盒，dNTP 混合物(含 dATP、dCTP、dGTP、dTTP 各 2.0 mmol/L)，*Taq* 酶。

二、操作步骤

1. cDNA 第一链的合成

目前市面上有多种 cDNA 第一链试剂盒，其原理基本相同，但操作步骤不一。现以 gibco 公司提供的 SuperScript™ 第一链 CDNA 合成预扩增试剂盒为例。

(1) 在 0.5 mL 微量离心管中，加入总 RNA 1.0～5.0 μg，补充适量的 DEPC 水使总体积达 11.0 μL。在管中加 10.0 μmol/L oligo (dT)$_{12\sim18}$ 1.0 μL，轻轻混合均匀后离心。

(2) 70℃加热 10 min，立即将离心管插入冰浴至少 1 min，然后加入表 3.11-5 中试剂。轻轻混合均匀后离心。42℃孵育 2～5 min。

表 3.11-5 cDNA 第一链合成体系

10×PCR 缓冲液	2.0 μL
$MgCl_2$(25.0 mmol/L)	2.0 μL
dNTP 混合物(10.0 mmol/L)	1.0 μL
DTT(0.1 mol/L)	2.0 μL

(3) 加入 SuperScript Ⅱ 1.0 μL，在 42℃水浴中孵育 50 min。

(4) 70℃加热 15 min 以终止反应。

(5) 将管插入冰中，加入 RNase H 1.0 μL，37℃孵育 20 min，降解残留的 RNA，−20℃保存备用。

2. PCR扩增

(1) 取0.5 mL PCR管，依次加入表3.11-6中试剂。

表3.11-6　PCR扩增体系

第一链cDNA	2.0 μL
上游引物(10.0 pmol/L)	2.0 μL
下游引物(10.0 pmol/L)	2.0 μL
dNTP(2.0 mmol/L)	4.0 μL
10×PCR缓冲液	5.0 μL
*Taq*酶(2.0 U/μL)	1.0 μL

(2) 加入适量的ddH_2O，使总体积达50.0 μL。轻轻混合均匀后离心。

(3) 设定PCR程序。在适当的温度参数下扩增28～32个循环。为了保证实验结果的可靠性与准确性，可在PCR扩增目的基因时，加入一对内参(如G3PD)的特异性引物，同时扩增内参DNA，作为对照。

(4) 电泳鉴定：对PCR产物进行琼脂糖凝胶电泳。

(5) 密度扫描、结果分析：采用凝胶图像分析系统，对电泳条带进行密度扫描。

3.11.6　实验方案六　试剂盒法2——RiboClone® M-MLV(H^-)cDNA合成技术

一、材料

20.0 μg特异性引物，200.0 μL M-MLV第一链缓冲液(5×)，配方如下：250.0 mmol/L Tris-HCl，37℃时pH 8.3；375.0 mmol/L KCl；15.0 mmol/L $MgCl_2$；50.0 mmol/L DTT；10.0 mmol/L dNTP(dATP、dCTP、dGTP、dTTP各2.5 mmol/L)；2×625 U RNasin RNA酶抑制剂；10 000 U M-MLV反转录酶；5.0 μg对照RNA，400.0 μL M-MLV第二链缓冲液(10×)[400.0 mmol/L Tris-HCl(pH 7.2)，850.0 mmol/L KCl，44.0 mmol/L $MgCl_2$]；30.0 mmol/L DTT；0.5 mg/mL BSA；[α-^{32}P] dCTP(>400 Ci/mmol)；EDTA (50.0 mmol/L和200.0 mmol/L)；TE饱和酚-氯仿(体积比1∶1)，7.5 mol/L醋酸铵；乙醇(100%和70%)；TE缓冲液；500 U RNase H；500 U DNA聚合酶Ⅰ；100 U T4 DNA聚合酶Ⅰ；2×1.25 mL不含核酸酶的水。

注：以上所有试剂除对照RNA需在−70℃保存外，其余均可保存于−20℃，可以合成40.0 μg mRNA。

二、操作步骤

1. 第一链合成

(1) 取一支经过灭菌且无 RNA 酶污染的 eppendorf 管,加入 RNA 模板和适量引物。每微克 RNA 需使用 0.5 μg 引物(若使用 Not I 引物接头,则用 0.3 μg)。用足体积补 ddH_2O 至 15.0 μL,在 70℃条件下处理 5 min,随后冷却至室温,并轻微离心,使溶液集中于管底。然后依次加入以下试剂:5×第一链缓冲液 5.0 μL,RNasin RNA 酶抑制剂 25.0 U,M-MLV(H^-)反转录酶 200 U,最后用 ddH_2O 将总体积补至 25.0 μL。

(2) 轻轻弹击管壁混匀后,取 5.0 μL 反应液至另一 eppendorf 管中,加入 2.0～5.0 μCi[α-^{32}P]dCTP(>400 Ci/mmol),用于第一链的放射性同位素掺入测定。

(3) 在 37℃(随机引物)或 42℃(其他引物)条件下温浴 1 h。

(4) 反应完成后,立即置于冰上冷却。

(5) 在用于放射性测定的 eppendorf 管中,加入 95.0 μL 50.0 mmol/L EDTA 以终止反应,使总液体体积达到 100.0 μL。其中,90.0 μL 可用于电泳分析(需先进行苯酚抽提),其余 10.0 μL 用于放射性掺入活性检测。

(6) 反应所得的第一链合成产物可直接用于第二链合成。

注:上述反应体系的总反应体积为 25.0 μL,其中 RNA 用量为 1.0 μg。若需合成 5.0 μg RNA,则可按比例放大反应体系,调整至 125.0 μL 总反应体积。

2. 第二链合成

(1) 取 20.0 μL 第一链反应液,并依次加入以下试剂:10×第二链缓冲液 20.0 μL;DNA 聚合酶 I 23 U;RNase H 0.8 U;用 ddH_2O 补足至总反应体积 100.0 μL。

(2) 轻轻混匀后,若需进行放射性掺入测定,可取 10.0 μL 反应液至另一 eppendorf 管,并加入 2.0～5.0 μCi[α-^{32}P]dCTP。

(3) 置于 14℃温浴 2 h(若目标 cDNA 长度超过 3 kb,则需延长至 3～4 h)。

(4) 在用于放射性掺入测定的 eppendorf 管中,加入 90.0 μL 50.0 mmol/L EDTA,取 10.0 μL 用于放射性测定,剩余部分可用于电泳分析。

(5) 将 cDNA 第二链合成的反应液在 70℃处理 10 min,低速离心后置于冰上冷却。

(6) 加入 2.0 μL T4 DNA 聚合酶,在 37℃温浴 10 min。

(7) 反应结束后,加入 10.0 μL 200.0 mmol/L EDTA 终止反应。

(8) 采用等体积酚-氯仿混合物进行抽提，离心 2 min。

(9) 取上清液至新 eppendorf 管，加入 0.5 倍体积 7.5 mol/L 乙酸铵（或 0.1 倍体积 1.5 mol/L 乙酸钠，pH 5.2)，充分混匀后再加入 2.5 倍体积的预冷乙醇(−20℃)。将混合液置于−20℃静置 30 min 后，离心 5 min 回收沉淀。

(10) 小心去除上清液，加入 0.5 mL 预冷的 70%乙醇，离心 2 min。

(11) 轻轻弃去上清液，干燥沉淀。

(12) 将沉淀溶解于 10.0～20.0 μL TE 缓冲液中，备用。

3. 电泳分析(亦适用于其他方案)

通常情况下，合成的 cDNA 第一链和第二链长度在 350～6 000 个碱基范围内，需要采用 1.4%碱性琼脂糖凝胶进行电泳分析。在上样前，需对第一链和第二链掺入的测定反应液进行酚抽提和乙醇沉淀，具体操作参照上述第二链合成过程的步骤(9)～(12)。通常，电泳时第一链和第二链的上样量应保持一致。

4. 标准分子量 DNA 参照物的同位素标记

(1) 一般采用λDNA/Hind Ⅲ片段，并利用 Klenow DNA 聚合酶进行 ^{32}P 标记，随后用 ddH_2O 补足总体积至 25.0 μL。具体材料如表 3.11-7 所示。

表 3.11-7　电泳分析体系

10×Hind Ⅲ缓冲液	2.5 μL
dATP	0.2 mmol/L
dGTP	0.2 mmol/L
[α-^{32}P]dCTP(400 Ci/mmol)	2.0 μCi
λDNA/Hind Ⅲ标准 DNA	1.0 μg
Klenow DNA 聚合酶	1.0 μL
ddH_2O	补足至 25 mL

(2) 反应在室温下静置 10 min 后，加 2.5 μL 200.0 mmol/L EDTA 以终止反应，随后加入 2×样品缓冲液，并将样品储存于−20℃以备后续使用。

5. 实验操作

(1) 使用 50.0 mmol/L NaCl 和 1.0 mmol/L EDTA 配制 1.4%的碱性琼脂糖凝胶，并在碱性电泳缓冲液中预平衡 30 min。

(2) 取待测样品液，用 TE 缓冲液调整体积，使第一链和第二链产率测定液的体积保持一致。随后加入等体积的 2×样品缓冲液(20.0 mmol/L NaOH, 20% 甘油，0.025% 溴酚蓝)，混匀待用。

(3) 将样品加载于凝胶中，进行电泳。待溴酚蓝染料迁移至剩余胶长度的1/3处时停止电泳。电泳缓冲液成分为30.0 mmol/L NaOH和1.0 mmol/L EDTA。

(4) 将电泳完成后的凝胶置于7% TCA溶液中，于室温孵育30 min，直至染料颜色由蓝色转变为黄色。随后取出凝胶，放置于滤纸上，干燥数小时。

(5) 干燥后的凝胶用保鲜膜包裹，并在室温下与X射线胶片曝光(若使用增感屏，可在−70℃条件下进行曝光)。

总结：这些方案均有所不同，但是原理是一致的，在实际操作的时候应该注意首先要弄清原理，然后再对其条件进行一些优化，这样才能取得比较好的效果。

3.12 荧光原位杂交法检测活性污泥中硝化细菌

荧光标记的探针可直接与玻片或纤维膜上固定的组织或细胞中特定核苷酸序列杂交，而无须事先分离DNA或RNA。这一方法能够检测样品中的同源核酸序列，检测结果可通过荧光显微镜直接观察，具有极高的特异性和灵敏度，检测灵敏度可达单细胞内10^{20}个mRNA拷贝。

在活性污泥样品的研究中，采用荧光原位杂交(FISH)技术检测其中的硝化细菌。相较于传统方法，FISH技术具备更快、更便捷的优势，可在原位解析活性污泥菌胶团上硝化细菌的分布特征。结合稀释技术，该方法可实现环境样品中硝化细菌的定量分析。其不仅能够进行定性检测，还可直接计数环境中的硝化细菌，为研究其空间分布和数量变化提供高效的检测手段。

一、材料

1. 主要实验仪器：荧光显微镜，玻片，灭菌锅，烘箱，静置培养箱，黑暗湿盒，移液枪。

2. 主要试剂：探针，1%稀HCl，双蒸水(ddH$_2$O)，丙酮，2%硅烷丙酮液，明胶，明矾，磷酸盐缓冲液(PBS)，4%多聚甲醛(PFA)，NaOH，50%、70%、80%及96%的乙醇，荧光素HAM、HEX，杂交液。

二、操作步骤

1. 玻片的预处理

(1) 常规处理：将玻片用热肥皂水充分洗刷后，用自来水冲洗12～15次，再用蒸馏水漂洗3次。随后，将玻片浸泡于1%稀HCl中24 h，以去除可能残留的核酸。然后用自来水洗净，依次用蒸馏水和双蒸水各冲洗3次，最后在121℃高压灭菌20 min。

(2) 硅化处理：将已清洁的玻片放入70%乙醇中浸泡1 min，再置于丙酮中浸泡1 min。接着，将玻片放入2%硅烷丙酮溶液中处理10 s，随后依次浸泡于丙酮(10 s)、蒸馏水(1 min)和双蒸水(3次)，最后在50℃条件下烘干1 h。

(3) 黏附剂的使用：称取1.0 g明胶溶于500～800 mL双蒸水中，边加热边搅拌以促进溶解。待明胶完全溶解后，加入0.5 g明矾，搅拌至完全溶解，再稀释至1 000 mL即可使用。在包埋玻片时，需保持明胶溶液温度在约60℃。

2. 样品的预处理

(1) 取样：活性污泥生物膜样品可直接涂布于预处理后的玻片上；对于需要计数的样品，先用磷酸盐缓冲液(PBS)冲洗，离心2～3次后进行分散处理，并按照不同的稀释倍数制备样品。

(2) 热固定：取0.1 mL样品滴加于已进行硅化处理的载玻片上，并置于50℃烘箱内烘烤2 h。

(3) 多聚甲醛固定：将0.1 mL样品滴加于涂有黏附剂的载玻片上，室温干燥5 min。随后，在4%多聚甲醛(PFA)溶液中固定20 min。固定后，用PBS在室温下清洗2次，每次5 min，并自然风干。

4% PFA溶液的配制：称取40.0 g多聚甲醛溶于500 mL双蒸水中，轻微加热并搅拌，形成乳白色悬液。用NaOH调节pH至7.0，使溶液澄清。然后加入100 mL 10×PBS，在冰浴中充分混合，最后定容至1 000 mL，储存于4℃。

(4) 脱水：固定后的样品依次置于50%、80%和96%的乙醇中，每个梯度浸泡3 min。随后，自然风干。

3. 杂交反应

(1) 寡聚核苷酸探针：亚硝化细菌的探针(NSO190)为β-变形菌硝酸细菌的通用探针，其核苷酸序列为5′-CGATCCCTGCTTTTCTCC-3′，5′端标记FAM荧光。硝化细菌探针(NIT3)的序列为5′-CCTGTGCTCCATGCTCCG-3′，5′端标记HEX荧光。竞争性探针(CNIT3)的序列为5′-CCTGTGCTCCAG-GCTCCG-3′。探针的保存浓度均为100.0 ng/μL。

(2) 杂交液的配制(表3.12-1)

表3.12-1 16S rDNA靶序列寡聚核苷酸探针及杂交液

探针	杂交液			
	去离子甲酰胺(DFA)/%	SDS/%	Tris-HCl(pH7.2)/mol·L^{-1}	NaCl/mol·L^{-1}
NSO190	55	0.01	20	0.9

续表

探针	杂交液			
	去离子甲酰胺(DFA)/%	SDS/%	Tris-HCl(pH7.2)/mol・L^{-1}	NaCl/mol・L^{-1}
NIT3	40	0.01	20	0.9
CNIT3	40	0.01	20	0.9

(3) 原位杂交反应:取 10.0 μL 探针溶液与 90.0 μL 杂交液混匀,取 5.0～10.0 μL 混合液滴加到预处理好的样品上。将玻片放入黑暗湿盒中,于 46℃条件下杂交 2～3 h。若使用多种探针,应按照对盐浓度要求从高到低的顺序依次进行杂交。

(4) 探针的清洗:杂交结束后,从湿盒中取出玻片,放入 50.0 mL 已预热的探针清洗液[20.0 mmol/L Tris-HCl(pH7.2),0.01% SDS,5.0 mmol/L EDTA,40.0 mmol/L NaCl(NSO190 探针),56.0 mmol/L 探针溶液(NIT3 探针)]中,在 48℃浸泡 20 min,然后,在室温下用双蒸水漂洗 2～3 次,并在空气中风干。

4. 显微镜检测

风干后的样品立即使用数字荧光显微镜(Leica DMLB/DC 300)进行观察,分别采用蓝色和绿色滤光片进行荧光成像,并拍照记录实验结果。

三、注意事项

1. 玻片的预处理要求较高,应严格按照操作步骤来做,避免有残留的核酸。

2. 将实验室富集培养的硝化细菌经过充分分散,稀释 1 000 倍,取样 50.0 μL 与亚硝化细菌探针杂交。

第三篇

应用综合实验篇

第四章　环境微生物学应用实验技术

4.1　水中细菌总数和大肠菌群的检测

水与人类的生活和生产息息相关，水中细菌的多少从一个侧面反映了水的质量。在水质评价中，细菌总数和大肠菌群数量是两个非常实用的检测指标。通过检测结果与卫生标准比对，可以从细菌学的角度，对饮用水以及水源水的安全性作出判断。

4.1.1　测定水中细菌的总数量

一、目标要求

1. 掌握饮用水和水源水质的细菌检测技术。

2. 认识细菌总数对水质的影响。

二、基本原理

细菌总数的定义是 1.0 mL 水样在牛肉膏蛋白胨培养基(37℃，24 h 培养)上的菌落总数。根据我国现行的《生活饮用水卫生标准》(GB 5749-2022)，每毫升细菌总数不应超过 100 个。

三、实验器材

1. 培养基：牛肉膏蛋白胨培养基。

2. 设备：电炉、恒温水浴锅、恒温培养箱以及放大镜等。

3. 化学试剂：硫代硫酸钠($Na_2S_2O_3 \cdot 5H_2O$)溶液。

4. 无菌采样瓶、9 mL 无菌水试管、直径为 9 cm 的无菌培养皿，以及无菌移液管等。

四、实验程序

1. 水样采取

为了反映真实水质，采样需要无菌操作，检测前应防止杂菌污染。

① 饮用水(自来水)水样采集流程：首先，用火焰对自来水龙头进行 3 min 的消毒处理，以杀菌。接着，开启水龙头让水流 5 min，以冲走管道中滞留的陈旧水。之后，使用无菌的采样瓶来收集水样。若水样内含有余氯，应在采样瓶消毒

前，向瓶内加入适量的硫代硫酸钠($Na_2S_2O_3 \cdot 5H_2O$)溶液。对于每 500 mL 的水样，需加入 1.0 mL 的 3%(w/v)硫代硫酸钠溶液，起到去除余氯的消毒效果。

② 水源(江水、河水、池水或湖水)水样的采取：水源水需浸入水下 10～15 cm 采样，盛满水后，盖上瓶盖，再从水中取出。

2. 细菌总数测定

① 稀释水样：依据水样中有机物或粪便污染的水平，使用无菌移液管进行10倍系列稀释，制备出 1∶10、1∶100、1∶1 000 等不同稀释度的水样。

② 接种混菌：遵循无菌操作规程，利用无菌移液管吸取 1.0 mL 原始水样或适当稀释后的水样，加入无菌培养皿内，随后倒入约 15 mL 已融化并冷却至约45℃的牛肉膏蛋白胨培养基，迅速旋转培养皿以确保水样与培养基充分混合，每个稀释度设置 2 个培养皿，另设 2 个培养皿作为对照。

③ 培育：待培养基凝固后，将培养皿倒置，使底部朝上，然后放入 37℃的恒温培养箱中培育 24 h。

④ 计算每个稀释梯度的平均菌落数量：由于每个稀释度设置 2 个培养皿，一般取这两个培养皿的菌落平均数作为代表值；若其中一个培养皿长有较大的片状菌落(菌落连在一起，成片难以区分)，则剔除该培养皿的菌落数，以另一个培养皿的菌落数作为代表值；若片状菌落覆盖的面积不到培养皿的一半，其余一半的菌落分布均匀，则可计数半个培养皿的菌落数，乘以 2 后，再作为整个培养皿的代表值。

⑤ 计算细菌总数：将菌落数介于 30～300 之间的稀释度视为有效数源，计算水样的细菌总数，具体参见表 4.1-1。

⑥ 报告方式(表 4.1-1)说明：

在例次 1 中，当单一稀释度的平均菌落数(代表值)落在 30 至 300 的范围内时，细菌总数即为该稀释度的平均菌落数乘以相应的稀释倍数。

在例次 2 和 3 中，平均菌落数(代表值)的两个稀释度范围在 30 至 300 之间，细菌总数的确定基于这两个稀释度的平均菌落数的比值。要对两个稀释度(分别为 10^{-2} 和 10^{-3})的菌落数(依次为 294 和 46)进行比较，必须将其转换成同一稀释度(10^{-2} 和 10^{-3})所对应的菌落数(294 和 460 或 29.4 和 46)，否则会出错。例次 2 的比值小于 2，计算细菌总数时，取这两个稀释度的菌落代表值的平均数(在计算平均数之前，需先乘以稀释倍数)；例次 3 的比值大于 2，则以两个稀释度中较小的平均菌落数与相应的稀释倍数相乘来确定细菌总数。

在例次 4 的情况下，所有稀释度的平均菌落数(代表值)都超过 300，细菌总数由稀释度最高的平均菌落数乘以稀释倍数来确定。

在例次5的情况下，所有稀释度的平均菌落数(代表值)都低于30，细菌总数由稀释度最低的平均菌落数乘以稀释倍数来确定。

在例次6的情况下，所有稀释度的平均菌落数(代表值)都不在30～300的范围内，细菌总数由最接近300或30的平均菌落数乘以稀释倍数来确定。

表4.1-1 细菌数量的统计

例次	不同稀释度的平均菌落数			两个稀释度菌落数之比	菌落总数/(个/mL)	报告方式/(个/mL)	备注
	10^{-1}	10^{-2}	10^{-3}				
1	1 365	164	20	—	16 400	16 000或1.6×10^4	两位以后的数字采取四舍五入的方法去掉
2	2 760	294	46	1.6	37 700	38 000或3.8×10^4	
3	2 800	271	60	2.2	27 100	27 000或2.7×10^4	
4	无法计数	1 650	513	—	513 000	510 000或5.1×10^5	
5	27	11	5	—	270	270或2.7×10^2	
6	无法计数	305	12	—	30 500	31 000或3.1×10^4	

五、注意事项

1. 从取样到检测的时间间隔不得超过4 h。若不能及时检测，应将水样保存在冰箱内，但存放时间不得超过24 h，并需在检验报告上注明。

2. 搞清每个培养皿的菌落数、每个稀释度的平均菌落数(代表值)和细菌总数三者之间的关系。

六、问题与思考

细菌总数测定能否测得水中的全部细菌？为什么？

4.1.2 水中总大肠菌群的检测

一、目的要求

1. 掌握检测饮用水和水源水中大肠菌群的原理及其意义。

2. 掌握MPN法检测饮用水和水源水中大肠菌群的方法。

二、基本原理

总大肠菌群，亦称大肠菌群(Total Coliform)，是指在37℃环境下生长，并在24 h内通过发酵乳糖产酸和产气的革兰氏阴性无芽孢杆菌。这一类群主要包括属于肠菌科的埃希氏菌属(*Escherichia*)、柠檬酸杆菌属(*Citrobacter*)、肠杆菌属(*Enterobacter*)以及克雷伯氏菌属(*Klebsiella*)。在这些大肠菌群中，部分细菌能在 44℃的条件下生长并发酵乳糖产生酸和气体。由于它们主要源自粪便，故被称作“粪大肠菌群”（Fecal Coliform）。据研究显示，粪便中粪大肠菌群的数量占总大肠菌群的 96.4%。因此，大肠菌群被国际上广泛认可为粪便污染的指示生物。

根据我国现行的《生活饮用水卫生标准》（GB 5749-2022），集中式供水的饮用水中不得检出总大肠菌群，且菌落总数不得超过 100 CFU/mL。对于农村小型集中式供水和分散式供水，菌落总数的限制可放宽至 500 CFU/mL。

三、实验器材

1. 样本来源：自来水或受粪便污染的河流、池塘、湖泊水。

2. 培养基种类：乳糖蛋白胨培养基，三倍浓缩乳糖蛋白胨培养基，以及伊红美蓝琼脂培养基（详细制备步骤请参见附录）。

3. 玻璃器皿清单：需准备一个 500 mL 容量的锥形瓶，一个 250 mL 容量的锥形瓶，七支 15×150 mm 的试管，十支 18×180 mm 的试管，四支 1 mL 的移液管，一支 10 mL 的移液管，以及三至四套培养皿。

4. 所需仪器及配件：显微镜，香柏油，二甲苯（或 1∶1 的乙醚溶液），吸水纸，擦镜纸。

5. 其他用品：载玻片，盖玻片，革兰氏染色液。

四、实验程序

本实验采用多管发酵法监测总大肠菌群数（MPN 法，详见第二章 2.5）。

（1）水样的采取和保藏

采取水样的方法类同于上述细菌总数检测。如需检测好氧微生物，采样后应立即换成无菌棉塞。

水样必须及时检测，若因故不能及时检测，则必须放在 4℃冰箱内保存。如果没有低温保藏条件，则应在报告中注明。对于较清洁的水样，采样与检测的时间间隔不得超过 12 h；对于污水水样，采样与检测的时间间隔不得超过 6 h。

（2）生活饮用水的检测

总大肠菌群的检测步骤如图 4.1-1 所示。

① 初发酵检测：在两个大试管中，各注入 50 mL 的三倍浓缩乳糖蛋白胨培养基，随后加入 100 mL 待测水样进行无菌操作。另外，准备十个含有 5.0 mL 三倍浓缩乳糖蛋白胨培养基的试管，每个试管中加入 10.0 mL 水样，混合后在 37℃恒温箱中培养 24 h，检查是否产生酸和气体。若培养液保持无色（未产酸），且小试管内无气体（未产气），则视为阴性结果，表示大肠菌群不存在；若培养液

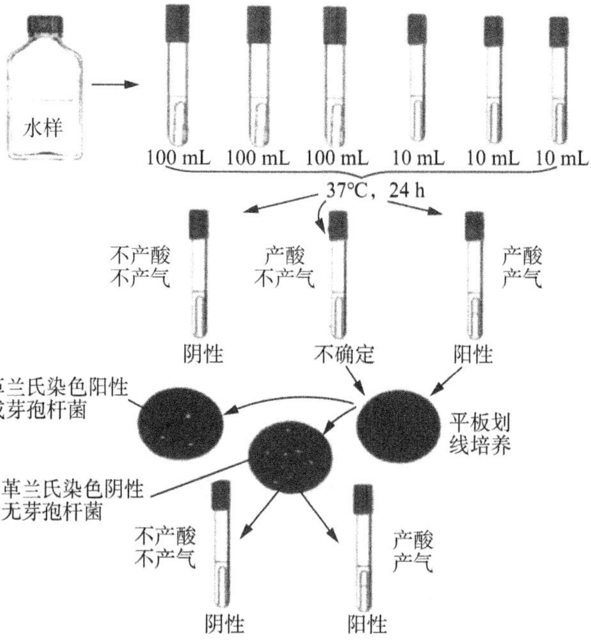

图 4.1-1　总大肠菌群的检测

变黄(产酸)，且小试管中有气体(产气)，则为阳性结果，表明大肠菌群存在；若培养液变黄(产酸)但小试管内无气体(未产气)，则结果不明确。阳性或不明确的试管需进一步检测。若小试管倒置后发现气体，但培养液既不显色也不浑浊，则操作有误，需重新检测。

② 平板划线分离法：从产酸(培养基变黄)并产气或仅产酸的发酵管中取出样本，无菌操作下用接种环取一环发酵液在伊红美蓝琼脂培养基上进行划线接种。将接种后的培养基置于37℃恒温箱内培养18至24 h，观察菌落特征。若镜检发现无芽孢杆菌，革兰氏染色呈阴性反应，并且平板上的菌落具有特定特征，则说明存在大肠菌群。伊红美蓝平板上的菌落特征包括：深紫黑色且具金属光泽；紫黑色，可能不带或略带金属光泽；淡紫红色，中心颜色较深。

③ 复发酵试验：无菌操作下，用接种环从具有上述特征的菌落中取一环，放入含有10 mL普通浓度乳糖蛋白胨培养基的试管中，盖上试管塞，然后在37℃恒温箱内培养24 h，若产酸产气，则确认大肠菌群的存在。

根据阳性菌试管的数量，参照附录中的表格(三、微生物的MPN法统计表)，计算出每升水样中大肠菌群的含量。

(3) 水源水的检测

① 水样稀释:依据水源的洁净程度来决定稀释的比例,对于污染不严重的水样,通常使用 10 倍稀释法(必须进行无菌操作),将水样稀释至 1∶10 或 1∶100。

② 初步发酵测试:采用无菌技术,利用无菌移液器吸取 1 mL 1∶100 和 1∶10 稀释的水样以及 1.0 mL 未稀释的原水样,分别加入含有 10.0 mL 标准浓度乳糖蛋白胨培养基的发酵管内。另外,取 10.0 mL 原水样,加入含有 5.0 mL 三倍浓缩乳糖蛋白胨培养基的发酵管中(注意:若水样较为清澈,可再取 100 mL 水样,加入含有 50 mL 三倍浓缩乳糖蛋白胨培养基的发酵瓶中)。将这些样本放置于 37℃的恒温箱内培养 24 h 后进行观察。

后续的测定流程与生活饮用水的检测方法一致。

③ 依据所确认的阳性管(瓶)数目,参照附录中的表格(三、微生物的 MPN 法统计表),进行计算以得出水样中每升的大肠菌群数量。

五、注意事项

1. 如果检测被严重污染的水样或检测污水,稀释倍数可选得大些。

2. 对于被严重污染的水样和污水,可根据初步发酵试验中的阳性管数,计算每升水样中的大肠菌群数。

六、问题与思考

1. 检测水体中大肠菌群数量的实际意义何在?为何选择总大肠菌群作为衡量水质卫生的标准?

2. 根据我国现行的《生活饮用水卫生标准》(GB 5749-2022),讨论这次检验结果。

4.2 空气中微生物的计数

被微生物污染的空气是呼吸道传染病的主要传播途径,空气中微生物的多少从一个侧面反映了空气的质量和安全性。

4.2.1 沉降法

一、目的要求

1. 学会使用沉降法来检测空气中的微生物。

2. 掌握空气环境中微生物的计数。

二、基本原理

微生物沉降于培养基形成菌落，通过观察这些形态和大小不同的菌落，我们能够初步判断出空气中存在的微生物种类。计数菌落数，可按公式计算每立方米空气中的微生物数量。

三、实验器材

1. 培养基涵盖：牛肉膏蛋白胨培养基、马铃薯蔗糖培养基和高氏 1 号合成培养基。

2. 仪器：高压蒸汽灭菌锅，干热灭菌箱，恒温培养箱，4℃冰箱。

3. 其他用品：培养皿，吸管，标签纸等。

四、实验程序

1. 制作三种不同的琼脂培养基平板：细菌培养基按常规方法配制牛肉膏蛋白胨培养基，直接倾注于无菌培养皿中制备平板；真菌培养基选择在马铃薯蔗糖培养基中加入适量链霉素溶液，充分混匀后倾注平板；放线菌培养基是在高氏 1 号合成培养基加入重铬酸钾溶液，混匀后倾注平板（图 4.2-1）。

细菌培养基　　真菌培养基　　放线菌培养基

图 4.2-1　三种平板培养基的制作

2. 暴露取样：每组在指定的地点取三种平板培养基打开皿盖，在预定的时间内，将样品置于空气中进行暴露，持续时间为 5 min 或 10 min。当时间结束后，迅速关闭培养皿的盖子。

3. 培养观察：将培养皿倒置，放置于 28～30℃的恒温培养箱内进行培养。细菌需培养 48 h，而真菌与放线菌则需培养 4 至 6 天。随后，对平板上的菌落进行计数，并观察其形态、大小、颜色等特征。

4. 评估 1 m^3 空间内空气中的微生物含量：根据奥梅梁斯基（Omeilianski）的指导，当 0.01 m^2 的平板培养基在空气中暴露 5 min，并在 37℃条件下培养 24 h

后，所形成的菌落数量，等同于 10 L 空气中细菌的数目。即：

$$X = \frac{N \times 100 \times 100}{\pi r^2} \quad (4.2\text{-}1)$$

在公式 4.2-1 中，X 代表每立方米空气中的细菌数量；N 指的是平板培养基在空气中暴露 5 min，随后在 37℃条件下培养 24 h 后形成的菌落总数；r 则表示底皿的半径，单位为 cm。

五、注意事项

1. 在野外暴露取样时，应选择背风的地方，否则会影响取样效果。

2. 根据空气污染程度确定暴露时间。如果空气污浊，暴露时间宜适当缩短。

六、问题与思考

试分析沉降法测定空气中微生物数量的优缺点。

4.2.2　滤过法

一、目的要求

1. 学习并掌握空气中微生物的滤过法检测。

2. 了解空气环境中微生物的数量。

二、基本原理

空气通过特定体积的无菌吸附介质（无菌水，或肉汤液体培养基）进行过滤，以捕获一定体积空气中的微生物。随后采用平板培养技术来培养吸附剂内的微生物。根据平板上形成的菌落数量，可以计算出空气中微生物的含量。

三、实验器材

1. 培养基：同沉降法。

2. 器皿：盛有 50 mL 无菌水的三角烧瓶，5 L 蒸馏水瓶，其余同沉降法。

四、实验程序

1. 灌装自来水：在 5 L 蒸馏水瓶中，灌装 4 L 自来水。

2. 组装滤过装置：按图 4.2-2 组装好滤过装置。

① 抽滤取样：旋开蒸馏水瓶的水龙头，使水缓缓流出。外界空气经喇叭口进入三角烧瓶中，4 L 水流完后，4 L 空气中的微生物被滤在 50 mL 无菌水（吸附剂）内。

② 培养观察：取 1.0 mL 水样注入无菌的培养皿内（共需三个），每个培养皿

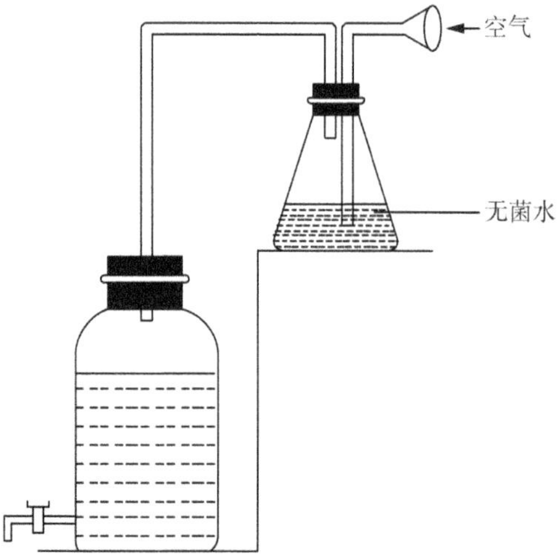

图 4.2-2 滤过装置

中倒入 12 至 15 mL 的牛肉膏蛋白胨培养基，该培养基需预先融化并冷却至大约 45℃。混合均匀后，将培养皿放置于 28～30℃的环境中培养 48 h，随后对培养皿中的菌落数量进行统计。

③ 计算公式：

$$细菌数(个/L\ 空气)=\frac{每皿菌落的平均数\times 50}{4}$$

五、注意事项

1. 仔细检查滤过装置，防止漏气。

2. 水龙头中的水流不宜过快，否则会影响滤过效果。

六、问题与思考

试比较用沉降法和滤过法测定空气中微生物数量的异同点。

4.3 Ames 致突变试验

关于人类癌症的起因众说纷纭。一般认为化学物质是主要诱导因素。目前，世界上已有 7 万多种化学物质，而且还在迅速增加。对数量如此之巨的化学物质逐一进行致癌性检测，采用传统的动物实验法极难做到。为此，一些快速准确的微生物检测法应运而生。Ames 试验就是其中应用最广的一种。

一、目的要求

1. 了解 Ames 试验检测诱变剂和致癌剂的基本原理。

2. 学习 Ames 试验检测诱变剂和致癌剂的方法。

二、基本原理

在不含组氨酸的基本培养基上，鼠伤寒沙门氏菌（*Salmonella typhimurium*）组氨酸营养缺陷型不能生长，但如果遇到诱变性物质，这些菌株发生恢复突变（$his^- \rightarrow his^+$）形成野生型菌株，则可在不含组氨酸的基本培养基上生长，从而形成肉眼可见的菌落。Ames 试验就是利用鼠伤寒沙门氏菌可发生恢复突变的特性来检测诱变剂或致癌剂的。根据存在和不存在被检物质时恢复突变的频率（图 4.3-1），可以推断该物质是否具有诱变性或致癌性。

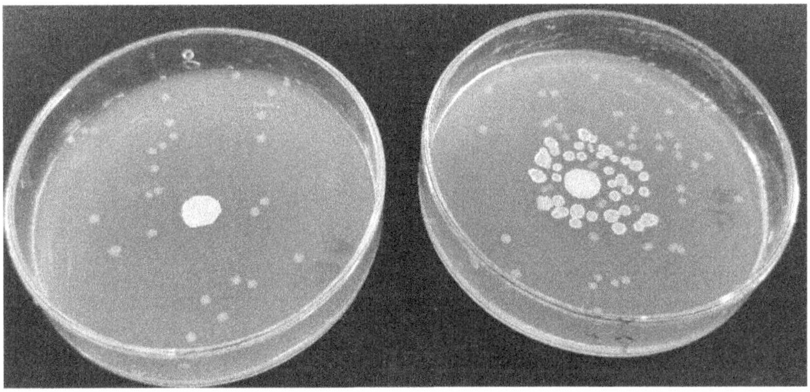

左图对照滤纸圈上不加化学物质，右图试验滤纸圈上添加化学物质。
比较左图和右图可见，添加化学物质后，滤纸圈周围的菌落数明显增加。

图 4.3-1　Ames 试验

将哺乳动物的肝细胞磨成匀浆，可以分离得到小球状的内质网碎片，称为微粒体。一些化学物质只有经过微粒体中相关酶的激活，才能显现诱变性或致癌性。在进行 Ames 试验中，一般需要添加哺乳动物微粒体作为体外活化系统（S-9 混合液）。因此，Ames 试验也称为鼠伤寒沙门氏菌/哺乳动物微粒体试验。

三、实验器材

1. 菌种：鼠伤寒沙门氏菌 TA100 菌株（组氨酸-生物素缺陷型，测试菌株），野生型 S-CK 菌株（对照菌株）。

2. 培养基

（1）氯化钠琼脂培养基 50 mL。

(2) 组氨酸-生物素混合液 40 mL,配制方法见附录(四、混合液配制)。

(3) 上层培养基 50 mL,配制方法见附录(四、混合液配制)。

(4) 下层培养基 1 000 mL,配制方法见附录(四、混合液配制)。

(5) 牛肉膏蛋白胨培养液 50.0 mL,分装于 10 支试管中,每支试管分装 5.0 mL,0.1 MPa 灭菌 20 min。

(6) 牛肉膏蛋白胨培养基 450 mL,分装于锥形瓶中,0.1 MPa 灭菌 20 min。

3. 鼠肝匀浆(S-9 上清液):制备方法见附录(四、混合液配制)。

4. 鼠肝匀浆混合液(S-9 混合液):制备方法见附录(四、混合液配制)。

5. 待测样品

可选致癌性化工厂排放液作为检测样品。将待测样品溶于无菌蒸馏水,配成系列浓度(几十至几百 μg/L),最高浓度不得超过该物质的抑制浓度。若样品不溶于水,则需用其他溶剂(例如二甲基亚砜、乙醇、丙酮、甲酰胺、四氢呋喃等)溶解。

6. 试剂

(1) 黄曲霉素 B_1 溶液配制 5.0 μg/mL 和 50.0 μg/mL 两种浓度。

(2) 0.85%生理盐水,配制 150 mL。

7. 器皿

培养皿(直径 90 mm),移液管(0.1 mL、1 mL、5 mL、10 mL),试管,直径 6 mm 厚圆滤纸若干,匀浆器,恒温水浴锅,高速冷冻离心机,安瓿管,剪刀,镊子,解剖刀,注射器(5 mL),天平。

四、实验步骤

1. 菌株遗传性状的鉴定

(1) 制作菌悬液:从测试菌株 TA100 和对照菌株斜面上各取 1 环菌种,分别接种于牛肉膏蛋白胨培养液中,37℃培养 16~24 h,离心分离菌体并用生理盐水洗涤 3 次,然后制成菌悬液(浓度 1×10^9~2×10^9 个/mL)。

(2) 制作底层平板:将分装于锥形瓶中的下层培养基(不含组氨酸-生物素)融化,冷却至 50℃左右,倾入 4 个培养皿内,冷凝后制成底层平板,倒置过夜。制作上层平板:取 4 支分装氯化钠琼脂培养基(不含组氨酸-生物素)的试管,融化其中的培养基并冷却至 45℃左右,保温,取 2 支试管各加 0.1 mL 测试菌株悬液,另取 2 支试管各加 0.1 mL 对照菌株悬液,迅速搓匀并倾在 4 个制好的底层平板上铺匀,制成上层平板。

(3) 添加试剂:用记号笔在 4 个培养皿背面分别标出 A、B、C 三点,翻转培养皿，打开皿盖，在 A 点放置微量组氨酸颗粒，在 B 点滴加 1 小滴组氨酸-生物素混合溶液，在 C 点不加任何物质作为对照，合上皿盖。

(4) 恒温培养：将 4 个培养皿置于 37℃恒温培养箱内培养 48 h。

(5) 结果观察：要求对照菌株 S-CK 在 A、B、C 三点都长成菌落，而测试菌株 TA100 组氨酸和生物素双缺陷型只在 B 点长成菌落，A 和 C 点没有菌落。

2. 样品致突变性的检测

若样品为化工厂的致癌性废液，则 Ames 试验的操作程序为(图 4.3-2)：

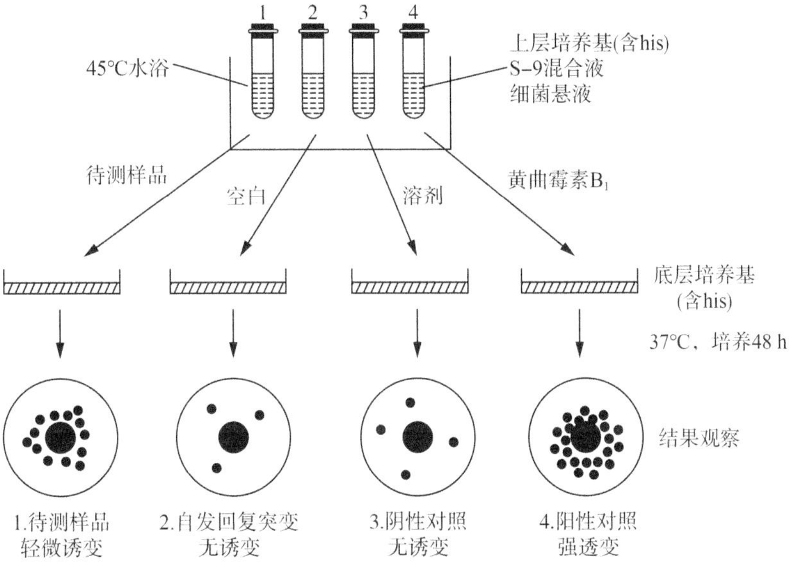

图 4.3-2　用 Ames 试验检测诱变剂的程序

(1) 制备实验用菌株悬浮液：对 TA100 菌株进行活化处理，并制备成浓度范围为 1×10^9 至 2×10^9 个/mL 的菌悬液。

(2) 底层平板的制备：将底层培养基加热至融化状态，然后制作出 8 个底层平板。将这些平板分成 4 组，每组包含 2 个重复平板，并依次进行编号，标记为 1 号至 4 号。

(3) 制备上层平板：①将 8 支上层培养基进行熔融处理，待其温度降至约 45℃时，向每支中加入 0.1 mL 的测试菌悬液，并将它们分成四组(每组 2 个重复)，依次标记为 1～4 号。②在第 1、2 组试管中各加 5.0 μg/mL 检测样品 0.2 mL(终浓度为 1.0 μg/皿)，在第 3、4 组试管中各加 50.0 μg/mL 检测样品 0.2 mL(终浓度为 10.0 μg/皿)。③配好 S-9 混合液，并在第 1、3 组试管内各加

0.5 mL S-9混合液，第2、4组试管内不加S-9混合液。④将8支试管中的各种成分混匀，按组号分别倾在8个制好的底层平板上，制成上层平板。

(4) 恒温培养：将培养皿置于37℃恒温培养箱内培养48 h。

(5) 结果观察：记录各培养皿上的回变菌落数(诱变菌落数)，并算出两个重复的诱变菌落平均数(R_t，由于实验中设2种浓度，因此有2个平均数)，用于评估菌落突变率。

3. 对照设计

(1) 自发恢复突变对照：试验操作与样品检测相同(设2个重复)，在上层平板中只加0.1 mL菌悬液和0.5 mL S-9混合液，不加样品液。经37℃培养48 h后，在底层平板上长出的菌落即为该菌自发恢复突变后生成的菌落。记录各培养皿上的自发恢复突变菌落数，并算出两个重复的自发恢复突变菌落平均数(R_c)，用于评估菌落突变率。

(2) 阴性对照：为了排除样品所呈现的Ames试验阳性与配制样品液所用的溶剂有关，需以配制样品用的溶剂(例如，水、二甲基亚砜、乙醇等)做平行试验(阴性对照试验，设2个重复)。

(3) 阳性对照：为了确认Ames试验的敏感性和可靠性，则需在检测样品的同时，对一种已知含有突变特性的化学物质(例如黄曲霉素B_1)进行检测，作为并行实验(阳性对照实验，设置2个重复)。

4. 结果评估

根据样品所致的诱变菌落平均数(R_t)和自发恢复突变菌落平均数(R_c)，可按下式算出菌落突变率：

$$\text{突变率}(MR)=\frac{\text{每皿诱变菌落平均数}(R_t)}{\text{每皿自发恢复突变菌落平均数}(R_c)}$$

当突变率大于2时，可直接判定样品Ames试验阳性。当突变率小于2时，则需考虑样品中的被检物浓度，若被检物浓度低于500.0 μg/皿，必须提高被检物浓度重新检测；若被检物浓度已达到或超过500.0 μg/皿，则可判定样品Ames试验阴性。

五、注意事项

1. 在鼠肝匀浆(S-9上清液)的制备过程中，一切操作均应在低温(0～4℃)无菌条件下进行。

2. 为了保证 Ames 试验的可靠性，在检测样品的同时，需做自发恢复突变对照、阳性对照和阴性对照试验。

六、问题与思考

1. 在 Ames 试验系统中，添加 S-9 混合液有什么意义？

2. 实验操作过程中要注意哪些事项？

4.4 发光细菌毒性测试

发光细菌的亮度能够体现其健康状态。通过观察这些细菌在接触毒素后的亮度变化，我们能够评估出待测物质的毒性程度。

一、目的要求

1. 了解发光细菌毒性试验的基本原理。

2. 学习应用发光细菌毒性试验检测被测物毒性的方法。

二、基本原理

明亮发光杆菌（*Photobacterium phosphoreum*）T_3 小种具有发光能力，其发光反应如下：

$$FMNH_2 + RCHO + O_2 \xrightarrow{\text{细菌荧光酶}} FMN + RCOOH + H_2O + \text{光}$$

其发光要素是活体细胞内的荧光素（FMN）、长链醛和荧光酶。在遭遇有毒物质时，发光细菌的发光性能会降低，其减弱的程度与毒素的强度和浓度呈现一定的比例关系。利用高灵敏度的光电检测设备，可以监测到发光细菌在毒素影响下的光强变化，从而评估待测物质的毒性水平。

三、实验器材

1. 样品：工业废水。

2. 仪器：DXY-3 型生物毒性测试仪（图 4.4-1），具塞圆形比色管（随仪器提供）。

3. 试剂：①活化溶液（2% NaCl 溶液）用于溶解冻干菌剂。②冻干发光菌剂，由明亮发光杆菌 T_3 小种制成，平时存放于 2～8℃冰箱中。③稀释液（3% NaCl 溶液），用于稀释已活化的发光菌，可为发光菌提供渗透压保护。

4. 其他用品：刻度吸管（1 mL），定量加液器（1 mL 和 10 mL）。

四、实验程序

1. 水样预处理

（1）如果不需要测定水样的半有效浓度（EC_{50}），则可直接测定水样的毒性，

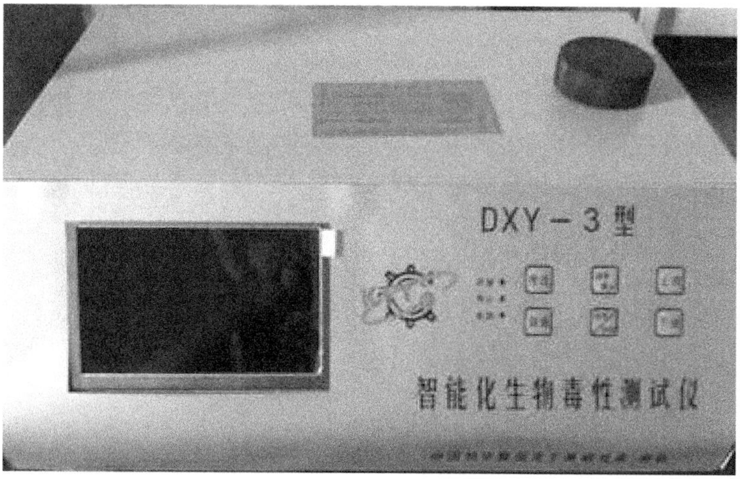

图 4.4-1　DXY-3 型生物毒性测试仪

而不必对水样作稀释处理。

(2) 如果需要测定水样的 EC_{50}，则需先用 3% NaCl 溶液将水样稀释成如下百分浓度：100%、50%、32%、18%、10% 和 5%(适用于毒性大的水样)，或 100%、80%、60%、40%和 20%(适用于毒性小的水样)。

2. 菌剂活化

从冰箱(2～8℃)中取出 2% NaCl 溶液和冻干菌剂，吸取 2% NaCl 溶液 1.0 mL，放入冻干菌剂瓶内，摇匀，在冰箱内放置 2 min，即可恢复菌剂发光。

3. 备好试管

对照设 3 支平行管，样品设 2 支平行管，试管编号后依次排列在试管架上。

4. 样品测定

在(20±5)℃下，用定量加液器在各试管中加入 1.0 mL 3% NaCl，10.0 μL 菌液(每 30 s 加一管)，加塞，颠倒 3 次混匀。从第一支试管加入菌液开始计时，10 min 后，按原来加入菌液的次序测定各管的初始发光度，对照管的测定值记作 B_0，样品管的测定值记作 I_0。

5. 数据处理

(1) 计算相对剩余发光度

$$BR = \frac{B_{15}}{B_0} \tag{4.4-1}$$

式中：BR 为空白比（此值以接近 0.5 为佳）；B_0 为 0 min 对照管读数；B_{15} 为 15 min 对照管读数。

$$I_{0^*}=I_0BR \tag{4.4-2}$$

式中：I_{0^*} 为经过校正的初始发光度；I_0 为 0 min 样品管读数。

$$T=\frac{I_{15}}{I_{0^*}}\times100\% \tag{4.4-3}$$

式中：T 为相对剩余发光度（%）；I_{15} 为 15 min 样品管读数。

（2）计算 EC_{50}

算出水样各百分稀释浓度 C 所对应的 T 值，建立 T 与 C 之间的回归方程：$T=A+BC$。设 $T=50$，代入回归方程，算出 C 即 EC_{50}。

将测得的废水样品 EC_{50} 与相关标准（表 4.4-1）比较，即可判断废水样品的毒性等级。

表 4.4-1　毒性等级划分标准

EC_{50}	毒性级别	等级
<25%*	很毒	1
25%～75%*	有毒	2
75%～100%*	微毒	3
>100%*	无毒	4

注：* 表示废水稀释百分浓度。

五、注意事项

1. 开瓶后，发光菌菌剂应一次用完。
2. 测定时，不可混淆各管读数的顺序。

六、问题与思考

1. 发光细菌毒性试验的原理是什么？
2. 发光细菌毒性试验的关键是什么？

4.5　活性污泥代谢活性测定

生物污泥的活性是指污泥中微生物对于有机质氧化分解的能力。是关系废水生物处理效果的一个重要性状。需要发展一些迅速、简便、准确地评定此性状的方法以供生产实践应用。本实验主要学习比耗氧速率及脱氢酶活性测定法。

4.5.1 比耗氧速率的测定

生物污泥在分解有机质过程中要消耗氧气，因此，测定单位时间内污泥的耗氧量，可在一定程度上反映污泥的生物活性。已发展有多种类型的呼吸测定仪，如瓦勃氏呼吸仪、极谱式呼吸仪等。本实验应用瓦勃氏呼吸仪测定农药废水处理中污泥的耗氧量。

一、器材与用品

1. 瓦勃氏呼吸仪。

2. 量筒、烧杯、吸管等。

3. 磷酸盐缓冲液(pH 7.2)。

4. 10% KOH 液。

5. 基质：取农药对硫磷废水(或其他废水)，配制成 COD 值为 400.0 mg/L(或其他浓度)。

6. 生物污泥：取自上述废水生化处理池。将 100 mL 泥水混合液自然沉降 30 min 后弃去上清液，用生理盐水洗涤三次，最后将污泥悬浮于磷酸盐缓冲液中，稀释至原体积(100 mL)备用。同时，另取混合液烘干后测出污泥干重(g VSS/L)。

二、方法和步骤

1. 取 6 套测压计和反应瓶，按表 4.5-1 组合加入试验物。中心杯里放入长约 2 cm 的窄滤纸条。

表 4.5-1 反应瓶中各部分的加液内容

试验组	瓶号	主杯		侧杯中心杯	
		污泥悬液/mL	缓冲液/mL	基质/mL	10% KOH/mL
温压校正组	1	—	2.2	—	—
	2	—	2.2	—	—
内源呼吸组	3	1	1.0	—	0.2
	4	1	1.0	—	0.2
基质呼吸组	5	1	0.5	0.5	0.2
	6	1	0.5	0.5	0.2

2. 按瓦勃氏呼吸仪操作，在 25℃恒温水槽中进行振荡培养，每 10 min 观察一次，观察 1 h。将压力计读数记于表 4.5-2。

表 4.5-2 测压计液面读数

试验组	瓶号	测压计液面读数/(mm/min)							备注
		0	10	20	30	40	50	60	
温压校正组	1								
	2								
内源呼吸组	3								
	4								
基质呼吸组	5								
	6								

4.5.2 脱氢酶的测定

由于微生物氧化分解有机质的复杂过程中，根本作用在于脱氢，因此，测定污泥中脱氢酶可在一定程度上反映其中的生物活性。本实验应用氯化三苯基四氮唑(TTC)法测脱氢酶。其原理是，无色 TTC 作为受氢体可变成红色的三苯基甲臜(TPF)，通过定密度值评估脱氢酶活性。

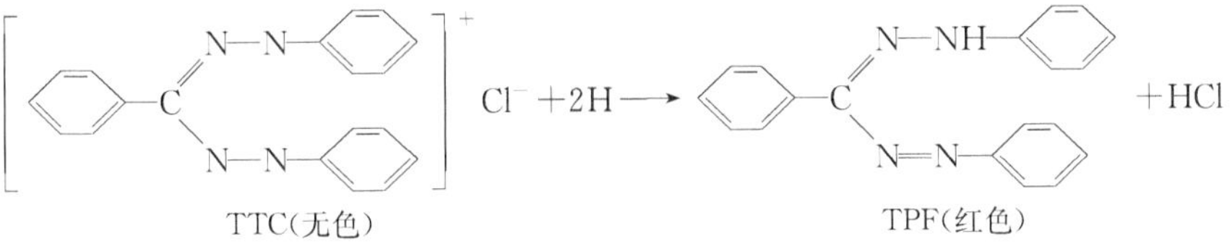

一、器材与用品

1. 分光光度计(具 485 nm 波长)。

2. 恒温水浴(37℃和 90℃)2 个。

3. 离心机(4 000 r/min)。

4. 离心管、烧杯、移液管、黑布袋等。

5. 无氧水，Na_2SO_3 3.6 g 溶于 1 L 蒸馏水中。

6. Tris-HCl 缓冲液，称 6.037 g 缓血酸铵加 20.0 mL 1.0 mol/L 盐酸，溶于 1 L 蒸馏水中。

7. TTC 溶液：将 4.0 g 氯化三苯基四氮唑溶于 1 L 蒸馏水中，贮于棕色瓶中，每隔一周重新配制。

8. 氯化钴溶液：在 1 L 蒸馏水中溶解 0.577 g $CoCl_2$。

9. 连二亚硫酸钠(保险粉)。

10. 正丁醇(分析纯)。

11. 浓硫酸(分析纯)。

12. 对硫磷农药废水:同一法。

13. 活性污泥:同一法。但污泥经生理盐水洗涤后,重新悬浮于等量的生理盐水中。

二、方法和步骤

1. 制备标准曲线

(1) 取12支(每个浓度做两个平行)带塞的10.0 mL离心管,按顺序尽快在各试管中加入Na_2SO_3溶液0.5 mL,$CoCl_2$溶液0.5 mL,Tris-HCl缓冲液1.5 mL,污泥悬液1.0 mL,TTC含量分别为0、20.0、40.0、60.0、80.0、100.0 μg的蒸馏水溶液0.5 mL。然后向各管中加入5.0 mg连二亚硫酸钠使TTC全部还原为TPF(红色)。

(2) 将各离心管用铝箔包裹避光,置于37℃恒温水浴中振荡培养30 min(150 r/min)(培养时间以显色情况而定,一般在10至60 min)。

(3) 取出离心管,立即向各管中加入1滴浓硫酸和5.0 mL正丁醇,摇匀。置于90℃水浴中萃取6 min。

(4) 萃取液冷却至室温后,4 000 r/min离心10 min,取上层有机相485 nm波长下测定光密度。

(5) 绘出TPF与OD对应曲线。

2. 污泥脱氢酶的测定

(1) 取10 mL离心管4支,按顺序尽快加入Na_2SO_3溶液0.5 mL,$CoCl_2$溶液0.5 mL,Tris-HCl缓冲液1.0 mL,污泥悬浮液1.0 mL,TTC溶液0.5 mL,对硫磷农药废水0.5 mL。

(2) 下步骤同上述制备标准曲线中(2)~(5)。

脱氢酶活性计算:以TPF值表示其活性。

$$TPF(\mu g/g\ 污泥 \cdot h) = A \times B \times C \tag{4.5-1}$$

式中:A为标准曲线对应值;B为培养时间校正=60 min÷培养时间;C为比色时的稀释倍数。

三、实验结果记录与分析

1. 将表4.5-2各组读数换算成每克生物污泥每小时耗氧量[mg(O_2)/

(g·h)]并报告结果。这是生物污泥活性的一种表示方法。计算相对耗氧率并报告结果。相对耗氧率按下式求得，这是污泥活性的另一种表示方法。

$$R(\%)=\frac{V_s-V_0}{V_0}\times 100\%\tag{4.5-2}$$

式中：R 为相对耗氧率；V_s 为投加基质后的耗氧量[mg(O_2)/(g·h)]；V_0 为内源呼吸的耗氧量[mg(O_2)/(g·h)]。

2. 绘制 TPF 与 OD 的对应曲线。

3. 计算并报告你所测生物污泥的脱氢酶活性。

四、思考题

试对本实验所列两种方法作为污泥活性测定指标的优缺点进行评价，并列举其他可以应用的方法。

4.6　厌氧活性污泥代谢活性测定

一、目的要求

1. 了解厌氧活性污泥代谢活性测定的原理和用途。

2. 学习和掌握厌氧活性污泥代谢活性测定的方法。

二、基本原理

在厌氧生物降解过程中，有机物质经过多种细菌的协同代谢，最终被转化成甲烷(CH_4)，测定厌氧活性污泥的最大比产甲烷速率 V_{maxCH_4}(单位时间内单位质量污泥降解可溶性基质所产生的最大甲烷量，mLCH_4/g VSS·d)，可以表征厌氧活性污泥的代谢活性，并采用间歇试验法获得这个参数。

根据 Monod 方程，基质降解速率为：

$$\frac{\mathrm{d}S}{\mathrm{d}t}=-V_{maxCOD}\frac{SX}{K_S+S}\tag{4.6-1}$$

式中：S 为基质浓度(g/L)；t 为时间(d)；V_{maxCOD} 为基质的最大比降解速率(d^{-1})；X 为厌氧活性污泥浓度(g VSS/L)；K_S 为饱和常数(g/L)。

在有机物的厌氧生物降解过程中，净污泥产率为 0.04～0.08 g VSS/gCOD，当厌氧活性污泥浓度 X 较高时，短时间内的污泥增量 ΔX 远远小于 X，因此可将 X 近似视为恒量。在此条件下，产甲烷速率与基质降解速率成正比：

$$\frac{\mathrm{d}V_{CH_4}}{\mathrm{d}t}=-Y_gV_R\frac{\mathrm{d}S}{\mathrm{d}t}\tag{4.6-2}$$

式中：V_{CH_4} 代表在间歇性试验过程中累积产生的甲烷量，以 mL 为单位；Y_g 指的是基质转化成甲烷的系数，单位是 mL CH_4/g；V_R 则表示反应器的体积，单位为 L。

由式(4.6-1)和(4.6-2)得：

$$\frac{dV_{CH_4}}{dt}=Y_g V_R \frac{v_{maxCOD} S X}{K_S+S} \tag{4.6-3}$$

若反应初期基质浓度较高，S 远大于 K_S，则式 4.6-3 可简化为：

$$\frac{dV_{CH_4}}{dt}=Y_g V_R v_{maxCOD} X \tag{4.6-4}$$

由于 $v_{maxCH_4}=Y_g v_{maxCOD}$，代入式 4.6-4 可得：

$$\frac{1}{V_R X}\frac{dV_{CH_4}}{dt}=v_{maxCH_4} \tag{4.6-5}$$

式中：V_R 为反应区内的污泥总量，式 4.6-5 左边表示厌氧活性污泥的比产甲烷速率。由式 4.6-5 可知，在间歇反应初期的某个时段，反应呈零级反应，厌氧活性污泥的比产甲烷速率为常数，即厌氧活性污泥的最大比产甲烷速率。

三、实验器材

1. 试验装置

测定 V_{maxCH_4} 的间歇试验装置见图 4.6-1。用容积为 100 mL 的三角烧瓶作为培养瓶，培养瓶的胶塞中心插有一根细玻璃管，玻璃管与乳胶管(内径 4 mm)相连，有机质转化产生的沼气经乳胶管进入 25 mL 刻度史氏发酵管计量。乳胶管的另一端与内径为 1 mm 的细玻璃管相连，借以控制进入史氏发酵管的气泡大小。史氏发酵管中装有 1.5%的氢氧化钠溶液，用作水封和二氧化碳的吸收剂。气体中的二氧化碳和硫化氢被彻底吸收后，测量得到的气体体积即代表生成的甲烷量。

2. 基质

试验所用的模拟污水 COD 浓度约 3 000～4 000 mg/L，初始 pH 7.0，为了避免溶解氧对污泥活性的干扰，制备基质培养液时使用的稀释水应先煮沸以去除氧气，并在培养液中添加 Na_2S 至终浓度 50.0～100.0 mg/L，以此来降低氧化还原电位。

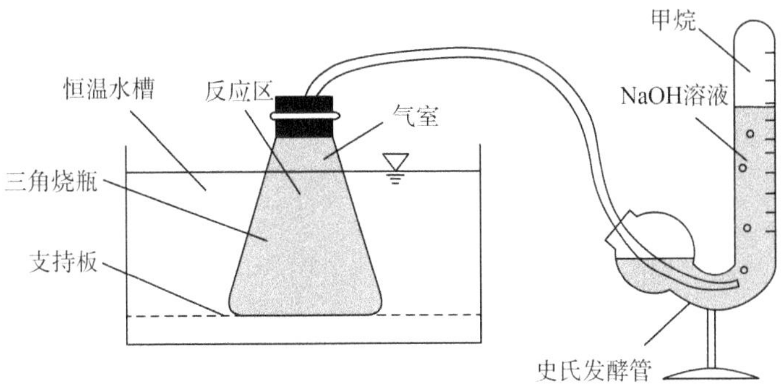

图 4.6-1　测定 V_{maxCH_4} 的间歇试验装置

3. 活性污泥

取实验室或城市污水处理厂的厌氧活性污泥作为接种污泥，培养瓶内混合液的污泥浓度为 10.0 g VSS/L 左右。

四、实验程序

1. 测定接种污泥浓度 X。

2. 在培养瓶中定量加入接种污泥和基质，并按图 4.6-1 组装试验装置。

3. 在恒温水浴锅内灌装一定量的自来水（水面距上缘 6～8 cm），并将水浴调控至所需温度。

4. 在试验过程中，每 1 至 2 h 需摇动一次培养瓶，确保基质与污泥能够充分混合。

5. 定时记录累积甲烷产量，绘制如图 4.6-2 所示的累积甲烷产量曲线。

6. 计算最大比产甲烷速率 V_{maxCH_4}

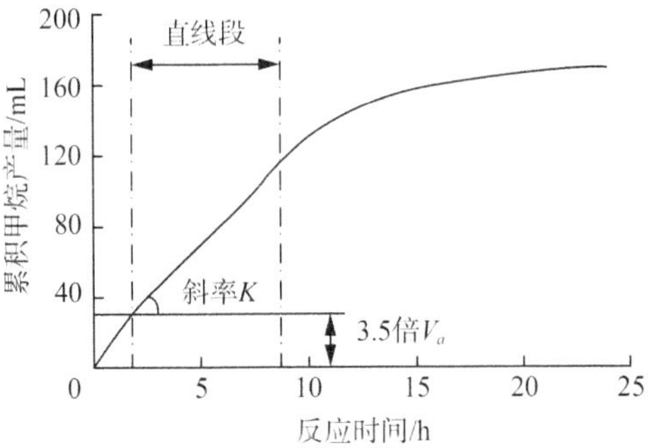

图 4.6-2　累积甲烷产量曲线

(1) 确定初始数据点:由于试验初期装置气室内存在少量空气,测得的甲烷产量偏高,因此需以初始数据点 $V_{CH_4}=3.5V_a$ 后的数据计算 V_{maxCH_4}。反应初期进入史氏发酵管的空气体积分数可用下式表示:

$$\eta_a = e^{-\frac{V_g(t)}{V_a}} \tag{4.6-6}$$

式中:$V_g(t)$ 累积产气量(mL)从反应起始至 t 时刻计;V_a 代表的是培养瓶中气室的体积,单位为 mL。根据式 4.6-6 计算,当 $V_g(t)/V_a$ 增至 3.5 时,η_a 为 0.03,这表明,一旦累积的气体产量达到气室容量的 3.5 倍,通过史氏发酵管的空气比例仅剩下 3%,因而可用 3.5 倍于气室容积的累积产气量($V_{CH_4}=3.5V_a$)作为临界值,确定初始数据点。

(2) 计算 V_{maxCH_4}:反应初期,累积甲烷产量的增加速率相对稳定,反应呈零级,在绘制的累积甲烷产量曲线(图 4.6-2)上,累积甲烷产量与反应时间之间呈线性关系。经过一段时间后,基质浓度下降,反应不再呈零级,累积甲烷产量与反应时间之间的关系偏离线性。在初始数据点以后呈线性关系的范围内,可通过一元线性回归求出 $V_{CH_4}\sim t$ 曲线的斜率 K。根据测得的 K 值和平均污泥浓度 X 值,便可计算值 V_{maxCH_4}。在实际试验中,还需考虑温度对气体体积的影响,故 V_{maxCH_4} 计算式为:

$$v_{maxCH_4} = \frac{24K}{V_R X} \times \frac{273}{273+t} \tag{4.6-7}$$

式中:K 为累积甲烷产量曲线中直线段的斜率;t 为试验温度(℃)。

五、注意事项

1. 试验过程中,应注意反应装置的密封,防止气体泄漏。
2. 测定时,保持培养瓶和史氏发酵管的温度恒定。
3. 选取初始数据点以后累积甲烷产量曲线中的直线段计算 K 值。

六、问题与思考

1. 测定甲烷体积时,为什么要在史氏发酵管内加入碱液?
2. 初始 COD 浓度对初始数据点后的直线段长度有什么影响?

4.7 厌氧袋法培养丙酮丁醇梭状芽孢杆菌

一、实验目的

1. 学习用厌氧袋法培养专性厌氧菌。

2. 了解丙酮丁醇梭状芽孢杆菌的生长情况及形态特征。

二、实验原理

厌氧袋法培养的主要原理如下：

1. 采用硼氢化钠（$NaBH_4$）与水的反应生成氢气（H_2），在钯催化剂的作用下，H_2 与袋内氧气（O_2）发生反应生成水，从而建立起无氧环境。其反应式为：

$$NaBH_4 + 2H_2O \longrightarrow NaBO_2 + 4H_2\uparrow$$

$$2H_2 + O_2 \xlongequal{pd} 2H_2O$$

2. 在无氧环境下加入10%左右的 CO_2 有利于厌氧菌的生长。其反应式为：

$$\begin{array}{c} CH_2COOH \\ | \\ OH-C-COOH \\ | \\ CH_2COOH \end{array} + 3NaHCO_3 \longrightarrow \begin{array}{c} CH_2COONa \\ | \\ OH-C-COONa \\ | \\ CH_2COONa \end{array} + 3H_2O + 3CO_2\uparrow$$

3. 利用亚甲基蓝的变色反应作为厌氧度的指示剂。

三、实验材料及试剂

1. 菌种

丙酮丁醇梭状芽孢杆菌（*Clostridium acetobutylicum*）。

2. 培养基

（1）中性红培养基。葡萄糖 40.0 g，胰蛋白胨 6.0 g，酵母膏 2.0 g，牛肉膏 2.0 g，醋酸铵 3.0 g，KH_2PO_4 0.5 g，$MgSO_4 \cdot 7H_2O$ 2.0 g，$FeSO_4 \cdot 7H_2O$ 0.01 g，中性红 0.2 g，蒸馏水 1 000 mL，pH 值为 6.2，在 115℃灭菌 20 min。

（2）质量分数为 6.5%（w/v）玉米醪培养基。6.5 g 滤过的玉米粉加 100 mL 自来水，混匀，煮沸 10 min，成糊状，分装于试管中，每管 10.0 mL，自然 pH 值，在 121℃灭菌 1 h。

（3）碳酸钙明胶麦芽汁培养基。麦芽汁 1 000 mL，$CaCO_3$ 10.0 g，明胶 10.0 g，琼脂 20.0 g，蒸馏水 1 000 mL，灭菌前调整 pH 值为 6.8，在 115℃灭菌 20 min。

3. 厌氧袋

厌氧袋是由不透气的无毒特种复合塑料薄膜制成的，袋内装有一套厌氧环境的形成装置，包括产气系统、催化系统、指示系统和吸湿系统，其装置如图 4.7-1 所示。

（1）塑料袋。用电热法烫制的无毒复合透明薄膜塑料袋（14 cm×32 cm）。

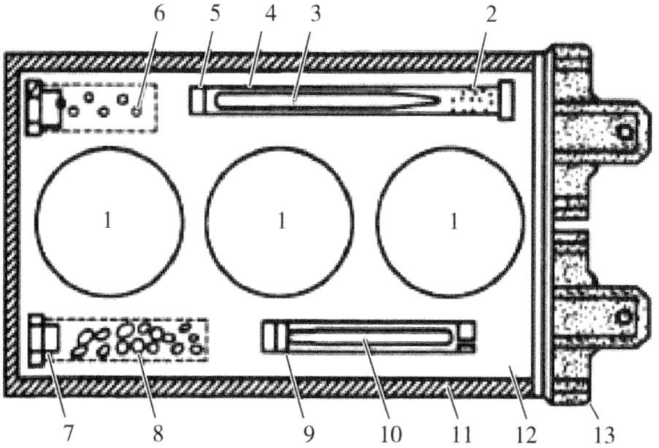

1—培养皿(直径 6 cm);2—$NaHCO_3$+KBH_4;3—质量分数为 5%(v/v)柠檬酸;4—塑料软管;5—泡沫塑料塞(有一缺口);6—钯催化剂;7—硬质塑料管(上有小孔);8—变色硅胶;9—脱脂棉花;10—亚甲基蓝指示剂;11—热封边;12—复合塑料袋;13—票夹

图 4.7-1 厌氧袋厌氧培养装置

(2) 产气管。取直径 10 cm、长 16 cm 左右的无毒塑料软管一根,用电热法封其一端,将 0.2 g $NaBH_4$(或 0.3 g KBH_4)和 0.2 g $NaHCO_3$(按袋体积 500 mL 计算),用擦镜纸包成一小包,塞入软管底部,其上塞少量脱脂棉花。再将内含质量分数为 5%的柠檬酸溶液 1.5 mL 的安瓿管倒装入塑料管,然后加上一个有缺口的泡沫塑料小塞即成。

(3) 厌氧度指示管。选取一根直径为 1.0 cm、长度为 8.0 cm 的无毒透明塑料软管,将含有 1.0 mL 亚甲基蓝指示剂的安瓿管置入其中,然后在软管的两端分别填充少量的脱脂棉花,再加泡沫塑料塞即成。

(4) 指示剂的成分如下:

① 质量分数为 0.5%的亚甲基蓝水溶液 3.0 mL,用蒸馏水稀释至 100.0 mL。

② 0.1 mol/L NaOH 溶液 6.0 mL,用蒸馏水稀释至 100 mL。

③ 葡萄糖 6.0 g,用蒸馏水稀释至 100.0 mL(其中若加入少量麝香草酚结晶作为防腐剂则更好)。

在使用前,需将三种溶液等量混合,然后用注射器将混合液注入安瓿瓶内(约 1.0 mL),接着在沸水浴中加热至溶液变为无色,最后迅速封口以完成制作。

(5) 催化管。取市售钯粒(A 型)3~5 粒装入有孔小塑料硬管即成,使用前应先活化。

(6) 吸湿剂包。变色硅胶少许,用滤纸包成小包即可。

4. 器皿

直径为6 cm的培养皿3套,2 mL针筒2副,5 mL吸管2支,1 mL吸管数支,涂布棒3支,250 mL三角烧瓶数个,试管数支,量筒等。

5. 其他

宽透明胶带,4号票夹和脱脂棉花等。

四、实验方法与步骤

1. 准备菌种

实验前两天,将丙酮丁醇梭状芽孢杆菌试样接入质量分数为6.5%的玉米醪试管,沸水浴保温45 s,立即用流水冷却,在37℃恒温箱培养两天。

2. 倒平板

将中性红培养基、碳酸钙明胶麦芽汁培养基分别溶化,冷至45℃左右,倒平板冷凝备用(平板最好提前一天倒好,在37℃放置过夜,烘干表面)。

3. 封袋

将产气管、厌氧度指示管、催化管和吸湿剂包按图4.7-1所示放置在厌氧袋中。

4. 稀释

取两天前活化的丙酮丁醇梭状芽孢杆菌的试管,打碎"醪盖",吸取培养液,稀释10~100倍。

5. 涂布

吸取上述稀释液各0.1 mL,在不同培养基平板上分别用涂布棒涂布,随进样口将此平板放进厌氧袋中(每袋可放置3个平皿)。

6. 封袋

将厌氧袋中的空气尽量除尽,然后剪取宽透明胶带(长约17 cm)将袋口封住,并将两边各留1 cm长的小段。封口后仔细检查,尽量使封口严密,然后将袋口向里折叠几层,再用两只4号票夹夹紧。

7. 除氧

将封闭的厌氧袋倾斜,折断产气管内的安瓿瓶,使液体试剂与固体药物接触,从而引发氢气(H_2)和二氧化碳(CO_2)的生成,此时反应区域将产生热量。生成的氢气在钯(Pd)的催化作用下与袋内氧气(O_2)发生反应,转化为水(H_2O)。经过5~10 min,催化管区域将出现热感,并伴随少量水蒸气的产生。

8. 监测厌氧环境

在产气管断裂后的半小时，方可破碎厌氧度指示管内的安瓿管，以检查指示剂颜色的改变。若指示剂不变蓝，说明厌氧环境已经建立，即可放入恒温箱进行培养。

9. 培养

将上述厌氧袋放入37℃恒温箱内，培养一个星期左右后观察结果，并做记录。如果待培养的是丙酮丁醇梭状芽孢杆菌试样，把在加有中性红的红色平板上长出的菌落形态与该菌在上述平板上长出的典型黄色菌落形态进行对照观察，再转接到质量分数为6.5%玉米醪培养基试管中进行检验，在37℃培养2～3 d，观察其是否有“醪盖”产生，一般认为凡产生“醪盖”者，就是丙酮丁醇梭状芽孢杆菌。

10. 镜检

从厌氧袋中取出平板，挑取典型黄色单菌落(直径2～4 mm，圆型凸起，边缘整齐，表面湿润光滑)，落作为涂片，经染色后，观察菌体及芽孢。

五、实验结果

1. 形态观察结果记录(表4.7-1)。

表4.7-1 形态特征

培养特征						形态特征			备注
菌落大小	形状	颜色	光滑度	透明度	气味	菌体大小	有无芽孢及形状	碘液染色	

2. 生理生化结果记录(表4.7-2)。

表4.7-2 生理生化特性

项目	明胶液化	$CaCO_3$ 分解	淀粉试验	中性红平板上的颜色[①]	备注
结果					

注：①丙酮丁醇梭状芽孢杆菌在中性红平板上显示黄色。

六、注意事项

1. 钯粒在使用前一定要活化。活化时可将钯粒放在140℃烘箱烘2 h，或将钯粒在石棉网上用小火灼烧10 min，直至钯粒表面恢复亮黄色。

2. 厌氧度指示管中的安瓿管一定要在产气至0.5 h后再折断，否则会影响厌氧度的指示。

3. 产气管中若加入微量 $CoCl_2$ 作为催化剂，则效果更好。

4.8　厌氧细菌的分离培养

一、实验目的

掌握厌氧微生物的生长特性，观察其形态特征（如双歧杆菌），并学会厌氧微生物的分离、培养和计数方法。

二、实验原理

目前，简便且有效的厌氧微生物培养技术包括：厌氧箱、厌氧罐、厌氧袋以及亨盖特厌氧滚管技术。本实验着重介绍亨盖特厌氧滚管技术。该技术由美国微生物学家亨盖特于 1950 年首次提出，并应用于瘤胃厌氧微生物的研究。经过数十年的持续改进，亨盖特厌氧滚管技术已经变得更加完善，并逐步发展成为一套完整的厌氧微生物研究技术。长期实践证明，它是研究严格、专性厌氧菌的极为有效的技术。亨盖特厌氧滚管培养技术不仅适用于有益厌氧菌，如双歧杆菌的分离和活菌计数，同样适用于有害腐败菌（例如酪酸菌）或病原菌（如肉毒梭状芽孢杆菌）的分离与鉴定。

三、实验仪器与材料

液体形式的双歧酸奶，固体形态的双歧杆菌制剂，以及改良版的 MRS 培养基和 PTYG 培养基，一套完整的亨盖特厌氧滚管设备，包括厌氧管、厌氧瓶、滚管机和定量加样器。

四、实验步骤

1. 步骤

首先进行铜柱除氧，接着进行预还原培养基的准备，再制备稀释用液，之后对样品进行稀释，然后进行滚管操作，随后进行培养，最后进行计数。

2. 方法

铜柱式除氧系统：铜柱系统由硬质玻璃管构成，内部填充铜丝或铜屑，其直径范围为 40～400 mm。两端加工成漏斗形状，外部缠绕加热带，并通过变压器连接以实现电压调节和铜柱温度的稳定。铜柱两端通过胶管连接，一端与气钢瓶相连，另一端与出气管口相连。气体如氮气（N_2）、二氧化碳（CO_2）和氢气（H_2）等从气钢瓶释放时，通常含有氧气（O_2），当这些气体通过温度约为 360℃ 的铜柱时，铜与气体中的微量 O_2 反应生成氧化铜（CuO），铜柱颜色由亮黄色转变为黑色。若向氧化后的铜柱通入 H_2，H_2 与 CuO 中的氧结合形成水（H_2O），同时 CuO 被还原为铜，铜柱恢复亮黄色。该铜柱可循环使用，持续发挥除氧作用。当然，氢气(H_2)源亦可由氢气发生器提供。

预还原培养基与稀释液的制备：在制备预还原培养基与稀释液时，首先将配制好的培养基和稀释液煮沸以去除氧气，然后使用半定量加样器趁热分装至螺口厌氧试管中，通常琼脂培养基装入 4.5～5.0 mL，稀释液装入 9.0 mL，并插入通入 N_2 的长针头以排除氧气。此时，培养基中加入的氧化还原指示剂刃天青会从蓝色变为红色，最终变为无色，表明试管内已达到无氧状态，随后盖上丁烯胶塞和螺盖，进行灭菌以备使用。

制备双歧杆菌样品的稀释液：在无菌环境下，精确称取 1.0 g 固体样品或使用无菌注射器吸取 1.0 mL 混合均匀的液体样品，加入装有预还原生理盐水的厌氧试管中，用振荡器振荡至均匀，得到 10^{-1} 稀释液。接着，用无菌注射器从 10^{-1} 稀释液中吸取 1.0 mL，转移到含有 9.0 mL 生理盐水的试管中，制得 10^{-2} 稀释液。依此类推，进行 10 倍系列稀释至 10^{-7}，从而获得不同稀释度的样品溶液。一般情况下，选择 10^{-5}、10^{-6}、10^{-7} 这三个稀释度进行滚管培养计数。

进行厌氧滚管培养：将含有融化的无菌无氧琼脂培养基的试管置于大约 50℃的恒温水浴中，使用 1 mL 无菌注射器分别吸取 10^{-5}、10^{-6}、10^{-7} 稀释度的样品溶液各 0.1 mL，加入融化了的琼脂培养基试管中。然后将试管平放于装有冰块的盘中或特制的滚管机上快速滚动，使得带菌的融化培养基迅速在试管内壁凝固成薄层。每个稀释度重复三次实验，之后放置于 37℃(酸奶样品为 42℃)的恒温培养箱中进行培养。通常在培养 24～48 h 后，厌氧管的琼脂层内或表面将出现可见的菌落。

双歧杆菌活菌计数：挑选那些菌落分布均匀，数量在几十到几百个的厌氧试管进行活菌计数，从而计算出每克或每毫升样品中双歧杆菌的具体数量。

计算公式：双歧杆菌的活菌数量[CFU/g(mL)样品]＝0.1 mL 滚管计数的实际平均值×10×稀释倍数。

五、结果记录

观察双歧杆菌形态，描述其形态特征。计算每克或每毫升样品中含有的双歧杆菌数量，记录结果。

六、思考题

1. 比较平板活菌计数和滚管活菌计数的异同。

2. 实验中通过哪些措施和方法保持细菌的厌氧状态？

4.9　乙醇发酵实验

一、实验目的

了解乙醇发酵的原理，学习发酵实验方法。

二、实验原理

在缺氧条件下，酵母菌通过己糖的代谢过程，产生乙醇并伴随二氧化碳的释放，该过程学名为乙醇发酵。由兼性厌氧性的酵母菌细胞中乙醇发酵酶系统进行无氧呼吸产生大量乙醇。此原理是酿酒工业生产乙醇及酿制酒类饮料的基础。

三、实验材料

1. 菌种

在麦芽汁琼脂培养基上培养 3 d 的啤酒酵母。

2. 试剂和器材

乙醇发酵培养液，艾氏发酵管，质量分数为 10% 的 H_2SO_4，10.0 g/L $K_2Cr_2O_7$，150.0 g/L NaOH，卢戈氏碘液，试管，10 mL 吸管，载玻片，接种环，酒精灯，挂线标签和显微镜。

四、实验步骤

1. 发酵液准备

取灭菌的艾氏发酵管 1 支(图 4.9-1)，按无菌操作法倒入灭菌的乙醇发酵液，使发酵液充满管部并赶走气泡，液量加至下端球部的 1/4 处，塞好棉塞，备用。

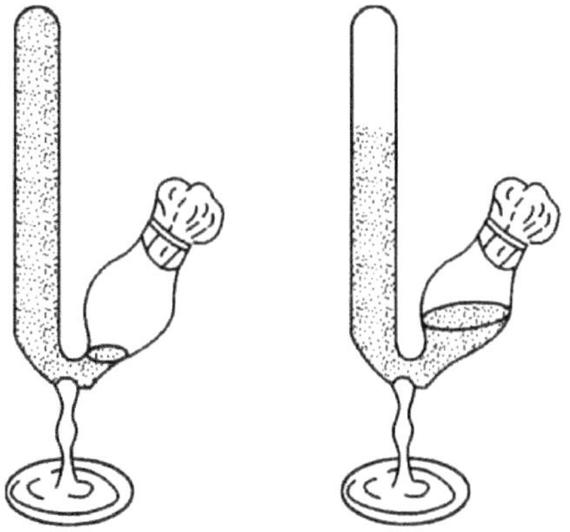

(a) 发酵前　　(b) 发酵后(产气)

图 4.9-1　艾氏发酵管

2. 接种

用接种环接入啤酒酵母菌数环(要求多量),接种时,用接种环在发酵管壁轻轻刮取菌苔,充分研磨使细胞分散,轻轻振荡,使之混匀。用挂线标签标记后悬于发酵管上。

3. 培养

将发酵管置于28℃恒温培养箱中培养24～28 h,观察结果。

4. 结果检查

(1) 打开发酵液棉塞,嗅闻有无酒香味产生,并记录。

(2) 记录发酵液管顶部气体容积,然后用吸管酌情吸出球部发酵液少许弃去,并向管内加入与发酵液等量的150.0 g/L NaOH 溶液,轻轻摇动,使管内CO_2气体渐被碱液吸收,发酵液面逐渐上升,即证明有CO_2产生。其原理为$CO_2+NaOH \longrightarrow NaHCO_3$。

(3) 取发酵液制成水浸片,检验酵母细胞的形态及出芽生殖现象。

五、实验讨论

1. 酵母菌的呼吸特点是什么?乙醇发酵实验中为何强调要接入多量酵母菌体?

2. 了解乙醇发酵作用有何实践意义?

4.10 微生物的固定化技术

一、实验目的

1. 了解微生物细胞固定化的基本原理。

2. 掌握微生物细胞的固定化操作技术。

二、实验原理

生物固定化技术作为现代生物工程领域的一项前沿技术,实现了生物催化剂(包括酶、微生物细胞、动植物细胞、细胞器等)的广泛应用与高效利用。目前,生物催化剂的固定化方法主要包括载体结合法、交联法、包埋法以及返胶束酶反应系统。

包埋法是微生物细胞固定化过程中最常使用的技巧。包埋法是将微生物包裹在凝胶微小格子(格子型)中或将微生物包裹于半透明性的聚合物膜(微胶囊型)内的固定方法。其特点是能将固定化微生物制成各种形状(球形、块形、圆柱形、膜状、布状、管状等),并且固定化后的微生物能繁殖。该方法应用最广。

在生物工程领域,常用的固定化载体主要包括多种无机吸附剂和有机聚合物。有机聚合物可进一步划分为天然聚合物多糖和合成聚合物两大类。天然聚合物多糖如琼脂、卡拉胶、海藻酸钠等,而合成聚合物则包括聚乙烯醇、聚丙烯酰胺、光敏树脂等。

从海藻中提取的藻酸盐(通常为钠盐形式)与阳离子(如钙离子、铝离子)相互作用,可诱导形成凝胶,该凝胶作为微生物细胞的固定化基质。微生物细胞被固定于藻酸钙凝胶中的技术主要包括外源凝胶化法和内源凝胶化法,其中外源凝胶化法应用更为广泛。外源凝胶化法涉及将微生物细胞与藻酸钠溶液混合后,通过注射器针头或类似滴注设备将混合液滴入氯化钙溶液中,钙离子扩散至液滴表面并引发交联,形成表面凝胶层后逐步向内部渗透,促使藻酸钠转化为不溶性的藻酸钙凝胶,从而实现细胞的固定化。外源凝胶化法制备藻酸钙凝胶的设备包括简易滴露法固定化装置(图 4.10-1),也可用一般医用注射器进行改装。

本实验采用藻酸钙凝胶包埋法使酿酒酵母固定化,吸附重金属铜离子。

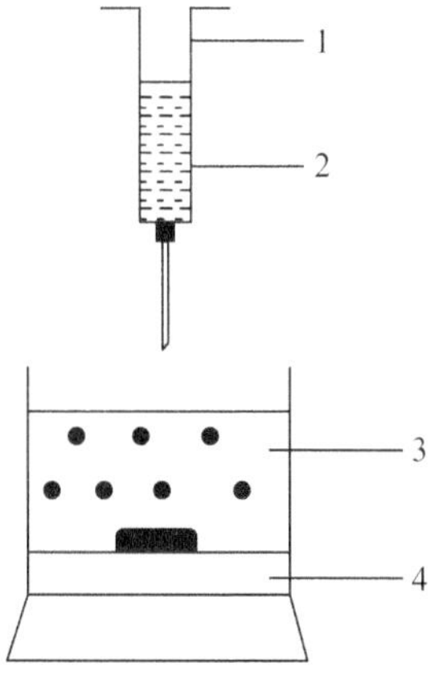

1—注射器外套;2—藻酸钠-细胞混合液;3—氯化钙溶液;4—磁力搅拌器

图 4.10-1　简易滴露法固定化装置

三、实验器材

1. 酿酒酵母。

2. 培养基:YEPD 液体培养基,4%藻酸钠溶液(高压灭菌,4℃存放),0.05 mol/L 氯化钙溶液(pH 6～8,高压灭菌),15.0 mg/L 铜离子溶液。

3. 仪器:原子吸收分光光度计,水平式离心机,恒温振荡器,磁力搅拌器,蠕动泵。

4. 其他用具:10 mL 注射器外套及 5# 头皮静脉针,100 mL 三角烧瓶(无菌),20～22℃及 37℃水浴,50 mL 带盖离心管(无菌),20 mm×120 mm 层析柱。

四、操作步骤

1. 菌体分离培养过程：采用无菌技术将酿酒酵母接种于 YEPD 液体培养基中，于 28℃条件下进行振荡培养 36 h，随后通过离心技术分离出菌体，并用无菌水对菌体进行两次洗涤。

2. 菌体悬液的制备：将 2.5 g 湿菌体转移至 5 mL 无菌去离子水中，经摇匀后制得菌体悬液。

3. 藻酸钠溶液的加入：向菌体悬液中加入 5.0 mL 4% 的藻酸钠溶液，并充分搅拌以确保均匀混合。

4. 氯化钙溶液的处理：将 50.0 mL 0.05 mol/L 氯化钙溶液置于锥形瓶中，通过锥形瓶口的棉塞插入无菌塑料软管，并与 10 mL 注射器相连。将锥形瓶置于 37℃水浴中预热 10 min。

5. 藻酸钠-菌体混合液的滴加：将藻酸钠-菌体悬液吸入注射器，施加适当压力，将混合液逐滴加入 0.05 mol/L 氯化钙溶液中。

6. 后续处理：滴加完毕后，将锥形瓶转移至 20～22℃水浴中静置 1 h。

7. 冲洗步骤：倾倒掉氯化钙溶液，随后用 100.0 mL 无菌去离子水进行一次冲洗。

8. 重新加入 50.0 mL 0.05 mol/L 氯化钙溶液，4℃平置过夜。

9. 将酵母细胞固定化后，放置于烧杯内，并注入水进行浸泡。

10. 在层析柱底部填充颗粒状硅胶，以提升过滤速率。随后，将含有固定化菌体的水从烧杯倒入层析柱，并使用去离子水冲洗，直至 pH 值达到 6.0。

11. 配制 15.0 mg/L 的铜离子溶液 100.0 mL，过柱，流速控制在 5.0 mL/min。

12. 通过原子吸收分光光度计测定流出液内铜离子的含量。

13. 用 1.0 mol/L 硫酸 50.0 mL 冲洗层析柱，测量流出液中铜离子的浓度。

14. 用去离子水洗涤至 pH 为 6.0。重复第 11 至第 13 步。

15. 通过原子吸收分光光度计测定排放液内铜离子的含量。

五、数据处理

按下列公式计算，填入表 4.10-1 中。

固定化菌体吸附率＝(加入金属离子量－流出金属离子量)/加入金属离子量×100%

酸洗回收率＝经酸洗工艺提取的金属离子含量/固定化菌体吸附量×100%

表 4.10-1　实验数据统计表

循环	铜离子流出量	酸洗后铜离子流出量	固定化菌体吸附率	酸洗回收率
1				
2				
3				

六、注意事项

1. 在使用藻酸钙包埋细胞时，应尽量使培养基中不含有钙螯合剂（如磷酸根）。钙螯合剂可导致钙的溶解进而导致凝胶的破坏。

2. 包埋细胞在凝胶珠中分裂或搅拌不当会导致包埋细胞的流失。

3. 鉴于藻酸钙凝胶网络的孔径尺寸过大，酶分子易于从网络中逃逸，因此该凝胶网络并不适宜于大多数酶的固定化过程。

4. 高浓度的钾离子、镁离子、磷酸根离子以及其他单价金属离子会对藻酸钙凝胶的结构稳定性造成破坏。

5. 在藻酸钠转化为藻酸钙的过程中，钙离子的添加速率对最终凝胶的性质具有决定性影响。若钙离子的添加过快，将导致凝胶化过程的局部化，进而形成非均一的凝胶结构。通过采用缓慢溶解的钙盐，可以实现对钙离子释放速率的精确控制。

七、思考题

探讨固定化微生物的优势与不足。

4.11　有机氯农药降解菌的分离筛选

环境中的难降解化合物通常被视为外源化合物，因为自然界中的微生物缺乏相应的分解酶，因此难以被微生物分解利用。然而，通过利用微生物的遗传变异特性，并进行人工驯化，在难降解化合物的刺激下，一些微生物通过变异或产生诱导酶，逐渐改变自己以适应环境，获得分解或部分分解这些化合物的能力，从而获取生长所需的碳源和能量，最终成为优势菌群。

1. 材料

（1）主要仪器与设备：生化培养箱，恒温振荡器，培养皿，玻璃棒，封口膜。

（2）主要试剂：无菌蒸馏水。

2. 培养基

（1）无碳培养基：$Na_2HPO_4 \cdot 12H_2O$ 7.0 g，KH_2PO_4 2.0 g，$(NH_4)_2SO_4$ 0.5 g，$MgSO_4 \cdot 7H_2O$ 0.2 g，$ZnSO_4 \cdot 7H_2O$ 5.0 mg，$Na_2MoO_4 \cdot 2H_2O$ 2.5 mg，

$Ca(H_2PO_4)_2$ 14.0 mg，$FeSO_4$ 0.13 mg，pH 7.0。

（2）平板培养基：牛肉膏 5.0 g，蛋白胨 10.0 g，NaCl 5.0 g，琼脂 20.0 g，pH 7.0。

（3）活化培养基：牛肉膏 5.0 g，蛋白胨 10.0 g，NaCl 5.0 g，pH 7.0。

（4）磷酸盐缓冲液：称取 $NaH_2PO_4 \cdot 2H_2O$ 1.56 g 溶于 50.0 mL 蒸馏水中（A）；称取 $Na_2HPO_4 \cdot 12H_2O$ 16.0 g 溶于 100.0 mL 蒸馏水中（B）；在（B）中加入约 13.64 mL 的（A）。

3. 污泥来源

取自工业污水处理厂好氧曝气池。

4. 步骤

（1）菌种驯化

① 将好氧活性污泥曝气 24 h，静置后，去除上层清液，取 5.0 mL 的浓稠底层污泥，接种到一个已经消毒的 250 mL 磨口三角烧瓶中，该三角烧瓶含有 50.0 mL 的无机盐营养液和 5.0 mL 的酵母膏。

② 若目标化合物不溶于水，需添加适量助溶剂（如二甲基亚砜）至终浓度 ≤1%（v/v），塞紧瓶口并用封口膜封闭，放置于 30℃的摇床中，以 150 r/min 的旋转速度进行振荡。

③ 每 3 天按 10%（v/v）接种量转移至新鲜培养基，逐步提高目标化合物浓度至 20 mg/L，同时减少酵母膏的用量直至为零。

④ 对于每个浓度级别，进行两次转移接种，并在每次接种时设置不含菌种的对照组。

（2）利用平板划线和涂布技术进行分离

将经过最终驯化的培养液通过涂布法接种至琼脂平板上，维持在 30℃的恒定温度下进行培养。待出现不同的菌落之后，执行划线分离操作，直至获得单一菌落。随后，将这些单一菌落分别接种至斜面培养基中，并存放在 4℃的冰箱内保存。

（3）菌种的活化与菌悬液的准备

① 从斜面培养基中挑选少量菌落，混合后接种到已灭菌的活化培养基中，于 30℃的摇床上培养 48 h。

② 将活化后的菌液倒入离心管内，以 4 000 r/min 的旋转速度离心 10 min，去除上层清液，接着用磷酸盐缓冲液清洗三次，最终使菌体悬浮于缓冲液中，制成菌悬液。

(4) 操作须知

① 为防止挥发,菌种的驯化和培养过程应在封闭的系统中进行。为了确保足够的氧气供应,采用的是大体积但液体量少的培养体系,这样上层空间的氧气足以满足微生物整个培养周期的需求。

② 每个驯化周期完成后,需将培养物无菌地转移到新的培养基中,以便开始下一个培养周期。

4.12 酚降解菌的分离纯化和活性测定

一、实验目的

1. 了解酚降解菌的分离纯化和活性测定的原理。

2. 掌握分离酚降解菌的方法。

3. 掌握酚降解菌活性测定的方法。

二、实验原理

酚类化合物对生物活体均可产生毒性。它可通过各种途径进入血液循环,破坏细胞活力,造成细胞的损伤。浓度较高的酚可以使蛋白质发生凝固现象,并深入机体内部,造成组织坏死甚至危及生命。含酚废水作为有毒的废水难以处理,并危害水体中其他生物的正常生长,破坏生态环境。苯酚属于单环芳香族化合物,难以生物降解,是环境的主要污染物之一,已被我国列为环境污染物名单。苯酚降解先通过微生物体内的单加氧酶作用后变为邻苯二酚,然后经裂解生成β-酮己二酸,最后生成琥珀酸和乙酰 CoA 进入三羧酸循环,氧化后生成二氧化碳和水。

本实验中,首先富集培养可利用苯酚的菌落,经分离纯化后,筛选出酚降解菌纯培养物。然后,测定酚降解菌降解前后培养基中苯酚的含量,求出苯酚降解率,进而得出酚降解菌的活性。

三、实验材料

1. 菌种来源

菌种来源于含酚废水及其活性污泥、含酚量较高的土壤等。

2. 培养基

(1) 无酚培养液:蛋白胨 0.5 g,K_2HPO_4 0.1 g,五水合硫酸铜 0.05 g,蒸馏水 1 000 mL,pH 7.2～7.4,分装于锥形瓶,进行高压蒸汽灭菌,121℃ 维持 20 min。

(2) 含酚培养基:蛋白胨 0.5 g,$K_2HPO_4$0.1 g、苯酚 0.05 g、五水合硫酸铜

0.05 g、琼脂适量、蒸馏水 1 000 mL、pH 值为 7.2～7.4，进行高压蒸汽灭菌，121℃维持 20 min。

3. 试剂

（1）苯酚标准溶液：精确称取结晶酚 1.0 g，用 100 mL 饱和的四硼酸钠溶解，转移至容量瓶中用蒸馏水定容至 1 000 mL，充分摇匀，取 10.0 mL 母液，用无菌水定容至 100 mL，配制成 0.1 mg/L 苯酚标准溶液。

（2）1 000.0 mg/L 酚溶液：精确称取结晶酚 1.0 g，用 1 000 mL 蒸馏水溶解。

（3）缓冲液：称取氯化铵 2.0 g，用 100.0 mL 氨水溶解，pH 值约为 10，在冰箱中保存。

（4）10%(w/v)硫酸铜溶液：称取分析纯硫酸铜 10.0 g，用 100.0 mL 蒸馏水溶解。

（5）9.0 mol/L 硫酸溶液：称取分析纯硫酸 50.0 mL，缓缓加入 150.0 mL 蒸馏水中，边加边用玻璃棒搅拌，防止局部液体过热造成液体飞溅。

（6）3% 4-氨基安替比林溶液：称取分析纯 4-氨基安替比林 3.0 g，用 100.0 mL 蒸馏水溶解，盛放在棕色瓶中，放在低温冰箱中保存。

（7）8%铁氰化钾溶液：称取铁氰化钾 8.0 g，用水溶解后稀释至 100.0 mL。

（8）无菌水。

4. 仪器

分光光度计、摇床、恒温培养箱、分析天平等。

5. 其他

试管、烧杯、滴管、锥形瓶、移液管、容量瓶、蒸馏瓶、具塞比色管、无菌培养皿、酒精灯、接种环、玻璃棒等。

四、实验步骤

1. 采样

取处理含酚废水的活性污泥和含酚废水或者含酚量较高的土壤样品，将其装入无菌采样瓶内，立即带回实验室进行分离和测定，并记录采样日期、采样地点、采样处环境状况。

2. 富集培养

在无菌操作条件下，将采集的待分离样品接种于盛有 50.0 mL 无酚培养液和无菌玻璃珠的锥形瓶里，加人 1 000.0 mg/L 酚溶液 0.5 mL，塞上瓶塞，在 30℃下振荡培养 24～48 h。用无菌移液管转移 1.0 mL 培养液至装有 50.0 mL

新鲜无酚培养液的锥形瓶中，并加入 1 000.0 mg/L 酚溶液 1.0 mL，在 30℃下振荡培养，连续重复上述步骤数次。且每次向培养液中加入的酚溶液以 0.5 mL 逐次递增，最终可获得酚降解菌的优势菌种。

3. 平板划线分离与纯化

（1）在无菌操作条件下，吸取最终的富集培养液 1.0 mL 置于装有 9.0 mL 无菌水的试管中，充分混合，依次稀释，配制成 10^{-3}、10^{-4}、10^{-5} 三个稀释度的样品悬液。

（2）融化含酚培养基，在无菌条件下倒入无菌培养皿中，制成平板。

（3）取适量不同浓度的菌液，滴加到含有酚的培养基表面，接着用涂布棒将菌液平铺于平板。盖上皿盖，倒置于 30℃恒温培养箱中培养 24～48 h。

（4）遵循无菌操作的方法，用接种环分别挑取平板上形态不同的单菌落少许，在新鲜的含酚培养基上划线，倒置于 30℃恒温培养箱中培养 24～48 h。重复数次，直至纯化。

4. 转接

在无菌操作环境下，将分离纯化得到的酚降解菌接种至含酚培养基斜面上，在 30℃恒温培养箱中培养 24 h。

5. 酚降解菌活性测定

（1）在无菌操作条件下，用灭菌的接种环挑取斜面上纯化的酚降解菌接种至装有 100 mL 经灭菌的无酚培养液锥形瓶中。设一个平行，然后取两瓶不接入菌种的无酚培养液作为对照组。将上述锥形瓶放在 30℃摇床中培养 24 h。

（2）用无菌操作的方法向上述装有培养液的锥形瓶中加入 1 000.0 mg/L 酚溶液各 10.0 mL，使瓶中培养液的含酚量约为 91.0 mg/L，继续在 30℃摇床内培养 24 h。

（3）取出上述装有培养液的培养瓶，从每瓶中吸取 50.0 mL 培养液分别放于 500 mL 蒸馏瓶中，并加入 10%(w/v)硫酸铜溶液 100.0 mL、充分混匀后加入 9.0 mol/L 硫酸溶液 10.0 mL，继续摇匀，最后加入蒸馏水 200 mL，混匀后进行蒸馏。使用锥形瓶来搜集蒸馏出的液体，在液体累积到大约 200 mL 时，中止蒸馏过程。随后，将这些蒸馏液倒入一个 250 mL 的量瓶内，并添加蒸馏水直至达到量瓶的刻度线。

（4）0.5 mL、1.0 mL、3.0 mL、5.0 mL、7.0 mL、10.0 mL、12.5 mL，加蒸馏水至 50 mL 刻度线，然后依次加入 0.5 mL 缓冲液、1.0 mL 3% 4-氨基安替比林溶液和 1.0 mL 8%铁氰化钾溶液，加入每一种试剂后都要充分混匀。在室温下放置 10 min 后，随即以水为参比，在 510 nm 处测定吸光度。每个样品测定三次，记录吸光值，绘制吸光值对酚含量的标准曲线。

(5) 吸取定容后的蒸馏液 50 mL 至具塞比色管中，用水取代培养液作为对照，按上一步制备标准曲线的操作方法测定吸光度。

(6) 根据实验测得的吸光度在标准曲线上查出培养液中苯酚的剩余量(mg)。

五、数据处理

1. 计算苯酚含量

$$\text{苯酚含量(mg/L)}=\text{标准曲线上查出的苯酚含量(mg)}/1\,000\times 50 \tag{4.12-1}$$

2. 计算酚降解率

$$\text{酚降解率}=\frac{\boxed{\begin{matrix}\text{接种瓶培养}\\\text{前酚含量}\end{matrix}}-\boxed{\begin{matrix}\text{接种瓶培养}\\\text{后酚含量}\end{matrix}}}{\boxed{\begin{matrix}\text{接种瓶培养}\\\text{前酚含量}\end{matrix}}}\times 100\%-\frac{\boxed{\begin{matrix}\text{未接种瓶培养}\\\text{前酚含量}\end{matrix}}-\boxed{\begin{matrix}\text{未接种瓶培养}\\\text{后酚含量}\end{matrix}}}{\boxed{\begin{matrix}\text{未接种瓶培养}\\\text{前酚含量}\end{matrix}}}\times 100\%$$

六、实验结果

1. 将制备标准曲线过程中各个标准溶液的吸光值记录下来，并用 Excel 绘制标准曲线，并在标准曲线上标注样品的吸光值。

2. 根据酚含量，计算酚降解菌的降解率。

3. 记录纯化后的酚降解菌的特征。

七、思考题

1. 简述酚降解菌分离纯化以及降解活性测定的应用价值。

2. 根据实验过程，总结实验的注意事项以及影响实验结果的因素。

第五章　环境微生物学探究型实验

5.1　生活垃圾可发酵物降解菌的筛选

一、实验目的

1. 对生活垃圾可发酵物生物降解菌进行筛选，特别是研究其对纤维素的降解代谢能力。

2. 对各菌株除臭效果进行比较。

二、原理

城市生活垃圾成分多样，其中可发酵的成分涵盖了易腐物质，例如脂肪、蛋白质和淀粉等，以及大量的纤维素类物质。这些纤维素类物质自然发酵过程缓慢，导致垃圾处理的负担加重。堆肥技术作为一种处理垃圾的方法，其工艺相对简易，尤其适用于有机物含量高的垃圾。通过堆肥技术，可以有效利用垃圾中的资源成分，对环境的影响远小于传统的露天堆放、填埋和焚烧方法，且处理成本显著低于单独焚烧。然而，传统堆肥技术存在处理时间长、转化效率低的问题。因此，采用微生物好氧发酵技术，将垃圾转化为无毒、无害、营养丰富且成本低廉的绿色有机肥料，同时避免二次污染，是一种极具潜力的垃圾处理方式。

本实验对生活垃圾可发酵物生物降解菌进行了筛选。采集垃圾填埋厂土壤，通过刚果红染色法分离出微生物，筛选出降解率及除臭率较高的菌株。刚果红染料具备与纤维素结合生成红色复合物的能力，而与纤维二糖或葡萄糖则不发生反应。纤维素在纤维素酶的作用下发生降解时，刚果红-纤维素复合物的形成将被中断，导致培养基中出现围绕纤维素分解区域的透明圈。此现象可作为筛选具有纤维素分解能力菌株的依据（见图 5.1-1）。

恶臭的垃圾气体由多种低浓度成分构成，可以分为五个主要类别：①硫化合物，包括硫化氢、二氧化硫、硫醇和硫醚；②氮化合物，例如氨、酰胺和吲哚；③卤素及其衍生物，如氯气和卤代烃；④碳氢化合物，涵盖烷烃、烯烃、炔烃和芳香烃；⑤含氧有机化合物，例如醇、酚、醛酮和有机酸。硫化氢（H_2S）和氨（NH_3）是臭味的主要来源。

选取菌株时，以氨氮和硫含量作为评估除臭效果的标准，将这些菌株接种到

图 5.1-1　各种纤维素分解菌在刚果红培养基上形成的透明圈

臭气源提取物中。通过发酵处理后，测量其氨氮和含硫量的变化，以此来比较不同菌株的除臭效果。

三、仪器与药品

1. 菌种采样地点

最好是垃圾填埋厂土壤。

2. 培养基

(1) 纤维素分解菌的选择培养基：纤维素粉 5.0 g，$NaNO_3$ 1.0 g，$Na_2HPO_4 \cdot 7H_2O$ 1.2 g，KH_2PO_4 0.9 g，$MgSO_4 \cdot 7H_2O$ 0.5 g，KCl 0.5 g，酵母膏 0.5 g，水解酪 0.5 g，蒸馏水 1 000 mL。

(2) 鉴别纤维素分解菌的培养基：CMC-Na 5.0～10.0 g，酵母膏 1.0 g，KH_2PO_4 0.25 g，琼脂 15.0 g，土豆汁 100.0 mL，加水至 1 000 mL。

3. 仪器

锥形瓶、无菌称量瓶、药匙、移液管、天平、摇床、温度计、培养箱、高压蒸汽灭菌锅、分光光度计等。

4. 其他试剂

刚果红等。

四、实验步骤

1. 培育纤维素分解菌

(1) 采集土壤样本：选取富含纤维素的地点进行土壤样本的采集至关重要，因为在这样的环境中，往往存在大量能够分解纤维素的微生物。若适宜的地点难以寻觅，可将滤纸置于土壤内，大约一个月后，便会有分解纤维素的微生物出现。

(2) 选择培养：制备选择培养基。称取土样 20.0 g，在无菌环境中，将 30.0 mL 的选择培养基倒入摇瓶内。随后将摇瓶放置于摇床，于 30℃的温度下进行 1～2 d 的振荡培养，直至培养基变得不透明。接着，取出约 5.0 mL 的培养液，转移到新的选择培养基瓶中，并以相同的方式继续培养至培养液变得浑浊。选择性培养的意图在于提升纤维素分解菌的密度，确保能够从样本中分离出所需的微生物。

(3) 稀释梯度：取 0.1 mL 经过选择培养的培养基，执行 $10 \sim 10^6$ 倍的梯度稀释。

(4) 平板涂布：选取稀释至 $10^{-6} \sim 10^{-4}$ 的菌液，各取 0.1 mL 均匀涂布于用于鉴别纤维素分解菌的平板培养基上，于 30℃下倒置培养直至菌落显现。每个稀释梯度应涂布三个平板，并确保设立对照组。

(5) 刚果红染色法：方法一，在长出菌落的培养基上，覆盖质量浓度为 1.0 mg/mL 的刚果红溶液，10～15 min 后，倒去刚果红溶液，加入物质的量浓度为 1.0 mol/L 的 NaCl 溶液，15 min 后倒掉 NaCl 溶液，此时，产生纤维素酶的菌落周围将会出现透明圈。方法二，在第(4)步之前，配制质量浓度为 10.0 mg/mL 的刚果红溶液，灭菌后，按照每 200.0 mL 鉴别纤维素分解菌培养基加入 1.0 mL 的比例加入刚果红溶液，混匀后倒入无菌培养皿，制成平板。等培养基上长出菌落后，产生纤维素酶的菌落周围将会出现明显的透明圈。

(6) 纯化培养过程：选取那些形成清晰透明圈的菌落，将其接种至纤维素分解菌专用的选择性培养基中，并在 30～37℃的条件下进行培养，以实现纯化培养。

2. 菌株除臭效果比较

将分离得到的菌株接种于臭气提取物中。经过发酵处理后，测定其氨氮含量及含硫量的变化。

五、实验结果

表 5.1-1　形态特征及生化特性

	菌落形态	透明圈大小	氨氮含量	硫含量	除臭效果评价
分解出的分解纤维素的微生物					

六、思考题

1. 刚果红染色法中使用的两种方法各有哪些优点与不足？方法一中 NaCl 溶液的作用是什么？

2. 不同地点采取的土样分离的结果是否一致？

3. 选择培养基与鉴别培养基的目的有何不同？

5.2 细菌的分布及外界因素对细菌的影响

一、实验目的

1. 比较不同环境(空气、物体表面、人体)细菌分布。

2. 测试物理(紫外线、温度)、化学(消毒剂)、生物(抗生素)因素对微生物的影响。

二、实验原理

微生物广泛地分布在自然界的各种环境中。平板培养基内含有细菌生长所需的营养物质,将不同来源的样本接种于其上,并在37℃的环境下培养,1~2 d内每个细菌个体均可形成独立的菌落。每种细菌形成的菌落都具有独有的特征,比如菌落的尺寸、表面是干燥还是湿润、是凸起还是平展、是粗糙还是光滑,边缘是否整齐,以及菌落是透明、半透明还是不透明,颜色和质地是松散还是紧密等。因此,利用平板培养法可以检测出不同环境和条件下细菌的数量和种类。

微生物和外界环境处于相互影响的状态中。射线、紫外线可以杀死微生物,也可以改变它们的遗传性状;氧气、温度、pH和渗透压与细菌生长发育的关系密切;不同类型,不同浓度的化学药品对微生物可以起到营养、抑制,或致死的作用;放线菌、青霉和某些细菌产生的抗生素可以使微生物受到抑制和致死作用。这些物理、化学、生物因素就构成了微生物的环境因素。反之,由于微生物的生命活动对局部区域的小环境也会产生一定的影响,或产酸、产碱、产酶、产生次生代谢产物,从而可以改变自然环境。由此,微生物与自然环境之间是相互影响、相互作用的矛盾统一体。在适宜的外部环境条件下,微生物得以进行正常的生长与繁殖过程;反之,若环境条件变得不适宜,则微生物的生长将受到抑制,可能引发变异现象,甚至导致微生物的死亡。

三、仪器与药品

1. 菌种

大肠埃希氏菌(*E. coli*)、金黄色葡萄球菌(*S. aureus*)、枯草芽孢杆菌(*B. subtilis*)、产黄青霉(*Penicillium chrysogenum*)、丙酮丁醇梭状芽孢杆菌(*Clostridium acetobutylicum*)、圆褐固氮菌(*Azotobacter chroococcum*)、酿酒酵母(*S. cerevisiae*)、盐沼盐杆菌(*Halobacterium salinarum*)、粪产碱杆菌(*Alcaligenes faecalis*)。

2. 培养基

牛肉膏蛋白胨固体培养基、豆芽汁固体培养基、葡萄糖牛肉膏蛋白胨培养基、装有蛋白胨葡萄糖发酵培养基的试管(内含倒置德汉氏小管)。

3. 试剂

0.1% $HgCl_2$、碘酒、新洁尔灭(1∶1 000)、5%石炭酸、75%乙醇、NaCl、1.0 mol/L NaOH 和 1.0 mol/L HCl。

4. 用具

无菌水、灭菌棉签(装在试管内)、无菌培养皿、接种环、试管、试管架、无菌吸管、涂布棒、酒精灯、黑纸、记号笔、直径 5.0 mm 的圆滤纸片、紫外光灯、废物缸、镊子、牛津杯等。

四、实验步骤

1. 细菌的分布

将全班分组,每组自由选择细菌的取样地点和影响细菌生长的因素,最后结果供全班讨论。以下实验过程仅供参考。

(1) 写标签

在实验操作中,于培养皿底部利用记号笔进行明确标识(鉴于若在皿盖上书写,当同时对多个培养皿进行观察时,开启皿盖易导致信息混淆),并详细记录班级、姓名、日期及样品的采集来源(例如实验室环境空气、无菌室环境空气或人体毛发等)。书写时应保持字体细小,置于皿底一侧,避免置于中央,以免对后续观察结果造成干扰。

(2) 大气微生物分布特征

选取牛肉膏蛋白胨琼脂平板一个,打开后暴露在空气中,30 min 后盖好平皿,置于 37℃恒温箱中培养 18~24 h,观察培养基上的菌落数量及其特征。可取当时做实验的实验室的空气,亦可取无菌室、宿舍或操场的空气,可自由选取。

(3) 物品表面微生物的分布

① 在盘子的底部外侧中央用记号笔绘制一条直线,并在该线的中心位置画上一条垂直线,如图 5.2-1 所示。

② 事先准备好已灭菌的含有棉签的试管,在无菌超净台中取出棉签。

③ 湿润棉签操作:首先用左手拿起装有灭菌水的试管,打开试管盖并用火焰消毒管口,接着将棉签浸入水中,取出后在试管壁上轻轻挤压,以排除多余的水分,然后谨慎地取出棉签,再次用火焰消毒管口,重新盖上试管盖,最后将灭菌水试管摆回试管架。

④ 采样方法:用湿润的棉签在目标物体表面轻轻擦拭,覆盖大约 2 cm^2 的区域。可选取的物体包括实验台、门把手、笔记本电脑、硬币以及钱包等。

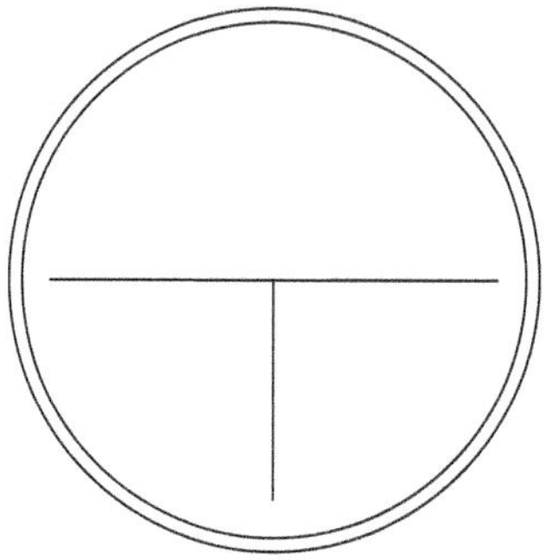

图 5.2-1　培养皿底部外侧画记号图形

⑤ 接种操作:在火焰附近打开培养皿,使其形成一条缝隙。然后将棉签伸进皿内,在琼脂培养基上轻轻滚动,随后迅速关闭培养皿盖。

⑥ 划线操作:用左手拿起平板,轻轻打开一条缝隙,然后使用已经灭菌并冷却的接种环,从琼脂表面的接种区域开始,沿着琼脂表面划线,直至平板的一半位置(参见图 5.2-2C)。注意:在划线过程中,接种环与琼脂表面的角度应保持较小,施加的压力不宜过重,以免穿透琼脂。

盖上平板盖子,左手将平板逆时针旋转至未划线区域,右手持接种环在火焰上进行消毒冷却。随后,接种环沿着先前划好的线条,在琼脂的另一半区域进行划线,如图 5.2-2D 所示,从上至下划至一半位置。

再次消毒接种环,旋转平板,依照图 5.2-2 的指示,划过最后四分之一区域,迅速盖上平板盖子,再次消毒接种环,并将其放回原位。

整个划线过程必须保持无菌操作,靠近火焰进行,并且动作要迅速。

(4) 人体细菌的检查

① 手指(洗手前与洗手后)

a. 移除培养皿的盖子,以未经过消毒处理的手指在琼脂平板表面进行轻柔的划线操作,随后将盖子重新覆盖。

b. 采用肥皂和刷子对手部进行彻底清洁,于流动水中彻底冲洗后,待手部干燥,在另一琼脂平板表面进行轻柔的划线操作,随后覆盖盖子。

② 头发:在打开的琼脂平板上方,多次用力摇动头发,使细菌沉降至琼脂平板表面,之后覆盖盖子。

③ 咳嗽:将无盖的琼脂平板置于口前约 6～8 cm 处,对着平板表面进行用力咳嗽,随后覆盖盖子。

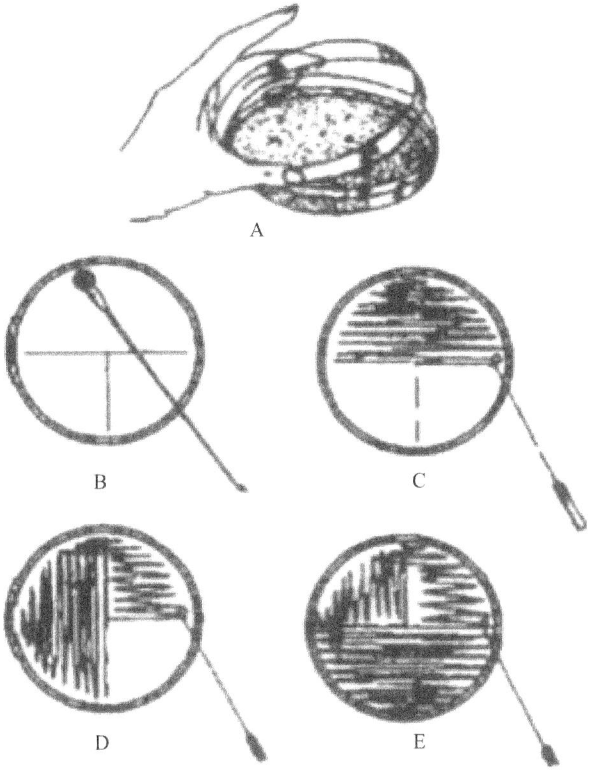

A—接种时，用左手将平皿开启一缝；B—将签伸入平板接种；C—用已灭菌并冷却了的接种环划线；D—第二部分划线；E—最后部分划线

图 5.2-2 平板接种与划线法

④ 鼻腔

a. 依据步骤(3)的②和③，取出棉签并进行湿润处理。

b. 使用湿润的棉签在鼻腔内进行数次滚动。

c. 依照步骤(3)的⑤和⑥，执行接种与划线操作，然后覆盖盖子。

⑤ 将所有琼脂平板倒置，置于 37℃的培养箱中，进行 1～2 d 的培养。

⑥ 结果记录方法

a. 在划线的平板上进行菌落计数，若菌落数量众多且重叠，则计算平板最后 1/4 区域内的菌落数量。对于非划线平板，将其划分为四部分，计算 1/4 区域内的菌落数量。

b. 通过观察菌落的大小、形态、高度、干湿等特征来区分不同的菌落类型。然而，需注意，若细菌数量过多，会导致菌落生长紧密或限制其生长而变得微小，外观变得不典型。因此，在观察菌落特征时，应选择那些分散良好的单个菌落。

2. 环境因素对微生物的影响

（1）物理因素对微生物的影响

① 紫外线

a. 将牛肉膏蛋白胨培养基制成平板，用无菌吸管吸取 0.1 mL 培养 18 h 的金黄色葡萄球菌液（约 3×10^{8} 个/mL）于平板上，以无菌涂布棒将菌液涂布均匀。

b. 打开培养皿盖，用黑纸遮住培养基的一部分。于紫外光灯下照射 30～40 min，灯与皿的距离约为 30～40 cm。

c. 照射完毕，盖上皿盖，用黑纸包皿，在 37℃下培养 24 h 后，比较加黑纸与未加黑纸处金黄色葡萄球菌的生长情况。

② 氧气

a. 在丙酮丁醇梭状芽孢杆菌、圆褐固氮菌和大肠埃希氏菌菌种斜面中分别加入 2.0 mL 无菌生理盐水，制成菌悬液。

b. 将装有葡萄糖牛肉膏蛋白胨培养基的试管加热使培养基熔化，50℃保温，进行无菌操作时，取 0.1 mL 的微生物菌悬液，将其加入对应的试管内。接着，用双手迅速旋转试管，确保细菌均匀分散（参见图 5.2-3）。务必小心操作，避免过度摇晃导致空气大量混入培养基中，将试管置于冰浴中迅速凝固后，于 30℃下培养 2～3 d，观察各菌在深层培养基内生长情况，判断细菌对氧气的需要情况。

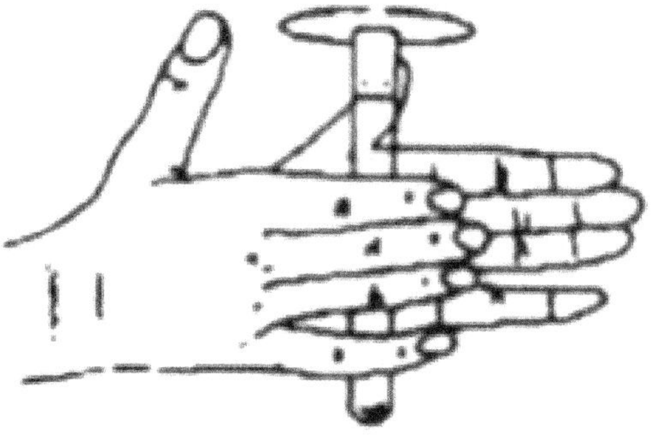

图 5.2-3　旋转试管示意图

③ 温度

在 4 支装有蛋白胨葡萄糖发酵培养基及倒置德汉氏小管的试管中接入酿酒

酵母，分别置于4℃、20℃、37℃及60℃条件下保温24～48 h，观察酿酒酵母的生长状况以及发酵产气量。

④ pH

a. 无菌操作吸取适量无菌生理盐水加入粪产碱杆菌、大肠埃希氏菌及酿酒酵母斜面试管中，制成菌悬液，使其 OD_{600} 值均为0.05。

b. 无菌操作分别吸取0.1 mL上述三种菌悬液，分别接种于装有5.0 mL不同pH（分别为3、5、7、9，用1.0 mol/L NaOH和1.0 mol/L HCl调试）的牛肉膏蛋白胨液体培养基的大试管中。在进行菌液吸取操作时，必须确保通过充分吹打以实现菌液的均匀分散，从而保证各实验管内接入的菌液浓度达到一致。

c. 接种大肠埃希氏菌和粪产碱杆菌的8支试管置于37℃温室保温24～48 h，将接种有酿酒酵母的试管置于28℃温室保温48～72 h。将上述试管取出，利用722型分光光度计测定培养物的 OD_{600} 值。

⑤ 渗透压

a. 熔化含有不同浓度的NaCl（0.85％、5％、10％、15％、20％）的牛肉膏蛋白胨培养基后，进行倒平板操作。

b. 在平板皿的凝固底部用记号笔划分为三段，分别标记三种菌名（金黄色葡萄球菌、大肠埃希氏菌及盐沼盐杆菌）。无菌操作在相应区域分别划线接种上述三种菌，避免污染杂菌或相互污染。

c. 将上述平板置于28℃温室中，4 d后观察并记录含不同浓度NaCl的平板上三种菌的生长状况。

（2）化学因素对微生物的影响

一些化学药剂对微生物生长有抑制或致死作用，因此可选择适宜的化学药剂，配制成适宜的浓度进行消毒或灭菌。以下主要介绍滤纸片法测定化学药剂的杀（抑）菌作用。

① 在无菌培养皿底部用记号笔注明“1”“2”“3”“4”“5”，在皿盖注明实验名称、时间、实验者。亦可根据选用的化学药剂种类，将平板底皿划分成4～6等份。

② 将经过灭菌处理且温度降至约50℃的牛肉膏蛋白胨培养基倒入无菌平皿中，静置待其凝固。

③ 采用无菌吸管吸取0.1 mL经18 h培养的金黄色葡萄球菌菌液，将其接种至上述平板内，并利用无菌三角涂棒进行均匀涂布。

④ 使用无菌的镊子，将经过灭菌处理的小圆形滤纸片逐一放入装有不同化学试剂（包括氯化汞、碘酒、新洁尔灭、石炭酸和75％的乙醇溶液）的试管内，让

其充分吸收液体。

⑤ 将浸泡在上述五种溶液中的圆滤纸片，分别放于标有“1”“2”“3”“4”“5”位置的培养基上。在平板中央放置一张浸泡了无菌生理盐水的滤纸片作为对照组。取纸片时需确保其含有的消毒剂量大致相同，并在试管壁上滴干多余的液体。

⑥ 于 37℃温箱中培养 24 h，观察抑菌圈的大小，以判断各种药剂对金黄色葡萄球菌抑制性能的强弱，见图 5.2-4 和 5.2-5。

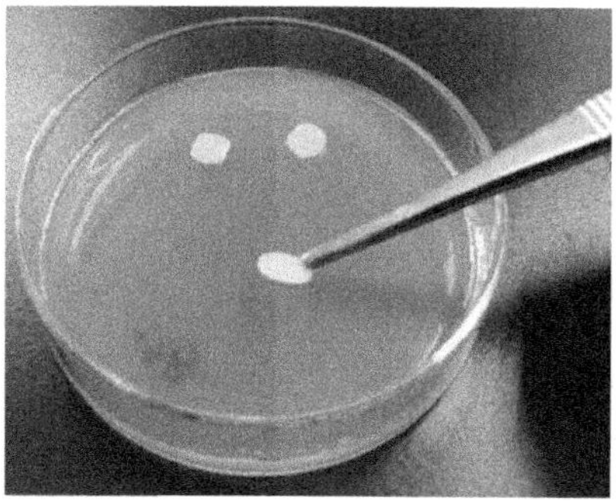

图 5.2-4 贴滤纸片

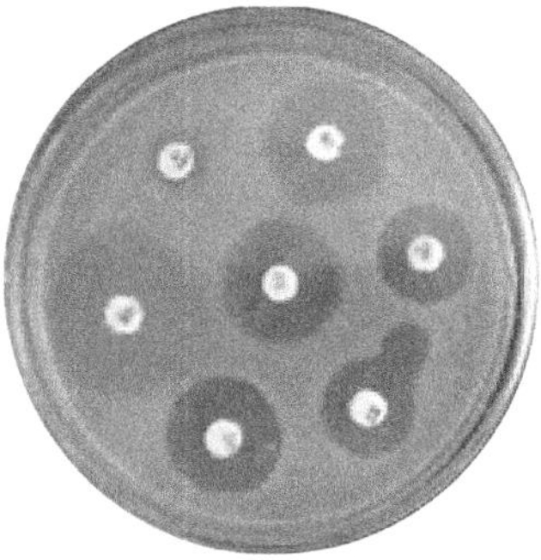

图 5.2-5 圆滤纸片法测定化学消毒剂的杀(抑)菌作用

(3) 生物因素的影响

① 产黄青霉对大肠埃希氏菌、金黄色葡萄球菌、枯草芽孢杆菌的影响

产黄青霉可产生青霉素，青霉素对不同类型的微生物具有不同的抑制效果。对青霉素敏感的菌株，在有青霉素存在时，受到抑制，表现为不生长；反之，则表现为生长。

a. 将豆芽汁琼脂培养基制成平板，用接种环取少许产黄青霉孢子，在平板的一侧划一直线接种，于 25～27℃培养 64～72 h。

b. 待形成产黄青霉菌落后，再用接种环分别挑取培养 18 h 的大肠埃希氏菌、金黄色葡萄球菌、枯草芽孢杆菌的斜面菌苔少许，从产黄青霉菌落边缘向外划平行线接种。

c. 于 37℃培养 24 h，观察结果，根据抑菌区域，判断青霉素对该菌的抑菌效能，见图 5.2-6。

② 中草药对大肠埃希氏菌、金黄色葡萄球菌、枯草芽孢杆菌的影响

一些中草药(如溪黄草、车前草、鱼腥草、艾叶、蒲公英、金银花、花椒、高良

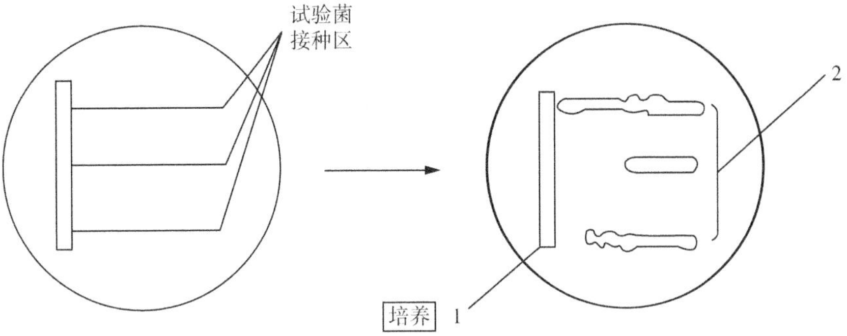

1—产黄青霉菌落；2—试验菌

图 5.2-6　抗生素抗菌谱试验

姜、八角、甘草、连翘、乌梅、丁香、天门冬、芦根、白术等）中含有一些抑菌成分如醛、酮、酯、醚、酸、萜类及内酯等，能对大肠埃希氏菌、金黄色葡萄球菌、枯草芽孢杆菌、黑曲霉、米曲霉、黑根霉、毛霉、拟青霉等起到一定的抑制或杀死的作用。不同中草药的抑菌效果不同。中草药可采取水煎、醇提、超声波、微波、CO_2 超临界等方法提取。不同提取方法所得的浸出液的抑菌效果也不同。本实验可查阅文献，自行选择中草药种类、提取方法和试验菌种，制定方案。以下仅介绍水煎芦根所得提取液对大肠埃希氏菌、金黄色葡萄球菌、枯草芽孢杆菌的影响，供参考。

a. 取 100.0 g 芦根，使用托盘天平进行称量，随后用冷水浸泡 20～30 min。将芦根进行两次煎煮，首次加入 600 mL 水，第二次加入 400 mL 水，均在水沸腾后转为小火继续煮 30 min。使用四层纱布进行过滤，将两次过滤得到的液体合并，去除药渣，通过水浴加热浓缩至 100.0 mL，从而制得浓度为 1.0 g/mL 的中药提取液。经过高压蒸汽灭菌或过滤除菌处理后，该提取液即可用于备用。接下来，可以对比两种方法的灭菌效果是否存在差异。

b. 采用牛津杯法评估提取液的抗菌活性。准备浓度为 2.0×10^8 CFU/mL 的待测菌悬液（包括大肠埃希氏菌、金黄色葡萄球菌、枯草芽孢杆菌），取 0.1 mL 涂布在相应的凝固平板上。每个平板中放置两个灭菌的牛津杯，一个作为平行样，另一个作为对照（对照组使用无菌水）。利用移液枪将芦根提取液加入牛津杯中，确保加样量与杯口齐平。在 37℃的条件下培养 24 h 后，移除牛津杯，测量抑菌圈的直径。每组实验重复三次，取平均值作为最终结果。

五、实验结果

1. 将细菌的分布结果记录于表 5.2-1 中

表 5.2-1 分布及形态特征

样品来源地点	菌落数(近似值)	菌落类型(说明不同的特征,如大小、形态、干湿、颜色、边缘、透明度)	比较不同样品来源

2. 物理因素对微生物的影响

(1) 紫外线对微生物的影响

将实验结果记录于表 5.2-2。

表 5.2-2 紫外线对微生物生长影响

	金黄色葡萄球菌生长情况
黑纸	
未加黑纸	

(2) 氧气对微生物的影响

将实验结果记录于表 5.2-3,用文字描述其生长位置(表面生长、底部生长、接近表面生长、均匀生长、接近表面生长旺盛等),并确定微生物的类型(有微好氧、好氧、兼性厌氧菌、专性厌氧菌、耐氧厌氧菌等类型)。

表 5.2-3 氧气对微生物生长影响

菌名	生长位置	类型
丙酮丁醇梭状芽孢杆菌		
圆褐固氮菌		
大肠埃希氏菌		

(3) 温度对微生物的影响

将实验结果记录于表 5.2-4,比较酿酒酵母在不同温度条件下的生长状况(“—”表示不生长,“+”表示生长较差,“++”表示生长一般,“+++”表示生长良好)以及产气量的多少。

表 5.2-4 温度对微生物生长影响

温度/℃	酿酒酵母	
	生长情况	产气量
4		

续表

温度/℃	酿酒酵母	
	生长情况	产气量
20		
37		
60		

(4) pH 对微生物的影响

将实验结果记录于表 5.2-5,并说明三种微生物各自的生长 pH 范围及最适 pH。

表 5.2-5 pH 对微生物生长影响

菌名	OD_{600}			
	pH=3	pH=5	pH=7	pH=9
粪产碱杆菌				
大肠埃希氏菌				
酿酒酵母				

(5) 渗透压对微生物的影响

将实验结果记录于表 5.2-6(“—”表示不生长,“+”表示生长,“++”表示生长良好)。

表 5.2-6 渗透压对微生物生长影响

菌名	NaCl 浓度/%				
	0.85	5	10	15	20
金黄色葡萄球菌					
大肠埃希氏菌					
盐沼盐杆菌					

3. 化学因素对微生物的影响(见表 5.2-7)

表 5.2-7 化学因素对微生物生长影响

消毒剂	抑菌圈直径/mm
氯化汞	
碘酒	
新洁尔灭	

续表

消毒剂	抑菌圈直径/mm
石炭酸	
75%乙醇溶液	

4. 生物因素对微生物的影响

产黄青霉对大肠埃希氏菌、金黄色葡萄球菌、枯草芽孢杆菌的影响(见表 5.2-8)。

表 5.2-8 生物因素对微生物生长影响

生物因素类型	抑菌圈直径/mm		
	大肠埃希氏菌	金黄色葡萄球菌	枯草芽孢杆菌
产黄青霉			
中草药 1			
中草药 2			

六、思考题

1. 比较各种来源的样品,菌落数有无区别?为何产生这些差别?哪一种样品的平板菌落数与菌落类型最多?

2. 在本次实验中,你对避免培养物污染和细菌传播有何了解?有哪些感受?

3. 进行紫外线对微生物生长影响的实验时,不开皿盖就用紫外线照射是否可以?为什么?

4. 解释不同类型微生物在琼脂深层培养基中生长位置为何不同。

5. 人体肠道内数量最多的是哪种细菌?从人类大便中最常分离到的是什么类型的细菌?为什么?

6. 为什么微生物最适生长温度并不一定等于其代谢或发酵的最适温度?

7. 列举几个在日常生活中人们利用渗透压来抑制微生物生长的例子。

8. 化学药剂产生的抑制圈中未见菌落生长,这是否意味着微生物细胞已被消灭?

9. 若在青霉素的抗菌圈中过一段时间后出现少量菌落,你怎样理解这一情况?

10. 滥用抗生素会造成什么样的后果?原因是什么?如何解决这个问题?

11. 根据中草药抑菌性能的实验,考虑是否可将这些中草药开发成药物或食品及化妆品防腐剂?如能,该补充做哪些实验?

5.3　高盐度工业废水处理优势菌种的筛选分离

一、实验目的

通过本实验学习从高盐环境分离耐盐菌，通过驯化筛选高效降解菌。

二、实验原理

在自然界的各个角落，微生物及其基因库无处不在。在极端条件下，如高温或高辐射的特殊环境中，一些微生物如嗜热菌和抗辐射菌能够存活，它们的化学构成和生理特性与普通细菌和真核生物截然不同。嗜盐菌长期适应了这些特殊环境，形成了独有的细胞结构、生理功能和遗传基因，它们的生物活性成分也展现出特有的属性，因此被视为珍贵的极端微生物资源。这些微生物不仅是研究生物进化和生物多样性不可或缺的材料，而且在高盐度废水处理方面具有潜在的应用价值。然而，并非所有耐盐微生物都适用于处理高盐废水，必须经过细致的筛选和驯化过程，才能培养出既能在高盐环境下生存，又能分解废水中高浓度有机物的耐盐微生物。对于某些外源化合物（Xenobiotics），可以通过驯化和诱导，促使微生物产生相应的降解酶系，并筛选出高效的菌株。此外，通过模拟实际废水的成分和环境条件，并加入目标降解物或其结构类似物，也能有效筛选出适用的微生物。

本实验的主要目的是培养、筛选、分离出降解目标高盐度工业废水的优势菌株。

三、实验仪器与试剂

1. 恒温培养箱、超净工作台、恒温振荡器、高压蒸汽灭菌锅、紫外可见分光光度计、pH 计、电子天平、离心机、生物数码显微镜。

2. 离心管、移液管、容量瓶、锥形瓶、试管、培养皿等。

3. 牛肉膏、蛋白胨、NaCl、琼脂、K_2HPO_4、KH_2PO_4、$MgSO_4 \cdot 7H_2O$、NH_4NO_3、NaOH、HCl、$AgSO_4$、$(NH_4)_2Fe(SO_4)_2 \cdot 6H_2O$、$K_2Cr_2O_7$、$H_2SO_4$、$CaCl_2$、$AgNO_3$。

4. 基础培养基的制作方法：取蛋白胨 10.0 g/L、牛肉膏 3.0 g/L，加入高盐度水直至总体积达到 1 000 mL。

5. 选择性培养基的制备方式：添加琼脂 20.0 g/L，使用高盐度采油废水稀释至总体积为 1 000 mL。

6. 斜面培养基配方：琼脂 20.0 g/L、蛋白胨 10.0 g/L、牛肉膏 3.0 g/L，用高盐度水定容至 1 000 mL。

四、实验方法和实验内容

1. 实验方法

(1) 菌种筛选方法

本实验采用平板稀释分离法和平板划线法纯化出能适应高盐度环境的菌株。

无菌条件下，称取 1.0 g 高盐石油废水反应器污泥(或吸取 1.0 mL 泥水混合液)，加入含 90 mL 无菌水及玻璃珠的 250 mL 锥形瓶中。手动振荡 20 min，破碎污泥团聚体，释放微生物细胞，形成 10^{-1} 稀释液。静置 5 min，待大颗粒沉降后取上清液备用。取 7 支试管，每支加入 9 mL 无菌水，依次标记为 10^{-1} 至 10^{-7}。用 1 mL 无菌移液管吸取 10^{-1} 稀释液 1 mL，加入 10^{-2} 试管中，吹吸混匀 3 次。重复上述操作，依次制备 10^{-3} 至 10^{-7} 梯度稀释液(每梯度更换新移液管)。准备 14 套无菌培养皿，按稀释梯度(10^{-1} 至 10^{-7})分组，每组 2 个平行。向每皿倒入 15～20 mL 高温灭菌的高盐筛选培养基(含 3% NaCl，pH 7.2)，静置凝固。从最高稀释度(10^{-7})开始，用无菌移液管吸取 1 mL 菌液至对应平板中央。立即用无菌玻璃涂布棒将菌液均匀铺展至整个培养基表面。待液体完全吸收后，倒置平板。将平板置于 35℃恒温培养箱中，倒置培养 36～48 h。观察平板菌落形态，挑选直径 1～3 mm、边缘整齐、颜色均一的单菌落。用接种环挑取目标菌落，划线接种至高盐斜面培养基(配方同筛选培养基)。35℃培养 24 h 后，4℃保存备用。

将稀释分离后的菌种再用平板划线法进一步纯化，将从 24 h 的斜面培养基上挑取的少量菌苔，在固体基础培养基上划线后放于 35℃恒温培养箱中培养 24 h，直到得到菌落特征一致的单菌落，转接于试管斜面基础培养基中保存备用。

接着，从纯化分离的斜面基础培养基上取少量菌落，接种到含有高盐度的选择性筛选培养基的培养皿里，然后放置于 35℃的恒温培养箱中，进行 48 h 的培养。筛选出以高盐度工业废水为碳源的目标菌株。

(2) 菌株的复筛方法

将筛选出的优良菌株接种至基础培养基，置于 35℃温度、110 r/min 转速的振荡器内进行 24 h 的富集培养。随后，取 1.0 mL 的富集培养液加入高盐度的石油开采废水中，继续培养 24 h，观察并记录废水在接种菌株前后的化学需氧量(COD)变化。最终选择出能够有效降低 COD 的菌株。

(3) 菌体生物量测定

① 浊度法：利用可见分光光度计，在 620 nm 波长下，使用比色皿进行浊度

的测定。其吸光度和光密度值反映了菌体的生物量。

② 稀释法：取 1.0 mL 菌液，依次稀释倍数为 10^{-1}、10^{-2}、10^{-3}、10^{-4}、10^{-5}、10^{-6} 和 10^{-7}，分别取 1.0 mL 接种到基础固体培养基中，计数基础培养基的菌落个数。

(4) 保存菌种

将筛选并分离出的纯种优势菌株接种至斜面保存培养基，于 35℃的恒温培养箱内培养 5 d 后，用报纸包裹并置于 4℃的冰箱内进行保存。鉴于微生物易于发生突变，需要定期对冰箱中保存的菌株进行转接，以降低细菌的突变率，通常转接周期不应少于两个月。

2. 实验内容

(1) 高盐度工业废水优势菌种初筛、分离

在进行无菌操作时，准确称取 1.0 g 经过驯化的污泥样本，包括新疆塔里木油田、西北油田以及河南油田的钻井污泥，将它们加入装有 90.0 mL 无菌水和玻璃珠的 250 mL 锥形瓶内。通过手摇 20 min，破碎土壤中的大颗粒，释放出其中的细菌，使其均匀分散在泥水混合物中。接着，依照图 5.3-1 的步骤进行稀释。在无菌环境下，从每个试管中取出 1 mL 的菌液，接种到高盐度的基础培养基上，并置于 35℃的恒温培养箱中进行培养。两天后，在菌落明显生长的平板上挑选出生长旺盛的菌落，接种到含有高盐度选择性筛选培养基的培养皿中，继续在恒温培养箱中培养。之后，重复进行平板划线分离，直至获得所需的高盐度目标降解菌。

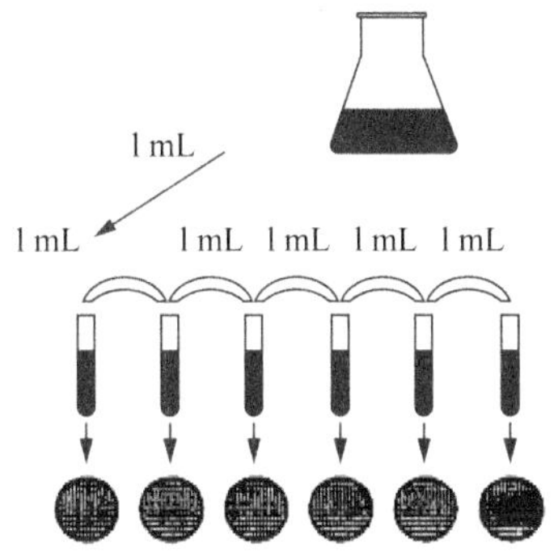

图 5.3-1　样品稀释过程

(2) 高盐度工业废水优势菌种复筛

将筛选出的优势菌株接种至基础培养基，置于 35℃温度和 110 r/min 转速

的振荡器中培养 24 h。随后，取 1.0 mL 的富集培养液加入高盐度石油开采废水中，继续降解 24 h，以评估废水在接种菌株前后的化学需氧量(COD)变化。

对第一次复筛选出的 10 株菌株进行高盐度基础培养后，取 10.0 mL 的培养液接种至 1∶3 稀释的废水中，开始第一阶段的驯化过程，随即放至转速 120 r/min，温度 30℃的振荡器中培养 48 h，取 10.0 mL 接种到 2∶3 的废水中进行第二阶段的驯化，条件同第一阶段。48 h 后取 10.0 mL 接种到全部的废水中驯化 2 d，条件同第一阶段，挑选出经过驯化的菌株，进一步以化学需氧量(COD)的降解能力为标准进行筛选。

将经过驯化的 10 株菌株接种至高盐度的基础培养基内，在 35℃的温度和 110 r/min 的条件下，于振荡器中培养 24 h。之后，取 10.0 mL 的培养液在 4 000 r/min 的离心机中离心 10 min，接着用高盐度的无菌水清洗 3 次并离心，最后加入高盐度的无菌水使菌体均匀分散，取 1.0 mL 的菌液加入高盐度的石油开采废水中，经过 24 h 的降解后，观察废水中 COD 的改变。

本实验流程见图 5.3-2。

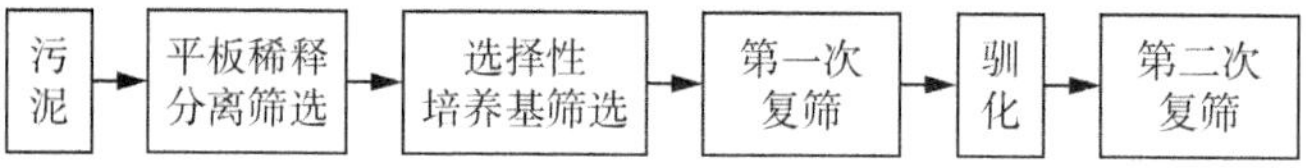

图 5.3-2　实验流程

五、实验结果记录(见表 5.3-1～表 5.3-2)

表 5.3-1　初筛实验结果记录表

菌株编号	菌体生物量/OD	COD 去除率/%	是否进行复筛

表 5.3-2　复筛实验结果记录表

菌株编号	菌体生物量/OD	COD 去除率/%	是否为优势菌

六、思考题

1. 请结合实际情况，简述优势菌种来源的选择原则。

2. 简述基础培养基和选择性培养基的异同。

5.4 光合细菌的分离纯化及对有机废水的处理

光合细菌(PSB)是地球上最早出现、广泛存在于自然界、拥有原始光能合成系统的原核生物群体。它们是一类含有光合色素的微生物，能在无氧和光照环境下执行光合作用。这些细菌属于革兰氏阴性菌，不具备形成芽孢的能力，并且因为含有细菌叶绿素和类胡萝卜素等光合色素，所以它们呈现出特定的颜色。PSB广泛分布于地球的生物圈，能够分解水体中的亚硝酸盐、硫化物等有害物质。它们适应环境的能力很强，能够处理深度有机废水，并且具有强大的分解转化能力，对酚类、氧等有毒物质有一定的耐受性和分解能力。

红螺菌科的光合细菌能够在多种环境下生存，包括厌氧光照、厌氧黑暗以及好氧黑暗等条件。它们能够承受高浓度的有机质，并且能迅速分解这些有机质。这些细菌既不会像好氧活性污泥微生物那样受到污水中溶解氧浓度的限制，也不会像严格厌氧的甲烷细菌那样对氧的存在极为敏感。即便在生存环境中的氧含量增加，它们分解有机物的能力也不会受到抑制。此外，它们产生的菌体还可以作为宝贵的资源进行再利用。另外，红螺菌科细菌的菌体又富含蛋白质、色素与生理活性物质等，因此，这类光合细菌(俗称红色非硫细菌)已逐渐成为高浓度有机废水无害化与资源化中的重要菌群。光合细菌处理法(简称PSB法)，一种适合处理高浓度有机废水的技术，目前正受到广泛关注。PSB法已被应用于多种废水处理，包括豆制品废水、高浓度粪便水、羊毛清洗废水、淀粉废水以及抗生素发酵工业废水。本实验应用红螺菌科细菌处理高浓度有机废水，测定BOD/COD变化。

一、目的要求

1. 了解光合细菌的培养方法。

2. 掌握光合细菌处理高浓度有机废水的基本原理与方法。

二、实验材料

1. 菌株：球形红假单胞菌(*Rhodopseudomonas sphaeroides*)、沼泽红假单胞菌(*R. palustris*)。

2. 培养基：M型琼脂培养基(Mitis-Salivarius 琼脂培养基)、范尼尔型液体培养基(Van Niel 型培养基)。

3. 水样：淀粉厂黄浆废水上清液，分装250 mL锥形瓶至液层高约瓶的

2/3,不需其他处理;豆制品厂黄泔水。

4. 器材:厌氧培养缸、真空泵、干燥箱、恒温箱、天平、100 W灯泡(或10 W日光灯)、磁力搅拌器、离心机、BOD和COD测定所需器材用品;100 mL的带塞子的灭菌锥形瓶、250 mL的带塞子的灭菌锥形瓶、200 mL的烧杯以及100 mL的量杯。

5. 药物成分:焦性没食子酸、碳酸钠、石蜡。

三、实验方法与步骤

1. 光合细菌的菌株培养

① 挑选球形红假单胞菌和沼泽红假单胞菌的原种,分别在M型琼脂培养基的琼脂柱中进行穿刺接种,每种接种两支试管。

② 接种后的试管,各取一支,向其中注入混合石蜡液(由液体石蜡和固体石蜡按比例混合加热后制成),作为氧气隔离层,然后将试管置于28℃的温度下,并在2 000~5 000 lx的光照条件下进行培养。

③ 另外两支接种的试管,需放入厌氧培养缸中,向厌氧培养缸中加入焦性没食子酸(1 g/100 mL空气)与等摩尔碳酸钠,密封后抽真空至负压状态。根据1 g焦性没食子酸在标准大气压下能吸收100 mL氧气的原理,计算出不同体积厌氧培养缸所需的吸氧剂量。随后,立即封闭厌氧培养缸的盖子,并使用真空泵抽气约5 min,使缸内压力降至约1/3。如有条件,可向缸内充入过滤除菌的氮气或氧气,以营造出理想的厌氧环境。

④ 与使用石蜡封盖的试管一样,将厌氧培养缸中的试管同样置于28℃下,光照培养4~5 d。观察沿穿刺线生长出的鲜紫红色或橘红色菌苔,若出现则表明培养成功,最后对两种培养方法的结果进行比较。

⑤ 在厌氧培养缸中的培养管琼脂顶部,加入1.0~2.0 mL的灭菌液体石蜡,以保存菌株。

2. 光合细菌的增殖培养

① 将范尼尔型液体培养基注入已经灭菌的250 mL带塞锥形瓶中,直至达到瓶颈附近。

② 挑选之前穿刺培养的光合细菌菌株,使用接种环取出适量的培养物,将其转移到瓶子中。每种细菌单独接种一瓶,之后用液体培养基填满至瓶颈处,轻轻盖上瓶盖,让多余的培养基溢出。在盖瓶盖时,确保瓶内不残留气泡。

③ 在28℃的温度和2 000~5 000 lx的光照条件下,培养上述锥形瓶,并且每天检查瓶内光合细菌的生长状况以及颜色变化。

④ 选取菌种管内剩余培养物的一部分，制作成涂片，经过简易染色后观察，比较两种菌株在形态上的不同，并结合穿刺培养与液体培养的特性，记录在列表中。

3. 高浓度有机废水的降解中光合细菌的作用

① 将 80.0 mL 的豆制品厂黄泔水（或者是淀粉废水、抗生素发酵废水、羊毛洗涤废水等含有高浓度有机物的废水）倒入一个 200 mL 的烧杯中。

② 取 80 mL 已经培养好的球形红假单胞菌（或沼泽红假单胞菌）菌液，倒入烧杯中，与废水彻底混合搅拌，将 pH 值调节至 7.2～7.5。

③ 抽取 50.0 mL 的混合液进行 COD_{Cr} 和 BOD_5 的测定，以此作为实验开始时的水质指标。

④ 将剩余的混合液倒入已消毒的 100 mL 带塞锥形瓶中，直至接近瓶口，然后盖紧瓶塞，确保多余的液体溢出，同时避免瓶内产生气泡。

⑤ 在 28℃下，通过光照培养 24 h、48 h 和 72 h 后，于无菌操作环境下，吸取 10.0 mL 的菌液样本，进行 30 min 的离心处理（转速为 4 000 r/min）。随后测定瓶中混合液的化学需氧量（COD_{Cr}）和生化需氧量（BOD_5），并以 0 h 的 COD_{Cr} 和 BOD_5 值作为基准，计算出有机物的去除效率。将沉淀物在 105℃下烘干至恒重，以测定菌体的干重。

四、实验结果记录与分析

1. 比较两株光合细菌的形态特征、穿刺培养和液体培养特性，并列出它们对多种高浓度有机废水净化效果的对比。将有机废水净化的检测数据记录在表 5.4-1 内。

表 5.4-1 光合细菌处理有机废水实验测试结果

		光照微通气		黑暗微通气		对照	
	培养时间/h	1#	2#	1#	2#	1#	2#
COD/(mg/L)	0						
	24						
	48						
	72						
BOD/(mg/L)	0						
	24						
	48						
	72						

续表

		光照微通气		黑暗微通气		对照	
	培养时间/h	1#	2#	1#	2#	1#	2#
菌体干重/(mg/100 mL)	0						
	24						
	48						
	72						

注：1#——球形红假单胞菌，2#——沼泽红假单细菌。

2. 以培养时间(h)为横坐标，BOD(或 COD，mg/L)为右侧纵坐标，菌体干重(g)为左侧纵坐标，绘制二者变化关系曲线于图 5.4-1 中。

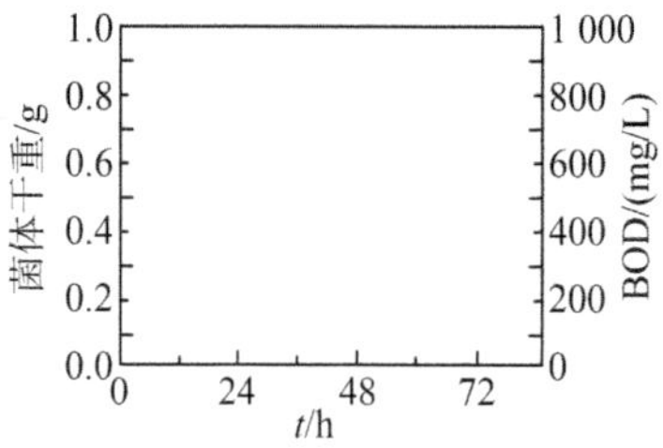

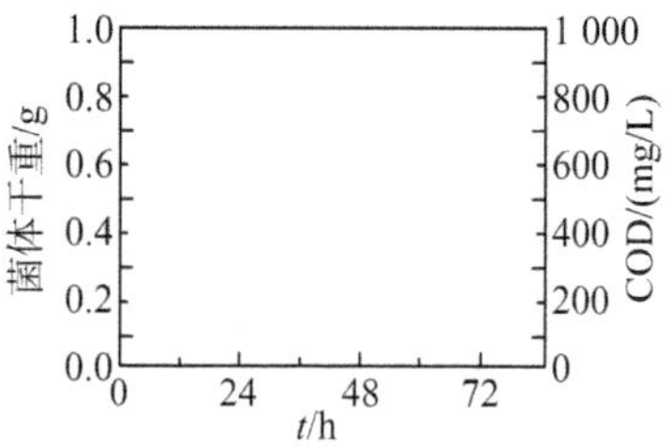

图 5.4-1　实验有机废水中 BOD(COD)与菌体干重随培养时间变化关系

五、思考题

1. 为充分发挥光合细菌作用，应创造什么生存条件?

2. 利用光合细菌处理上述废水，是否能使出水 BOD(或 COD)达到排放标准?

3. 相较于其他细菌，光合细菌在处理高浓度有机废水方面有哪些优势呢?

5.5　运用 T-RFLP 技术快速鉴定分枝杆菌

该实验通过分离水中和临床上的分枝杆菌(*Mycobacteria*)，建立了一种鉴定方法。该方法首先用 5′端标记的引物扩增 *Mycobacteria* 的 16S rRNA 基因，将扩增的产物用限制性内切酶进行消化，因为不同种类的 *Mycobacteria* 会产生不同长度的标记的限制性内切酶片段，但是对于单酶切消化，会产生相近或相同的片段，通过选择组合多种限制性内切酶，就会产生一系列独有的酶切图谱，从而可以从种的水平对 *Mycobacteria* 进行鉴定。该方法能够快速(少于 36 h)鉴定 *Mycobacteria*，并能够灵敏精确地分辨出 13 种 *Mycobacteria* 混合样品。

一、材料

1. 主要实验仪器：组织匀浆器，PCR 扩增仪，核酸电泳系统，凝胶成像分析系统，离心机，ABI373A 自动测序仪。

2. 主要试剂：酸洗的玻璃珠，平衡酚，苯酚-氯仿-异戊醇，95%乙醇，70%的乙醇，7.5 mol/L 乙酸钾，Perkin-Elmer GeneAmp PCR 试剂盒，限制性内切酶 DpnⅡ、HaeⅢ、HhaⅠ、MspⅠ和 RsaⅠ(Gibco BRL Life Technologies and New England Biolabs)。引物序列 5′GCCTAACACATGCAAGTCGA3′(位于 *Mycobacteria* SSU 16S rRNA 的 5′端)和 5′CGTATTACCGCGGCTGCTGG3′(位于 *Mycobacteria* SSU 16S rRNA 的中部)，由 Genesis Biotechnologies Inc. 合成，其中 5′端由荧光染料 JOE 标记。

二、操作步骤

1. DNA 的提取

取少许培养物放入微量离心管；加入 500.0 μL TE(Tris-EDTA，pH8.0)，500.0 μL 平衡酚，30.0 μL 酸洗的玻璃珠；混合液在组织匀浆器剧烈破碎细胞 2 min；最大转速离心 5 min，取上清液；加入苯酚-氯仿-异戊醇抽提；加入 2 倍体积的 95%乙醇，1/2 体积的 7.5 mol/L 乙酸钾沉淀 DNA；70%的乙醇洗涤；加入 40.0 g/L 的 TE 溶解 DNA。

2. 扩增条件

反应体系：采用 Perkin-Elmer GeneAmp PCR 试剂盒(Roche Molecular Systems，Inc.，N. J. Branchburg)扩增提取的 DNA，操作按照厂家说明进行。100.0 μL 的反应体系主要包括 50.0 mmol/L KCl，10.0 mmol/L Tris-HCl (pH8.3)，1.5 mmol/L $MgCl_2$，0.01%(w/v)明胶，200.0 μmol/L dNTP(每种)，0.5 μmol/L 引物(每种)，50.0 ng DNA。

反应条件：

94℃	5 min
加入 2.5 U Perkin-Elmer Amplitaq DNA 聚合酶(Roche Molecular Systems)	
加入 50.0 μL 矿物油(Sigma)	
94℃变性 } 30 个循环	1 min } 30 个循环
55℃复性 } 30 个循环	1 min } 30 个循环
72℃延伸 } 30 个循环	3 min } 30 个循环
72℃延伸	10 min

PCR 产物用 WIZARD PCR 纯化试剂盒(Protnega，Madison，Wis.)进行纯

化，洗脱体积为 50 μL。

3. 酶切条件

取纯化后的 PCR 产物 1.0 μL 分别用 5.0 U 的 DpnII、HaeIII、HhaI、MspI 和 RsaI(Gibco BRL Life Technologies and New England Biolabs)消化 1 h，反应体系 25.0 μL。

4. 电泳条件

分别取 1.0 μL 酶切产物，加入去离子甲酰胺，0.5 μL 上样缓冲液(Applied Biosystems Instruments)和 0.5 μL 的 Tamara 500 DNA 标准分子(ABI)进行混合，将混合物 94℃变性 2.5 min，迅速放入冰中冷却 5 min，然后取冷却的混合物上样。

使用 ABI373A 自动测序仪。6%的丙烯酰胺凝胶为分离介质，电泳时间 6 h，电压 800 V，电流 30 mA，数据由 GeneScan 软件收集并处理。

5. 数据分析

运用 T-RFLP 技术监测环境中微生物群落多样性及结构特征等，实验的关键不仅仅是实验的设计，更重要的是对产生的数据的分析，因为从遗传分析仪上获得的是人不能直接读懂的图谱和庞大的数据。通常利用这些图谱的方式主要是关注感兴趣的片段，利用克隆技术来确定图谱中特定的片段，该方法主要是采用与 T-RFLP 扩增相同的引物，唯一的区别是引物不标记，扩增的产物克隆到质粒中建立克隆文库，然后测序，将测序结果进行 BLAST，来确定所代表的微生物；还有一种方法是采用从环境中分离纯菌株，在相同的条件下进行 T-RFLP 实验，通过比较图谱来确定样品中某一特定的微生物；最后一种方法是通过 Southern 杂交技术来确定某一特定的微生物。但是这些方法没有充分利用多酶切的末端限制性片段(TRFs)的信息，仅对部分感兴趣的微生物进行研究，近期，威斯康星-麦迪逊大学开发了一种基于网络的 T-RFLP 数据分析技术，该技术需要用户挑选一个包含目标 TRFs 的数据库，然后上传自动测序仪产生的数据，并选择使用的限制性内切酶。通过查询，用户能够得知每个峰可能对应的微生物种类。另外一种方法也基于 Web 上的分析方法，但是与威斯康星-麦迪逊大学建立的方法不同，该方法通过核糖体数据库，通过模拟来考察所使用的限制性内切酶产生的片段代表的微生物，通过与实际实验产生的数据进行对比从而获得每个片段代表的含义。

但是在某种情况下并不着重关心每个片段代表的具体微生物，而是从整体考虑一个生态体系中微生物结构的变化，这就要从统计学的角度来处理数据。

这些方法有：NMDS（Non-metric Multidimensional Scaling）、PCA（Principal Component Analysis）和 PLS（Partial Least Squares Regression Models）等算法。

NMDS是考察不同样品微生物之间的相似性，算法为 $D_{xy}=2N_{xy}/(N_x+N_y)$，其中 N_x 和 N_y 分别代表样品 x 和样品 y 的 TRFs，N_{xy} 代表在样品 x 和 y 中都有的 TRFs 数目。

PCA 算法不仅考虑了缺失和存在的片段，同时也考虑了 TRFs 分布。PLS 和测量参数同步相关联。

5.6　土壤样品中微生物总 DNA 的提取

5.6.1　改进试剂盒法

一、材料

主要实验仪器：核酸电泳系统，凝胶成像分析系统，离心机，移液器，水浴锅，涡旋振荡器。

主要试剂：0.1 mol/L 磷酸缓冲液（pH 8.0），细微玻璃珠，溶菌酶，20% SDS，70%乙醇，TE 缓冲液（pH 8.0），8.0 mol/L 乙酸钾溶液，DNA 分子量标准，1.0% 琼脂糖，核酸上样缓冲液，3.0 mol/L 乙酸钠溶液（将 408.0 g $CH_3COONa \cdot 3H_2O$ 溶入水，用 3.0 mol/L 乙酸调校至 pH 5.2，补水至 1 L）。

二、操作步骤

1. 取 1.0 g 土壤样品，加入 1.0 mL 0.1 mol/L 磷酸缓冲液（pH 8.0），再加入直径分别为 0.1 mm、0.5 mm 玻璃珠各 0.5 g，振荡 5 min。

2. 加入溶菌酶 5.0 mg，终浓度为 2.5 mg/mL，室温下振荡 15 min。

3. 加 125.0 μL 20% SDS 振荡处理 15 min，15 000 r/min 离心 5 min。

4. 取上清液分装到两个 eppendorf 管中，每 700.0 μL 上清液加入 125.0 μL 8.0 mol/L 乙酸钾溶液，倒置混匀约 1 min，15 000 r/min 离心 5 min。

5. 转上清液于一新的 eppendorf 管，加 1.0 mL DNA 结合基质 Binding Matrix 液（1∶2，用 6.0 mol/L 异硫氰酸胍稀释），翻转混合 2 min，15 000 r/min 离心 1 min。

6. 去上清液，沉淀物用 500.0 μL 70%乙醇缓冲液（含 100.0 mmol/L 的乙酸钠溶液）清洗，15 000 r/min 离心 1 min。

7. 加 200.0 μL TE 缓冲液（pH8.0）抽提，15 000 r/min 离心 1 min，上清

液备用。

5.6.2 SDS-酚-氯仿法

一、材料

1. 主要实验仪器:同 5.6.1 改进试剂盒法。

2. 主要试剂:氯仿-异戊醇,酚,异丙醇,CsCl,其余试剂同改进试剂盒法。

二、操作步骤

1. 取 1.0 g 土壤样品,加入 1.0 mL 0.1 mol/L pH 8.0 磷酸缓冲液、玻璃珠(同改进试剂盒法),振荡 1 min。

2. 加入溶菌酶 5.0 mg,使终浓度为 2.5 mg/mL,室温下振荡 15 min,放置冰箱 30 min。

3. 加 125.0 μL 20% SDS 振荡处理 15 min,离心。

4. 分装 eppendorf 管,加酚抽提一次,氯仿-异戊醇两次。

5. 加 0.6 体积异丙醇,室温放置 1 h,离心。

6. 70%乙醇清洗,1.0 mL TE 溶解。

7. 取 1.0 mL DNA 粗提液,加 1.0 g CsCl,室温放置 3 h,离心,取上清液。

8. 加 4.0 mL 双蒸水与 3.0 mL 异丙醇,室温放置 15 min,离心。

9. 去上清液,TE 溶解沉淀。

10. 加 100.0 μL 8.0 mol/L KAC,放置 15 min,离心。

11. 取上清液,加 0.6 体积异丙醇,放置 15 min,离心。

12. 70%乙醇清洗,200.0 μL TE 溶解。

注:每次离心均为 15 000 r/min,5 min。

5.6.3 SDS-高盐缓冲液法提取 DNA

一、材料

1. 主要实验仪器:水浴摇床,核酸电泳系统,凝胶成像分析系统,离心机,移液枪,水浴锅,涡旋振荡器。

2. 主要试剂:DNA 提取液(100.0 mmol/L Tris-HCl,100.0 mmol/L EDTA,100.0 mmol/L 磷酸钠,1.5 mol/L NaCl,1%CTAB,pH 8.0),0.1 mg/mL 蛋白酶 K,液氮,其余同 5.6.2 SDS-酚-氯仿抽提法。

二、操作步骤

1. 称取 1.0 g 土壤样品,加 2.7 mL DNA 提取液。

2. 加入 20.0 μL (0.1 mg/mL)蛋白酶 K,放在摇床上,37℃,250 r/min 振荡 30 min。

3. 加入 20% SDS 溶液 300.0 μL,65℃水浴 2 h,每隔 20 min 轻轻颠倒几次。

4. 液氮冷冻 10 min,65℃水浴 10 min,共 3 个循环。6 000 r/min 离心 10 min。

5. 取上清液,氯仿-异戊醇抽提一次,异丙醇沉淀 1 h,离心。

6. 70%乙醇清洗,TE 溶解。

7. 纯化步骤按照 SDS -酚-氯仿抽提法中步骤进行。

8. DNA 浓度用 DNA 定量仪测定。在 1.0%(w/v)琼脂糖凝胶上进行电泳,检测 DNA 提取效果,凝胶成像系统纪录结果。

9. 测定 DNA 样品在 260 nm 和 280 nm 的吸光值,计算 OD_{260}/OD_{280} 的比值,确定样品纯度。

5.7 从活性污泥中提取微生物 RNA

在 1985 年,Pace 及其团队首次运用核酸测序技术,通过 rRNA 来识别环境样本中的微生物种类,这为人们认识众多难以培养的微生物群体提供了全新的视角,并在技术上解决了正确理解微生物生态系统所面临的重大难题。现今,借助 rRNA 基因序列的高保守性和多样性,我们能够通过序列相似度来揭示微生物之间的系统发育联系。以 rRNA 基因分析为核心的技术,如核酸技术,已经引领微生物多样性和微生物生态学研究迈入了一个崭新的纪元,显著促进了对微生物多样性研究的深入。

在微生物系统分析领域,16S rRNA 与 DNA 的比率是衡量复杂微生物群落中特定成员代谢活动的一个有效指标。在恒定的环境下,特定微生物的 RNA 与 DNA 比率与其生长速率呈正比。尽管 16S rRNA 的含量不能直接反映某类微生物细胞数量的多少,但它能体现特定群体的相对生理活性,这对于探索生态系统功能的多样性具有重大意义。活性污泥是环境工程中最常见和基本的样品,对于它的研究有着重要意义。

5.7.1 实验方案一

一、材料

1. 仪器和试剂:核酸电泳系统,凝胶成像分析系统,离心机,移液枪,水浴锅，离心管，涡旋振荡器，吸头，eppendorf 管，试剂瓶，1 个 125 mL 的白色试剂瓶（用于存放无水乙醇），量筒，容量瓶，紫外-可见分光光度计，DEPC 水，75%乙醇，4.0 mol/L 异硫氰酸胍，25.0 mmol/L 柠檬酸钠（pH7.0），1%SDS，1% β-巯基乙醇，乙酸钠，异丙醇，TE 缓冲液，DNA 酶，DEPC。

2. 特别注意的主要有以下 4 条。

（1）塑料制品（包含枪头、eppendorf 管）：首先，将 DEPC 水从量瓶倒入瓷缸，然后逐一将塑料制品浸泡其中，对于小枪头则需用吸管注入 DEPC 水，让其浸泡整夜，随后烘干以备使用。实验开始前，将枪头等放置于吸头台中。

（2）玻璃制品：先将玻璃制品浸泡在酸液中过夜，之后彻底冲洗，用锡纸包裹后烘干备用（DEPC 水处理）（清洗后先在 1‰ DEPC 水中浸泡过夜，再烘干）。

（3）DEPC 水：从量瓶中吸取 1.0 mL 的 DEPC 水，加入 1 000 mL 的双蒸水中，配制成 1‰的 DEPC 水溶液，置于 1 000 mL 的容量瓶中，静置 4 h 后即可使用。

（4）75%乙醇：将无水乙醇与 DEPC 水混合后，置于−20℃下保存。

二、操作步骤

1. 混合液 4℃，10 000 r/min 离心 5 min，沉淀细胞悬浮于 5.0 mL 细胞消解溶液[4.0 mol/L 异硫氰酸胍，25.0 mmol/L 柠檬酸钠（pH 7.0），1% SDS（w/v），1% β-巯基乙醇（v/v）]，70℃保温 30 min。

2. 细胞悬液加入 1.0 mL 2.0 mol/L 乙酸钠（pH 4.0），然后加入 6.0 mL 酚-氯仿进行抽提。

3. 4℃，10 000 r/min 离心 5 min，收集水相，随后加入 6.0 mL 异丙醇，轻轻击打，4℃，5 000 r/min 离心 10 min。

4. 核酸溶解于 10.0 mL 经 DEPC 处理的 TE 缓冲液，随后加入 5.0 mL 7.5 mol/L 乙酸铵和 30.0 mL 乙醇，−20℃放置 12 h。

5. 溶液 4℃，10 000 r/min 离心 10 min，沉淀物溶解于经 DEPC 处理过的含有 0.5%（w/v）SDS 的 TE 缓冲液。

5.7.2 实验方案二

一、材料

仪器与试剂：核酸电泳系统，凝胶成像分析系统，离心机，移液枪，离心管，水浴锅，涡旋振荡器，吸头，eppendorf 管，试剂瓶，1 个 125 mL 的白色试剂瓶（用于存放无水乙醇），量筒，容量瓶，紫外-可见分光光度计，聚乙烯聚吡咯烷酮，酚-氯仿溶液(4∶1),50.0 mmol/L 乙酸钠,10.0 mmol/L EDTA 缓冲液,乙酸铵,DEPC。

二、操作步骤

1. 在 50.0 mL 含有 10.0 g 污泥的离心管中加入 8.0 mL 消解溶液,2.0 g 酸洗过的聚乙烯聚吡咯烷酮。

2. 在涡旋振荡器上以最大速度剧烈振荡 5 min,用等体积的酚-氯仿抽提两次(按 4∶1 比例配制的酚-氯仿,用 50.0 mmol/L 乙酸钠饱和,pH 5.1,10.0 mmol/L EDTA 缓冲液)。

3. 4℃,13 360 r/min 离心 10 min,收集水相,加入 0.5 倍体积 7.5 mol/L 乙酸铵,2 倍体积的乙醇沉淀。

4. 有 4 种不同的消解溶液可供选择:(1)20% SDS,0.1 mol/L β-巯基乙醇。(2)6.29 mol/L 异硫氰酸胍,0.1 mol/L β-巯基乙醇。(3)10.0 mol/L 尿素。(4)平衡酚(pH5.1),50.0 mmol/L 乙酸钠(pH 5.1),10.0 mmol/L EDTA。

5. 抽提 rRNA 质量用聚丙烯酰胺凝胶电泳(加 EB)检测,与标准样品比较。

5.7.3 实验方案三

一、材料

核酸电泳系统,凝胶成像分析系统,离心机,移液枪,水浴锅,涡旋振荡器,吸头,eppendorf 管,试剂瓶,1 个 125 mL 的白色试剂瓶(用于存放无水乙醇),量筒,容量瓶,紫外-可见分光光度计,消解缓冲液,玻璃珠,离心管,酚-氯仿溶液,20.0 mmol/L Tris(pH 7.4),20.0 mmol/L EDTA,DEPC。

二、操作步骤

1. 将 5.0 g 湿污泥缓缓置入含有 50.0 mL 的离心管内并进行搅拌,该离心管内含有 25.0 mL 的消解缓冲液,其中包含 6.29 mol/L 的异硫氰酸胍、25.0 mmol/L 的柠檬酸钠(pH 值为 7.0)、0.5%的十二烷基肌氨酸钠、0.1 mol/L 的β-巯基乙醇以及 1.0 g 经过酸洗处理的聚乙烯聚吡咯烷酮。环境样品的缓冲液 pH 值范围应保持在 6.1～6.4。

2. 加入 5.0 g 烘烤过的玻璃珠,剧烈振荡 5 min,分装两个离心管,4℃,13 360 r/min 离心 10 min。移去上清液,分装到 4 个 30 mL 离心管。

3. 加入等体积的酚-氯仿(4∶1)抽提两次,最终的水相加入 $MgCl_2$ 至终浓度 2.0 mmol/L,0.5 倍体积 7.5 mol/L 乙酸铵,2 倍体积的无水乙醇使核酸沉淀。

4. －20℃过夜，4℃，13 360 r/min 离心 45 min，使 RNA 吸附至球珠上，弃上清液，真空干燥，重悬于 400.0 μL TE 缓冲液［20.0 mmol/LTris(pH 7.4)，20.0 mmol/L EDTA］，再次沉淀。

5. －20℃过夜，4℃，10 000 r/min 离心 30 min，弃上清液，重悬于 100.0 μL 去离子水中。

6. 再次沉淀，用 80％乙醇溶液漂洗，真空干燥，重悬于 50.0 μL 去离子水中。

7. 质量分析同上，剩余抽提样品－80℃保存。

5.8 芳香烃降解基因的 PCR 检测

环境中存在大量的有毒碳氢化合物，需要从污染场地中清除。生物修复是一种有效方法，但需要能降解一种或更多种污染物的细菌。BTEX(苯、甲苯、乙苯和二甲苯)通过加氧酶催化反应，芳香环或烷基取代基的羟基化，而容易被微生物好氧降解。用来检测土壤中 BTEX 降解菌表型的通用方法包括选择性平板接种和基因探针，检测和研究涉及 BTEX 降解的基因序列的分布。本实验的目的是探寻污染底土中能降解 BTEX 污染物的种群，探讨它们的降解能力，检测 BTEX 降解基因，以便对污染土壤垦殖时将可能要进行的修复策略进行客观评价。

一、试剂与仪器

受 BTEX 污染的土壤，DNA 提取试剂盒，DNA 操作常规试剂，微量移液枪，DNA 电泳设备，PCR 扩增仪。

二、操作步骤

1. 采用石脑油富集培养物从 BTEX(苯、甲苯、乙苯和二甲苯)污染的底土中筛选芳香烃降解菌。

2. DNA 提取。

3. *xylE* 基因的引物设计及 PCR 扩增：引物依据菌株 *P. putida* G7(*nahH*)，*Pseudomonas* sp. IC(*bphE*)，*Pseudomonas picketti* PK01(*tbuE*)和 *P. putida* MT-2(*xylE*)的邻苯二酚-2,3-双加氧酶氨基酸保守序列进行设计，正向引物：5′-GTNYTNGGNTTYTAYYTNGCNGAR-3′，反向引物：5′-NCKRTTNCCNSWNGGRTCRAA-3′，分别处于 *P. putida* MT-2 的 *xylE* 基因的核苷酸 561 bp 和 840 bp 位置。

在 50 mL *xylE* 的扩增体系中含有：

5.0 μL	10×*Taq* 缓冲液(100.0 mmol/L Tris-HCl,pH 8.3)
1.25 mmol/L	$MgCl_2$
200.0 μmol/L	核苷酸
1.2 μmol/L	正向引物
1.2 μmol/L	反向引物
1.0 U	*Taq* 酶
2.5 ng	模板 DNA

加热程序:94℃加热 1 min,再将 *Taq* 酶加到 PCR 混合物中,然后进行 30 个循环(92℃ 40 s,53℃ 50 s,72℃ 1 min),72℃ 7 min。

4. *todCl* 基因的引物设计及 PCR 扩增:*todCl* 扩增见有关文献,*P. putida* F1 的 *todCl* 序列中的引物是:正向引物 5′-CGGGTGGCTTACGACACCGCCG-GCAATCT-3′,反向引物 5′-TCGAGCCGCGCTCCACGCTACCCAGACGTT-3′,分别处在菌株 Fl 的 *todCl* 核苷酸序列的 976 bp 和 1 535 bp 位置。

5. *xylA*,M 基因的引物设计及 PCR 扩增:根据菌株 *P. putida* MT-2,*P. putidap* DKl 和 *P. putidap* WW0 的 *xylA*,M 基因的核苷酸保守序列进行设计引物。正向引物:5′-GGGTTTGGCTTGGGGCGGCAACA-3′,反向引物:5′-CCCGCGCAACACCAAGTCGAACGA-3′。引物分别处于菌株 *P. putida* MT-2 的 *xylA*,M 基因参考核苷酸序列的 104 bp 和 2 295 bp 位置。

在 25.0 μL *xylA*,M 片段 PCR 扩增体系中含有:

2.5 μL	10×*Taq* 缓冲液
2.5 mmol/L	$MgCl_2$
200.0 μmol/L	dNTP
0.2 μmol/L	正向引物
0.2 μmol/L	反向引物
1.0 U	*Taq* 酶
7.5%	二甲基甲酰胺(DMSO)
2.5 ng	模板 DNA

加热程序:30 个循环(94℃ 1 min,60℃ 1 min,72℃ 1 min)和 72℃ 3 min。

6. 随机扩增多态 DNA(RAPD)分析:所有分离物均采用引物 OPA2(5′-TGCCGAGTCG-3′),OPA9(5′-GGGTAACGCC-3′)和 OPA10(5′-GTGC-CGAGCTG-3′)进行随机扩增多态 DNA(RAPD)分析。

7. 采用核酸内切酶 HhaⅠ、HinfⅠ、RsaⅠ和 TaqⅠ对 PCR 扩增产物进行酶切,与自由程序 WebCutter ©分析得到的已公布的序列进行比对。分析时可使用以下 16S rDNA 序列收录号：Z76656（*Pseudomonas aureofaciens* DSMZ6698T），Z76651（*P. aeruginosa* LMG1242T），X93997（P. *putida* R1），X95923（*Xatithomonas maltophilia* LMG958T）和 M22509（*Alcaligenes xylosoxidans* subsp. *Denitrificans* A6）。应用 PCR 分析甲苯双加氧酶、二甲苯单加氧酶和邻苯二酚-2,3-双加氧酶。*P. putida* 菌株 CM23 与 *xylA*.、M、*xylE* 和 *todClC2BA* 基因具有同源性，具有多条途径，使菌株能生长在苯、甲苯和间二甲苯。

5.9 有机固体废弃物的堆肥处理

有机固体废弃物是一些可生化降解的固体废物，随着经济发展和人们生活水平的提高，有机固体废弃物的排放已造成严重的环境污染，这些被弃置的废物中蕴含着大量的生物质能，因此，如何对大量有机固体废弃物进行处置并实现其资源化、无害化一直受到重视，目前，堆肥化技术已成为固体废弃物资源化处置的重要技术之一。

在特定的人工环境下，通过自然微生物（或添加的人工微生物）的代谢活动，堆肥将有机废弃物转化为矿质化和腐殖化的物质，实现无害化处理。这一过程将复杂的有机态营养成分转变为易于吸收的养分和腐殖质，从而产生富含营养、肥效持久且能改善土壤结构的有机肥料。根据氧气需求，堆肥分为好氧和厌氧两种类型，鉴于厌氧堆肥的成熟和无害化过程较慢，目前普遍采用的是好氧堆肥。

好氧堆肥过程涉及利用好氧微生物的代谢作用，在氧气存在的环境中分解有机物质。好氧堆肥过程大致分为升温、高温、降温 3 个阶段。每一阶段都有其独有的微生物种类，细菌在堆肥开始和降温时数量最大，而放线菌和真菌在放热期时数量最大，而且堆肥的原料不同，微生物的种类和数量也不同。

升温阶段：在堆肥初期，主要是中温性微生物（无芽孢好氧细菌、丝状真菌等）利用堆体中易分解的营养物质开始繁殖，产生大量热量，使堆体温度开始升高。随着温度的升高，好热性的芽孢菌和霉菌占主导地位，利用易分解有机物，使堆体温度持续上升，当达到 45℃以上时，进入高温阶段。

高温阶段：中温性微生物活性逐渐降低，呈孢子状态或死亡，嗜热性微生物逐渐占据主导地位，50℃左右主要为嗜热性真菌和放线菌，60℃左右嗜热性丝状真菌停止活动，70℃时，大量微生物死亡或休眠，有机质在各种酶的作用下继续分解。由于微生物死亡、酶的作用逐渐减弱，产生的热量减少，温度开始降低，当降至 70℃以下时，休眠的嗜热微生物又开始活动，从而使堆体在 70℃左右的高温水平保持较长的时间，产生大量腐殖质。同时，利用在堆积过程中产生的高温（55～70℃）来消灭原材料中含有的病菌、虫卵以及杂草种子，实现无害化的目标。

降温阶段：经过高温期后，大量易分解或较易分解的有机物被分解，剩下难降解有机物（如木质素）和新形成的腐殖质，微生物活性减弱，产生的热量减少，温度开始降低。当温度下降到 40℃左右时，中温性微生物又成为优势菌种，进一步分解剩余有机物。随着可利用有机物的减少，温度逐渐降低，腐殖质继续增多且逐渐稳定，堆肥进入腐熟阶段，实现了固体废弃物的无害化、减量化和资源化。

一、实验目的

1. 了解和掌握有机固体废弃物堆肥处置的原理和方法。

2. 了解好氧堆肥三阶段（升温、高温、降温）微生物活性监测。

二、实验用品

1. 实验器材

静态强制通风堆肥装置、表面荧光显微镜、无菌样品瓶、天平、移液枪、无菌枪头、无菌试管、无菌离心管、离心机、恒温箱、一次性无菌滤器、无菌注射器、分光光度计、黑色核孔滤膜（0.22 μm 聚碳酸酯滤膜）、抽滤装置、无荧光镜油、无菌镊子、载玻片、盖玻片等。

2. 试剂

（1）FDA 储备液：0.1 g FDA 溶于 100.0 mL 丙酮中（1 000.0 μg/mL FDA），－20℃储存备用。

（2）荧光素溶液：20.0 mg 荧光素钠盐溶于 100.0 mL 磷酸盐缓冲液中（200.0 μg/mL）。

（3）DAPI 工作液（10.0 μg/mL）：将一定量的 DAPI 溶于蒸馏水中，制备成高浓度的储备液（200.0 μg/mL），经 0.22 μm 滤膜过滤，分装后－20℃冷冻保存。使用前将储备液解冻后稀释成 10.0 μg/mL 的工作液，经 0.22 μm 滤膜过滤后使用。

（4）无颗粒甲醛：经 0.22 μm 滤膜过滤的 37%～40%的甲醛溶液。

（5）磷酸盐缓冲液（pH 7.6）、丙酮等。

3. 其他

有机污泥、农作物秸秆。

三、操作步骤

1. 实验设计

选取有机污泥(由污水处理厂提供)、农作物秸秆(由当地农户提供)等作为堆肥原料,将农作物秸秆粉碎成 0.8～1.2 cm 的小段,将污泥和秸秆按照 3∶2 的比例混合,使初始 C/N 在 20～30 范围内,pH 为中性,含水率在 50%～60%,使用静态强制通风堆肥装置进行堆肥,并定期翻堆。静态强制通风堆肥装置主要由反应仓、通气板、风机、温度测量孔、布水管等组成,反应仓体积约 50 L,在反应仓的上中下各部位分别设有取样口。实验进行 30 d。

在堆肥过程中,每天定期通风,当堆肥开始时,通风增加堆体中氧气的供给,当堆肥到达高温期时,通风除了供给氧气外,还可以通过加大通风量带走过多的热量达到调温的目的,使最适温度控制在 55～60℃,维持 5～7 d;当有机物基本分解完毕,通风可使堆体的含水率降低。

2. 温度测量

每天定期测量堆体中心部位温度及室温的变化。

3. 样品采集

于实验开始时以及实验开始后每两天定期采集堆肥样品,分别在各个取样口取相同量的样品,充分混合均匀,用于测定微生物活性及数量的变化。

4. 样品分析

(1) 微生物活性采用荧光素二乙酸酯法测定。

(2) 微生物总数采用表面荧光显微镜直接镜检法计数。

(3) 理化因子分析。根据相关分析方法分别测定 TOC、DOC、TN、NH_4-N、NO_2-N、NO_3-N、PO_4^{3-} 等。

四、实验结果记录与分析

1. 绘制并分析堆肥过程中堆体温度的变化曲线。

2. 绘制并分析堆肥过程中微生物活性的变化曲线。

3. 绘制并分析堆肥过程中微生物数量的变化曲线。

4. 计算各理化因子的降解率,并绘制降解率的变化曲线。

五、思考题

1. 请分析堆肥过程中温度变化、微生物数量和活性之间的关系。

2. 请根据堆肥的温度、微生物数量和活性、理化因子的变化等,判断堆肥的腐熟程度及堆肥的质量。

3. 结合本实验,请分析要想获得优质的好氧堆肥,应注意哪些影响因素。

5.10　石油污染土壤的固定化微生物处理

石油及其衍生品在开采、运输、储存、加工和使用等环节中，会渗透到土壤里，其累积速度和量超过了土壤自我净化的能力，造成土壤环境功能紊乱和土壤品质恶化。这些污染物还会通过食物链影响人类的健康。全球范围内，土壤石油污染问题日益加剧，特别是在油田和炼油厂附近，污染现象尤为显著。

原油由于其密度较低、黏附力强以及乳化性能差，易于与土壤颗粒结合，导致土壤孔隙被堵塞，这会干扰土壤的通气性和水分渗透性，进而改变土壤的构造和成分。这种变化会对土壤中的微生物和酶的活性产生抑制效果，导致土壤微生物群落的结构和功能发生改变，破坏土壤的微生态环境。同时，石油烃类化合物具有显著的生物毒性，它们在环境中的存留时间长，难以清除，并且危害严重。因此，如何有效地修复受这些物质污染的环境，已经成为一个备受关注的问题。

修复受石油污染的土壤技术涵盖了物理、化学以及生物三种方法。生物修复，特别是微生物修复，被认为是土壤净化中最具活力的技术，对于生态恢复而言，它是最有效的手段。微生物修复技术主要依赖于土壤内原有的微生物，或者通过引入经过培养的高效微生物，在适宜的环境下，通过这些微生物的代谢作用，将土壤中的石油烃类污染物转化为无害的无机物，如二氧化碳和水。相较于物理和化学方法，微生物修复技术具有成本低廉、不会造成二次污染、处理效果显著以及操作简便等优点，非常适合用于大规模污染土壤的治理。

本实验为了提高接种微生物的存活率及功能活性，将石油烃降解微生物固定在海藻酸钠和硅藻土的复合载体中，海藻酸钠是一种从褐藻中提取出的天然多糖，易降解，成为土壤优质的有机肥料，同时可改善土壤团粒结构；硅藻土可提高载体的机械强度，增大其孔隙度，改善固定化颗粒的传质性能。

一、实验目的

1. 巩固微生物固定化技术。

2. 了解海藻酸钠-硅藻土固定化微生物修复石油污染土壤技术。

二、实验用品

1. 实验器材

恒温培养箱、恒温振荡培养箱、灭菌锅、分光光度计、超声波、离心机、注射器、磁性搅拌器、通风装置、冰箱、土筛、分液漏斗、96 孔微孔板等。

2. 试剂

海藻酸钠、硅藻土、$CaCl_2$、正己烷、Na_2SO_4、磷酸盐缓冲液（pH 8.0，无菌）、无菌生理盐水、无菌蒸馏水。

3. 石油污染土壤

受石油污染时间较长的土壤，自然风干后破碎、除杂、混匀，过 2 mm 筛。

4. 培养基(见表 5.10-1)

5.10-1 高矿物盐基础培养基(MSM)

K_2HPO_4	1.0 g
KH_2PO_4	1.0 g
$(NH_4)_2SO_4$	1.0 g
NaCl	15.0 g
$MgSO_4$	0.2 g
$CaCl_2$	0.02 g
$FeCl_3$	微量
蒸馏水	1 000 mL

121℃高压灭菌 15 min。

5. 微生物

从石油污染土壤中分离、驯化的高效石油烃降解混合菌系。

三、操作步骤

1. 菌悬液的制备

在含有石油的 MSM 培养基中，将石油烃降解菌株振荡培养至对数生长期，4 500 r/min 离心 5 min，弃上清液，用无菌生理盐水洗涤菌体 3 次，制成菌悬液(浓度约为 10^8 个/mL)，利用荧光显微镜计数菌悬液的准确浓度。

2. 固定化微生物的制备

制备含有 4%海藻酸钠和 2%硅藻土的混合液，经过高压灭菌处理，再以 1∶1 的比例与已制备的菌悬液均匀混合，按照微生物固定化技术的相关方法制备固定化微生物。

3. 石油污染土壤的固定化微生物修复

在修复系统中固定好通风装置，将固定化微生物以 1×10^5 个/kg 的剂量接种到石油污染土壤中。同时设置不加固定化微生物的空白对照组。每个处理设置 5 个平行。然后向各个处理系统中加入营养液，调整 C∶N∶P 为 100∶10∶1，含水量为最大持水率的 60%。每天早晚 2 次进行通风供氧，并定期补水保持土壤湿度。

每 7 天取样一次，去掉样品中的固定化小球，测定土壤中石油烃含量和降解菌数量。

四、样品分析测定

1. 土壤含油量的测定和降解率计算

将土壤样本放置在阴凉通风的地方进行风干，随后将其研磨并通过 2 mm 的筛子筛选。取 2.0 g 处理后的土壤，加入 10.0 mL 的正己烷，利用超声波进行 1 h 的萃取。接着吸取上清液，并再进行一次萃取。将两次萃取得到的上清液合并，使用饱和的 Na_2SO_4 溶液进行两次洗涤以去除水分和土壤颗粒。最后，使用分光光度计在 225 nm 波长下测定其吸光度。同时，按照以上步骤制作标准曲线，按下式计算土壤中石油烃的降解率。

$$\omega=\frac{C_0-C_n-V_n}{C_0}\times 100\%$$

式中：ω 为土壤中石油烃降解率（%）；C_0 为土壤初始含油量（mg/kg）；C_n 为样品土壤含油量（mg/kg）；V_n 为空白对照组石油烃的减少量（mg/kg）。

2. 土壤中石油烃降解菌数量的测定

石油烃降解菌数量测定以添加石油的 MSM 作为培养基，采用 MPN 法进行。

五、实验结果记录与分析

1. 计算不同处理时间土壤中石油烃的降解率，并绘制降解率随处理时间的变化曲线。

2. 计算不同处理时间土壤样品中石油烃降解菌的数量，并绘制石油烃降解菌随处理时间的变化曲线。

六、思考题

1. 请分析石油烃的降解率与石油烃降解菌数量变化的关系。

2. 请分析固定化微生物技术处理土壤污染的优势。

第六章　产教融合与探究型试验

6.1　活性污泥微生物的镜检分析

一、目的要求

1. 了解活性污泥中微生物的数量及生长状况。

2. 学习利用微生物镜检结果初步判断污水处理的运行状况是否正常。

二、基本原理

活性污泥是生物法处理污水的主体，活性污泥包含多种微生物，它们共同形成了一定的生物种群，种群中微生物的生长、繁殖以及演替情况往往直接反映了污水处理状况。

在活性污泥法中起主要作用的是由各种微生物组成的菌胶团，活性污泥的净化能力与菌胶团的组成及结构密切相关，菌胶团的主体微生物是细菌，放线菌、原生动物和后生动物也是菌胶团微生物的重要组成部分。当活性污泥运行条件和外界环境因素发生变化时，菌胶团的形状、颜色、密度等参数会相应变化。另一方面，由于原生动物相比细菌体积较大，观察起来比较方便，通过对原生动物类型、数量及生长状况的研究可以判断污水处理系统是否处于良性。

光大水务（淮安）有限公司成立于2019年，位于江苏省淮安市，是一家专业从事污水处理的环境工程企业。光大水务（淮安）有限公司在日常运行中，除了使用物理、化学手段来测定活性污泥的性质以外，还借助显微镜观察活性污泥微生物的状态来判断污水处理的运行状况，以便及早发现异常情况，及时采取对策。本实验以光大水务(淮安)有限公司为例，介绍活性污泥微生物镜检技术。

三、实验材料

1. 活性污泥样品。

2. 显微镜、载玻片、盖玻片、血球计数板等。

四、实验步骤

1. 压片标本的制备

(1) 取一滴活性污泥法曝气池混合液，滴加至洁净的载玻片中央。若混合液中污泥浓度较低，可先让其沉降，再取沉淀部分的一小滴置于载玻片上；若污泥浓度较高，则需进行适当稀释后再观察。

(2) 覆盖盖玻片，制备活性污泥压片标本。在盖盖玻片时，应先让盖玻片的一侧接触水滴，再缓慢放下，以避免气泡形成。

2. 显微镜观察

(1) 低倍镜观察

使用低倍镜观察时，需重点关注污泥絮粒的大小、结构松紧度，以及菌胶团和丝状菌的比例及生长状态，并记录相关特征。与此同时，还要观察微型动物的种类及其活动情况，并对主要种类进行计数。

① 污泥絮粒的大小对初始沉降速率影响较大，较大的絮粒沉降速度较快，按照絮粒的平均直径可划分为以下三类(见表 6.1-1)：

表 6.1-1　絮粒尺寸分类

分类	平均直径
大粒	>500 μm
中粒	150～500 μm
小粒	<150 μm

② 污泥絮粒的特征包括形状、结构、紧密程度及丝状菌含量。镜检时，将近似圆形的絮粒称为圆形絮粒，而形态不规则的则归类为不规则絮粒。絮粒内部若存在网状空隙，并与外部悬液相连，则称为开放结构；若无此类空隙，则为封闭结构。当菌胶团细菌在絮粒内部排列紧密、边界清晰时，被称为紧密絮粒；若边缘模糊，与外部悬液界限不明显，则称为疏松絮粒。实践表明，圆形、封闭且紧密的絮粒更易于凝聚，沉降性能较好，而不规则、开放或疏松的絮粒则沉降性能较差。

③ 丝状菌含量是影响污泥沉降性能的关键因素。当丝状菌占优势时，其从絮粒内部向外生长，使絮粒无法充分浓缩，从而导致污泥 SV(Sludge Volume)值和 SVI(Sludgc Volume Index)值上升，甚至引发污泥膨胀。根据丝状菌与菌胶团的比例，可将丝状菌数量划分为以下五个等级(见表 6.1-2)：

表 6.1-2　丝状菌数量等级划分

分级	性状
0 级	几乎无丝状菌存在
±级	存在少量丝状菌

续表

分级	性状
＋级	存在中等数量的丝状菌，总量少于菌胶团细菌
＋＋级	存在大量丝状菌，总量与菌胶团细菌大致相等
＋＋＋级	污泥絮粒以丝状菌为骨架，数量超过菌胶团细菌而占优势

生产实践表明，当丝状菌数量处于0～±级时，污泥可在二沉池形成致密的网状层，并吸附沉降速率较慢的细小泥粒，共同下沉，使出水清澈，几乎无漂泥现象。当丝状菌数量达到＋＋级及以上时，其大量伸展形成“刺毛球”状结构，阻碍絮粒间的压缩，导致污泥膨胀，难以完成固液分离。因此，当丝状菌数量达到＋级时，应密切关注其变化趋势，若有继续增加的迹象，则需及时采取相应的控制措施。

(2) 高倍镜观察

使用高倍镜可进一步观察微型动物的结构特征。活性污泥中微型动物种类较多，识别微型动物，对于鉴别活性污泥所处状态具有较高参考价值。以下是几种微型动物对于活性污泥的指示作用。

① 在活性污泥运行状态良好时，主要观察到的微生物包括钟虫、楯纤虫、累枝虫、独缩虫等(见图6.1-1)。此类微生物占总数的80%以上，个体在1 000个/mL以上时，通常判断活性污泥具有较高净化效率。

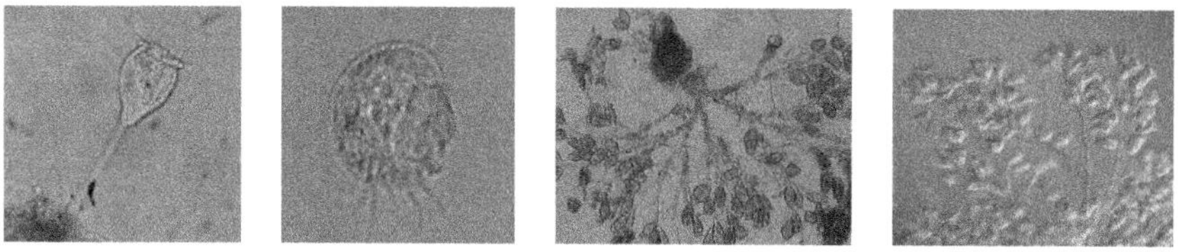

(a)　　(b)　　(c)　　(d)

图6.1-1　钟虫(a)、楯纤虫(b)、累枝虫(c)和独缩虫(d)形貌

此外，当钟虫、楯纤虫数量锐减时，很有可能是因为进水负荷过高或者有毒物质流入，此时出水浑浊不清澈。累枝虫大量出现则是污泥膨胀、解絮的征兆。

② 当活性污泥处于不良状态时，主要观察到的微生物包括波豆虫、豆形虫、草履虫、棘尾虫等(见图6.1-2，多数为游泳型微生物)，此类情况通常表明污泥絮凝体已破碎。

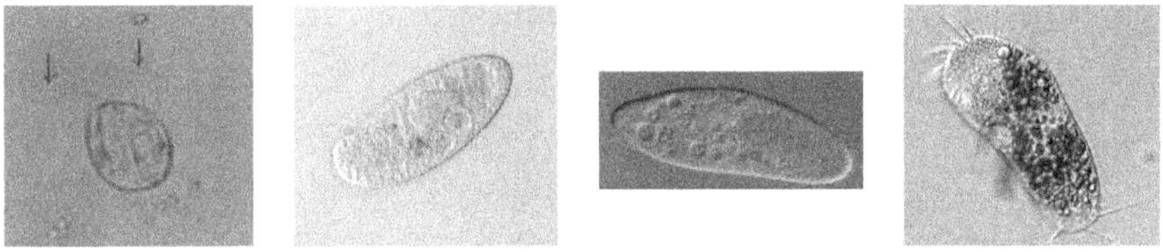

(a)　　(b)　　(c)　　(d)

图 6.1-2　波豆虫(a)、豆形虫(b)、草履虫(c)和棘尾虫(d)形貌

③ 活性污泥分散解体时，通常出现辐射变形虫、多核变形虫等肉足纲原生动物(见图 6.1-3)。

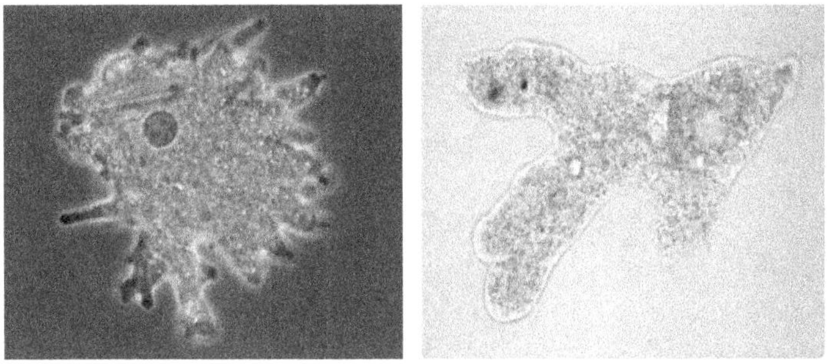

图 6.1-3　变形虫形貌

3. 微型动物计数

(1) 取曝气池的活性污泥混合液倒入烧杯中，并用玻璃棒轻轻搅拌均匀。若混合液浓度较高，可适当进行稀释后再进行观察。

(2) 取一支洗净的滴管(建议选择每滴水体积约为 0.05 mL 的滴管，并提前测定其滴量)，吸取搅拌均匀的混合液，在血球计数板的中央方格内滴加一滴样品。随后，覆盖一块洁净的盖玻片，使其四周正好搭在计数板的凸起边框上。

(3) 血球计数板的计数方法详见本书 2.3.1 章节。

五、实验结果记录与分析

将观察结果填入表 6.1-3 中。

表 6.1-3　活性污泥镜检观察结果

指标	特征	结果
絮凝体大小	大；中；小	

续表

指标		特征	结果
絮凝体形态		圆形;不规则	
絮凝体结构		开放;封闭	
絮凝体密度		紧密;疏松	
丝状菌数量		0;±;+;++;+++	
微型动物	优势种	数量及状态	
	其他种	数量及状态	

6.2　优良酿酒微生物的分离鉴定

一、目的要求

1. 了解酿酒微生物的功能。

2. 学习酵母菌、霉菌的分离鉴定技术。

二、基本原理

白酒在我国有着悠久的历史,作为传统发酵酒精饮品,其生产工艺独特,香型多样。根据其不同的风味特点,白酒可分为清香型、浓香型和酱香型三种主要香型。“曲为酒之骨”,酒曲富含酿酒微生物,酒曲是决定白酒香型的主要因素。酒曲中的酿酒微生物主要分为霉菌、酵母菌和细菌三类,霉菌通过自身代谢产生淀粉酶、蛋白酶等水解酶,起到水解原料的作用;酵母菌负责将水解产生的糖类转化为乙醇;细菌是酿酒产香的主要承担者,细菌的代谢产物与乙醇反应,形成多种风味物质。将性能优良的酿酒微生物应用于白酒生产,一方面可以保证酒曲的品质趋于一致,另一方面可以使白酒发酵时具有稳定的微生物结构,进而降低生产成本,提高生产效率。

某酒厂在日常运行中,会从酒曲中分离优良的酿酒微生物,探究其发酵性能,研究酿酒微生物与白酒口味之间的联系。本实验以酒厂为例,介绍酿酒微生物的分离鉴定技术。

三、实验材料

1. 酒曲样品。

2. 生物培养箱、摇床、高压蒸汽灭菌锅、超净工作台等。

3. 实验培养基

(1) YEPD 培养基:蛋白胨 2 g,葡萄糖 2 g,酵母浸粉 1 g,琼脂 2 g(制作固体培养基时添加),去离子水 100 mL。

(2) 豆芽汁葡萄糖培养基：新鲜黄豆芽 10 g，置于烧杯中，加入 100 mL 水，小火煮沸 30 min，纱布过滤，补足失水，即制成 10%豆芽汁，向每 100 mL 的 10%豆芽汁中加入 5 g 葡萄糖。

(3) 2,3,5-氯化三苯基四氮唑(TCC)显色培养基：TCC 0.5 g，葡萄糖 5 g，琼脂 20 g，去离子水 1 L(其他组分灭菌冷却至 50～60℃后，再加入 TCC)。

(4) 酵母发酵培养基：葡萄糖 200 g，酵母浸膏 5 g，蛋白胨 5 g，NH_4Cl 1.5 g，K_2HPO_4 1.5 g，$MgSO_4$ 1 g，$CaCl_2$ 2.5 g，去离子水 1 L。

(5) 马铃薯葡萄糖琼脂培养基：马铃薯浸出粉 20 g，葡萄糖 20 g，琼脂 15 g，去离子水 1 L。

(6) 淀粉透明圈培养基：可溶性淀粉 10 g，蛋白胨 10 g，葡萄糖 5 g，氯化钠 5 g，牛肉膏 5 g，琼脂 20 g，蒸馏水 1 L。

(7) 淀粉酶复筛培养基：新鲜小麦麸皮 15 g，去离子水 15 mL。

四、实验步骤

1. 酵母菌的分离鉴定技术

(1) 酵母菌的初步分离

① 酵母菌的富集：准确称取 10 g 粉碎后的酒曲，置于 250 mL 锥形瓶中，加入 90 mL 无菌水，并在恒温摇床(30℃，150 r/min)中振荡培养 20 min。随后，混合液静置 5 min，取 5 mL 上清液转移至 100 mL 豆芽汁葡萄糖培养基中，并在相同条件下摇床培养 2 d，制备酵母菌富集培养液。

② 稀释涂布平板法：取 1 mL 富集培养液，加入 9 mL 无菌水，配制成 10^{-1} 稀释液，并按相同方式进行梯度稀释，分别制备 10^{-7}～10^{-2} 的稀释样液。随后，分别吸取 0.2 mL 10^{-7}～10^{-4} 的梯度稀释液，均匀涂布于 YEPD 培养基平板上，并在 30℃恒温培养箱中静置培养 3 d。

③ 平板划线法：从稀释涂布平板上挑取符合酵母菌特征的菌落(酵母菌的菌落特征是：菌落大而厚，表面光滑、湿润、黏稠，容易挑起，菌落质地均匀，菌落多为乳白色，少数为红色或黑色)，在 YEPD 培养基平板上进行 3～4 次划线分离，获得单菌落后，将其接种于 YEPD 培养基，并在 30℃恒温培养箱中静置培养 3 d。最终，将分离得到的菌株保存在 4℃冰箱备用。

(2) 酵母菌的初筛

将初步分离并纯化的菌株接种于马铃薯葡萄糖琼脂培养基，30℃培养 2 d。随后，在菌落表面覆盖一层 TTC 显色培养基，并继续在培养箱中避光培养 2～3 h。依据 TTC 培养基变红的深浅程度，对产乙醇能力较强的酵母菌株进行初步筛选，并用于后续的二级筛选实验。TCC是一种显色剂，酵母菌合成乙醇的代谢途径，需要多种脱氢酶参与，脱氢酶可将TCC还原为红色，可使平板上微小菌落染成红色菌落，因此可通过呈色深浅判断酵母菌产乙醇能力的高低，产乙醇能力强的酵母菌落会呈现深红色，次之呈现粉红色，弱者呈现红色或无色。

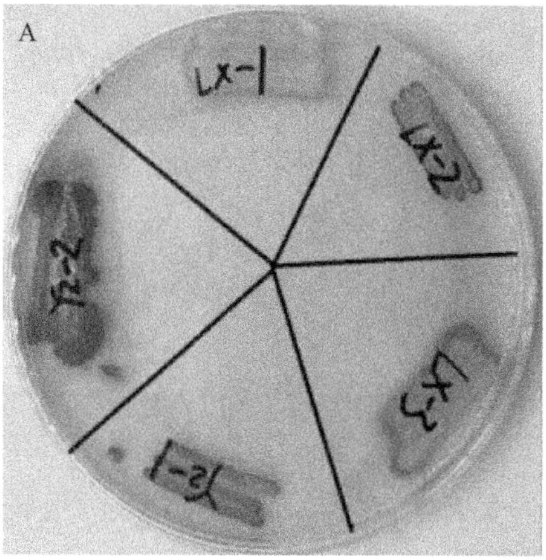

图6.2-1　TCC染色法筛选高产乙醇菌株

（本图源于参考文献18）

（3）酵母菌的复筛

将TTC显色实验初筛到的产乙醇能力较强的菌株（见图6.2-1），按5%（v/v）的接种量接种于酵母发酵培养基上，以不接种菌的基础发酵培养基作为对照组，置于摇床中发酵培养3 d(30℃，150 r/min)。发酵结束后测定发酵液中乙醇含量，以产乙醇能力为标准，筛选出高产乙醇的菌株做进一步筛选。乙醇含量的测定参照《食品安全国家标准　酒和食用酒精中乙醇浓度的测定》（GB 5009.225-2023），采用酒精计法测定。

将TTC显色实验筛选出的产乙醇菌株，按5%（v/v）的接种量接种至酵母发酵培养基，并以未接种的基础发酵培养基作为对照组，30℃、150 r/min发酵3 d。发酵结束后测定乙醇含量，并以乙醇发酵能力为筛选标准，最终筛选出高效产乙醇菌株，以备进一步研究。乙醇含量的测定方法按照《食品安全国家标准 酒和食用酒精中乙醇浓度的测定》（GB 5009.225-2023）中的酒精计法测定。

2. 霉菌的分离鉴定技术

(1) 霉菌的初步分离

① 稀释涂布平板法:称取 10 g 粉碎酒曲,置于 250 mL 锥形瓶中,加入 90 mL 无菌水,在 30℃、150 r/min 的摇床上振荡 20 min。静置后,取 1 mL 上清液,加入 9 mL 无菌水,配制成 10^{-1} 稀释液,并按相同方式进行梯度稀释,依次制备 10^{-6}～10^{-2} 的稀释液。随后,从 10^{-6}～10^{-4} 的稀释液中分别吸取 0.2 mL,均匀涂布于马铃薯葡萄糖琼脂培养基平板上,30℃培养 3 d,进行初步分离。

② 平板划线法:从稀释涂布平板上挑选符合霉菌特征的菌落(霉菌菌落特征是:菌落呈现白色、褐色、灰色或鲜艳颜色,以菌落聚集,呈绒毛状、絮状或蛛网状,质地干燥,外观形态多样),在马铃薯葡萄糖琼脂培养基平板上进行 3～4 次划线分离,获得单菌落后,接种于马铃薯葡萄糖琼脂培养基,30℃培养 3 d。最终,将分离得到的菌株保存在 4℃冰箱备用。

(2) 霉菌的初筛

将平板划线法得到的霉菌菌株点接于淀粉透明圈培养基,30℃培养 3 d。随后,在培养皿中加入适量稀碘液进行染色,静置 30 min,测量菌落直径(d)和菌落周围透明圈直径(D)(见图 6.2-2)。实验重复 3 次,取菌落直径和透明圈直径的平均值。根据 D/d 值评估菌株的产淀粉酶能力,D/d 值越大,说明菌株的产淀粉酶能力越强。

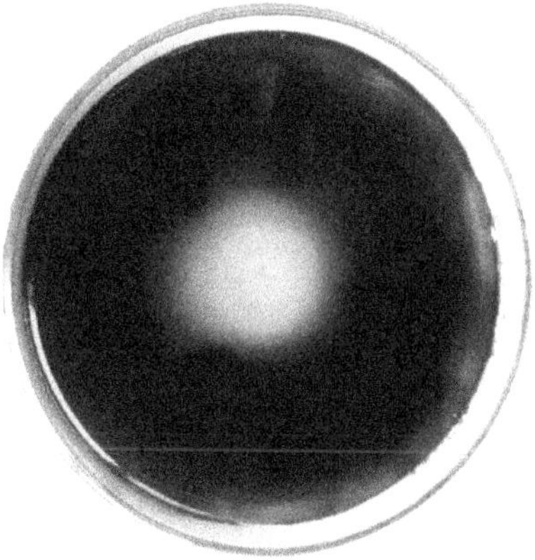

图 6.2-2 淀粉透明圈法筛选高产淀粉酶菌株

(3) 霉菌的复筛

① 孢子悬浮液的制备:将初筛得到的菌株接种至马铃薯葡萄糖琼脂培养

基，30℃培养 3 d。培养结束后，向培养基中加入 10 mL 无菌水，浸泡 1 min 后，用接种环刮下霉菌孢子。经擦镜纸过滤后收集滤液，使用血球计数板对孢子进行计数，并将孢子悬浮液稀释至 10^7 spores/mL。

② 麸曲制备：取 3 mL 菌悬液加入到酶活力复筛培养基中，无菌环境下搅拌均匀，30℃培养 3 d，每隔 12 h 进行一次无菌搅拌。培养完成后，将霉菌麸曲放入 40℃烘箱中干燥 12 h，然后转移至无菌袋中，存放于 4℃冰箱备用。

③ 粗酶提取：将 10 g 霉菌麸曲与 200 mL 磷酸二氢钠-柠檬酸缓冲液（pH 6.0）混匀，在 30℃恒温水浴锅中浸渍 1 h，并在此期间每 5 min 搅拌一次。浸渍完成后，用滤纸过滤混合液，所得滤液即为淀粉酶粗酶液。

④ 淀粉酶活力的测定：取 5 mL 0.5%可溶性淀粉溶液，37℃预热 10 min，加入 0.5 mL 适度稀释的粗酶液，并在 37℃水浴中振荡反应 5 min。反应结束后，加入 5 mL 0.1 mol/L 硫酸溶液终止反应。取 0.5 mL 反应液与 5 mL 稀碘液混合显色，测定 620 nm 吸收值。以 0.5 mL 水代替反应液作为空白对照，并设定不加酶液（用同体积缓冲液代替酶液）的试管作为参照。酶活力根据以下公式计算：

$$酶活力(U)=\frac{R_0-R}{R_0}\times D\times 50$$

式中：R_0、R 分别表示对照和反应液的吸收值，D 为酶的稀释倍数。调整 D 使 $(R_0-R)/R_0$ 在 0.2～0.7。酶活力定义为在 37℃、pH 6.0 条件下，5 min 内水解 1 mg 淀粉的酶量为一个活力单位（U）。

3. 菌种鉴定

通过 ITS 基因序列鉴定筛选获得的酵母菌和霉菌，确定其种属分类，详细步骤参见本教材 3.8 章节。

五、实验结果记录与分析

将实验结果填入表 6.2-1～表 6.2-2 中。

表 6.2-1 酒曲中酵母菌筛选结果

酵母菌编号	种属	菌落特征	TCC 染色结果	发酵乙醇含量/%

表 6.2-2 酒曲中霉菌筛选结果

霉菌编号	种属	菌落特征	菌落直径 d/cm	透明圈直径 D/cm	D/d	淀粉酶酶活力/(U/mg)

6.3 利用厨余虾蟹壳发酵联产壳聚糖和柠檬酸

一、项目简介

厨余虾蟹壳是一种常见湿垃圾，极易腐败，其有效处理一直备受关注。虾蟹壳富含甲壳素，是产生壳聚糖的良好原料，然而厨余虾蟹壳富含油脂和蛋白，处理工艺复杂，难以实施。目前厨余虾蟹壳大多被直接丢弃，由此产生了严重的环境污染问题。本项目利用酵母菌能够高效分解油脂和蛋白的特点，以厨余废弃虾蟹壳为原料进行壳聚糖和柠檬酸的联产，实现了厨余废弃虾蟹壳的高效处理及利用。

二、项目背景及意义

水产业是淮安市的重要支柱产业，螃蟹、小龙虾等水产品已成为餐桌上最受欢迎的食材之一。人们在享用美食的同时，也产生了大量的虾蟹壳废弃物。科普资讯网站 Science News 指出，全球每年约有 800～1 000 万 t 的虾蟹壳垃圾产生，其中仅东南亚就占 150 万 t。虾蟹壳含有 20%～40%的蛋白质、20%～50%的碳酸钙和 15%～40%的甲壳素，具有良好的工业应用价值。《自然》杂志撰文指出，应当找出可持续的方式来处理提炼甲壳类动物的壳，同时政府和企业对于这种来源广泛的可再生资源予以相当的支持。虾蟹壳的主要成分甲壳素是一种天然的生物高分子化合物，经过深加工可转变为用途广泛的壳聚糖，可用于化妆品、农业、饲料、饵料等产业。从 20 世纪 90 年代起，人们开始研发从虾壳中提取甲壳素的技术，仅江苏省内就有数家加工生产甲壳素的企业。通过加工废弃虾蟹壳中提取的甲壳素，可深加工出氨糖、壳聚糖等高附加值产品。在之前，我国养殖虾蟹主要是虾蟹肉出口，剥下来的壳十分干净，可用作提取甲壳素的原料。实际上从虾蟹壳中提取甲壳素的经济性并不高，如去除蛋白质需用 NaOH，水解 $CaCO_3$ 需要 HCl，生产 1 kg 壳聚糖通常需要超过 1 t 的水。因此尽管原始物料十分便宜，但壳聚糖成本则超过 200 美元/kg，且伴随着腐蚀性溶液的排放。近年来，随着直接销售利润高于出口加工，大多数虾蟹成为国人餐桌的美食，厨余虾蟹壳含有大量的油脂和蛋白，使得虾蟹壳回收利用的可行性进一步降低，大部分虾蟹壳被当作垃圾直接丢弃或填埋。在降解过程中，虾蟹壳释放出大量 CO_2 和氮氧化物，不仅气味难闻，也在一定程度上助长了温室气体的排放。

利用生物发酵法将廉价粗原料转变为高附加值产品的研究一直备受关注，这也是项目团队近年从事的主要研究工作。团队在前期研究中发现一株具有高工业应用价值的酵母菌——解脂耶氏酵母(*Yarrowia lipolytica*)(图 6.3-1)。该菌代谢能力极强，各种疏水性及亲水性物质都能为其利用，尤其是具备强大的分解油类物质的能力。*Y. lipolytica* 最初分离自奶类食物，因此分解蛋白类物质能力也极强，同时安全性高，已通过美国食品和药物管理局(FDA)认证。*Y. lipolytica* 是常用的工业产柠檬酸菌株，在最佳发酵条件下可产生大量柠檬酸。基于 *Y. lipolytica* 的相关特征，团队经充足的前期实验，尝试厨余虾蟹壳的微生物发酵处理。将厨余虾蟹壳收集后直接打碎作为发酵原料，而后以 *Y. lipolytica* 为发酵菌株进行柠檬酸发酵。虾蟹壳的油脂和蛋白可作为发酵碳源，柠檬酸可水解虾蟹壳释放出甲壳素，进而利用几丁质酶将甲壳素水解为壳聚糖，最后得到富含壳聚糖和柠檬酸的混合液。杨胜平等人在荔枝保鲜技术研究中开发了一种壳聚糖复合保鲜剂涂膜，该涂膜的主要保鲜成分即为壳聚糖和柠檬酸，证实了壳聚糖和柠檬酸混合液在保鲜功能上的可行性。项目的实施不仅可实现虾蟹壳的高值转化，避免了厨余虾蟹壳造成的环境污染及碳排放，同时可实现高效生物保鲜，显著降低保鲜成本，具有良好的推广前景。

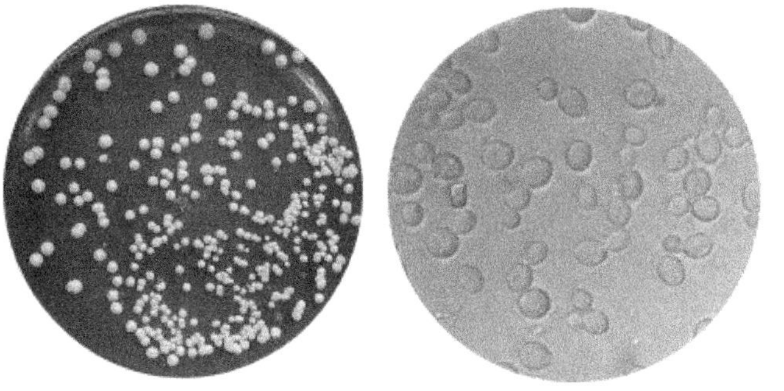

图 6.3-1 *Y. lipolytica* 为发酵菌株单菌落(左)及细胞形态(右)

三、设计方案

本项目的技术核心在于虾蟹壳为原料的发酵过程，该过程中油脂和蛋白的利用率，柠檬酸产率及几丁质释放率受发酵条件的显著影响。

（1）摇瓶实验

优化过程在摇瓶中进行，原因在于摇瓶发酵体积小，应用灵活，能够同时进行多个实验因素的探索。最佳碳源浓度，最佳氮源及其浓度确定，磷酸二氢钾、硫酸镁、酵母粉及铜镁离子添加量的优化皆通过摇瓶培养来实现。通过测定不同发酵条件下柠檬酸及甲壳素含量确定最佳发酵条件。

A：最佳碳源浓度的确定：分别向发酵培养基中添加 10.0 g/L、20.0 g/L、30.0 g/L、40.0 g/L 及 50.0 g/L 的虾蟹壳，通过发酵液内柠檬酸及甲壳素含量的测定，确定最佳碳源浓度 L。

B：氮源最佳浓度的确定：在最佳碳源浓度的基础上，进一步探究氮源硫酸铵的添加量。分别向发酵培养基中添加 0、1.0、2.0、3.0 及 4.0 的硫酸铵，测定柠檬酸及甲壳素含量，确定外源氮源添加量。

C：发酵环境优化：发酵液中铜、锰离子含量及渗透压对柠檬酸生成及运出细胞影响巨大。分别向发酵培养基中添加 0 mg/L、2.0 mg/L、4.0 mg/L、6.0 mg/L 及 8.0 mg/L 的硫酸铜，0 mg/L、2.0 mg/L、4.0 mg/L、6.0 mg/L、8.0 mg/L 及 10.0 mg/L 硫酸锰及 0 g/L、0.5 g/L、1.0 g/L、1.5 g/L、2.0 g/L 氯化钠，测定发酵液柠檬酸及甲壳素含量，通过响应面优化，确定铜离子、锰离子、氯化钠的最佳添加浓度。

（2）扩大发酵培养及初产品的获得

为使发酵过程更加接近于工业发酵模式，将优化后的发酵条件在 10 L 发酵罐中进行扩大培养，通过发酵罐培养获得大量发酵液。为了使虾蟹壳中的几丁质充分转化为壳聚糖，将离心获得的上清液中添加外源几丁质酶，并通过优化几丁质酶添加量，实现壳聚糖生成量最大化。

四、特色与创新之处

本项目基于微生物发酵技术，以厨余虾蟹壳为原料进行柠檬酸和壳聚糖联产。不仅实现了厨余虾蟹壳的高值转化，避免了其不当处理造成的环境污染及碳排放，同时，获得的柠檬酸和壳聚糖混合液具有优越的生物保鲜潜力，特色及创新如下：

（1）以厨余虾蟹壳为原料，来源广泛，成本低廉，采用专有菌株及发酵工艺实现了厨余虾蟹壳的高效利用及高值转化。

（2）发酵产物壳聚糖和柠檬酸均是行业公认高效保鲜成分，具有显著的市场应用前景。

6.4 酒糟水解液发酵聚苹果酸

一、项目简介

我国是蒸馏酒酿造大国。根据统计数据，2023 年我国白酒产量约为 67 亿 L。按照每生产 1 t 白酒约伴生 3 t 酒糟的计算方式，我国每年产生的酒糟总量超过 1 800 万 t。由于酒糟含水率较高，极易腐败变质，若未能得到有效处理并被浪费，不仅会造成资源浪费，还可能对环境产生不良影响。酒糟富含营养物质，其中包括未被完全利用的淀粉、木质纤维素和蛋白质等成分。本项目以酒糟水解液为原料，通过出芽短梗霉发酵生产聚赖氨酸，实现废弃酒糟的高效处理。

二、项目背景及意义

江苏洋河酒厂股份有限公司，位于江苏省宿迁市，总占地面积 10 km^2，总资产 724.05 亿元，下辖洋河、双沟、泗阳、贵酒、梨花村、拉萨朗热酒村六大酿酒生产基地和苏酒集团贸易股份有限公司，是行业内拥有两大“中国名酒”、两个“中华老字号”、六枚中国驰名商标、两个国家 4A 级景区、两处国家工业遗产和一个全国重点文物保护单位的企业。随着白酒产能的提升，酒糟的年产量也水涨船高。酒糟不仅会对白酒企业造成巨大负担，也可能造成巨大的环境污染，如何合理开发利用酒糟资源开始受到广泛关注。目前，酒糟主要用于养殖饲料添加剂和作为生产农业肥料的原料，或者用于培育食用菌、提取蛋白质、氨基酸以及发酵生产沼气等。酒糟用于饲料生产或食用菌培养，虽可实现大规模处理，但其附加值较低。此外，利用酒糟提取化学物质虽然具有一定的工业价值，但该工艺流程复杂、提取率较低，并且会产生大量残渣，进一步增加了处理难度。因此，如何开发高效、大规模的酒糟利用工艺，并将其转化为高附加值产品，是亟待深入研究的课题。

酒糟富含淀粉、纤维素、半纤维素和蛋白质等营养物质，通过简单预处理后，添加纤维素酶和淀粉酶水解，可以得到富含糖类物质的水解液，作为出芽短梗霉发酵聚苹果酸(PMA)的原料(图 6.4-1)。PMA 是由 L -苹果酸单体通过酯键连接起来的生物高分子，PMA 具有高度的生物水溶性、生物相容性和化学衍生性，使得 PMA 及其衍生物在生物医用材料、化妆用品和食品包装等领域具有重要的应用前景。目前，已发现的合成 PMA 的微生物主要包括黏菌和短梗霉菌两类，黏菌合成的 PMA 分子量较高，但是最高产量仅 2.7 g/L；相比之下，短梗霉菌合成 PMA 产量极高，最高产量超过 100 g/L，因此人们普遍将短梗霉菌作为 PMA 的工业发酵菌株。项目组在前期研究中，筛选获得一株具有高度工业

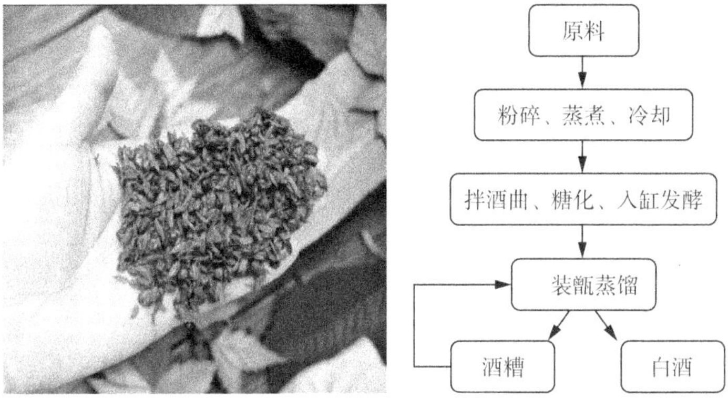

图 6.4-1　白酒酒糟外观及其产生过程

应用价值的短梗霉菌——出芽短梗霉（*Aureobasidium pullulans*），该菌株以葡萄糖为碳源，采用两阶段溶氧调控策略，在补料-分批发酵模式下 PMA 终浓度可达 118.6 g/L。本项目以酒糟水解液为碳源发酵 PMA，项目的实施可实现酒糟的高值转化，降低 PMA 的发酵成本。

三、设计方案

本项目实验分为三步：预处理和酶解、脱毒、PMA 发酵（图 6.4-2）。预处理的作用是降低木质素和纤维素、半纤维素结合度，使纤维素和半纤维素暴露出来

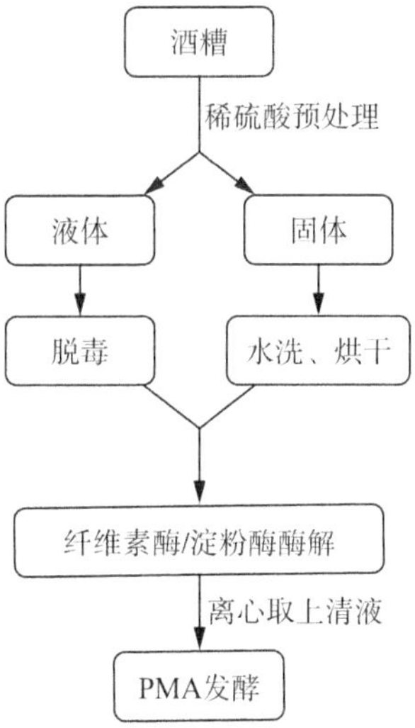

图 6.4-2　酒糟水解液发酵 PMA 流程图

易于被酶解。预处理过程中，木质纤维素降解会产生呋喃类、有机酸类和酚类化合物，会对酶解和PMA发酵产生抑制作用，因此需要脱毒去除这些抑制物。PMA发酵则是出芽短梗霉利用酒糟水解液中的发酵糖、氮源等营养物质，发酵产生PMA的过程。本项目选用稀硫酸进行预处理，主要考虑到稀硫酸可以将酒糟中的淀粉水解为葡萄糖，同时起到对木质纤维素预处理的作用。本项目实验设计思路如下：

A. 预处理和酶解：将酒糟烘干、粉碎，与稀硫酸按照固液比1∶10混合，121℃灭菌30 min，过滤，将固体部分水洗至pH中性并烘干，液体部分调整pH至5.0，将固体和液体部分混合，加入纤维素酶，50℃水解72 h，离心，取上清液为酒糟水解液。如果酒糟淀粉在酸水解过程中水解不彻底，可以补充淀粉酶与纤维素酶同时水解。本步骤中，可对稀硫酸浓度[1%～5%(v/v)]、水解时间(30～120 min)、纤维素酶用量(1～10 FPU/g纤维素)等因素进行优化，以水解液中还原糖浓度为依据，确定最佳水解条件。

B. 脱毒：以未脱毒组为对照，分别采用活性炭吸附法、过碱法和大孔树脂法对酒糟水解液进行脱毒处理，随后以脱毒和未脱毒的酒糟水解液为原料，接种出芽短梗霉进行PMA发酵。以抑制物的去除率和PMA发酵产量为依据，选择最佳的脱毒方法。

(B-1) 活性炭脱毒法：将活性炭按照按3%(w/v)的比例加入酒糟水解液，在摇床中振荡(30℃，150 r/min，6 h)，离心取上清液。

(B-2) 过碱法：用NaOH固体调节酒糟水解液pH至10.0，然后在水浴锅60℃保温2 h，离心取上清液。

(B-3) 大孔树脂法：将H103大孔树脂按照按3%(w/v)的比例加入酒糟水解液，在摇床中振荡(30℃，150 r/min，6 h)，离心取上清液。

C. PMA发酵条件优化：PMA发酵过程中，碳源、氮源和碳酸钙浓度对PMA合成具有重要影响，通过真空蒸馏法将酒糟水解液浓缩至葡萄糖和木糖总浓度为80 g/L、100 g/L、120 g/L、140 g/L，向脱毒的酒糟水解液添加硝酸钠0 g/L、0.5 g/L、1.0 g/L、1.5 g/L、2.0 g/L，以及添加碳酸钙0 g/L、10 g/L、20 g/L、30 g/L、40 g/L，接种出芽短梗霉进行PMA发酵。以PMA发酵产量为依据，选择最佳的培养基组分。PMA发酵方法：将出芽短梗霉甘油管接种到PDA平板上，25℃恒温培养箱中培养48 h，用接种环勾一环，接种到含有50 mL种子培养基(葡萄糖80 g/L、酵母粉1 g/L、$NaNO_3$ 1 g/L、KH_2PO_4 0.1 g/L、

$MgSO_4$ 0.1 g/L、KCl 0.5 g/L、$CaCO_3$ 20 g/L)的 250 mL 锥形瓶，摇床培养 48 h(30℃，200 r/min)，即为种子液，将种子液按照 10%(v/v)比例，接种到发酵培养基(酒糟水解液：总糖 80～140 g/L、$NaNO_3$ 0～2 g/L、KH_2PO_4 0.1 g/L、$MgSO_4$ 0.1 g/L、KCl 0.5 g/L、$CaCO_3$ 0～30 g/L)，摇床培养 7 d(30℃，200 r/min)，离心收集上清液，检测 PMA 含量，确定碳源、氮源和碳酸钙的最佳浓度。

四、特色与创新之处

本项目基于微生物发酵技术，以酒糟原料发酵 PMA。不仅实现了酒糟的高值化转化，还避免了酒糟不当处理造成的环境污染，项目的特色及创新如下：

(1) 以白酒酒糟为原料，来源广泛，采用专有菌株及发酵工艺实现了酒糟的高效利用及高值转化。

(2) 发酵产物 PMA 是多功能的生物高分子化合物，具有显著的市场应用前景。

附　录

一、特殊要求培养基配方

1. 好氧自生固氮培养基

(1) 瓦克斯曼(Waksman)77 号培养基(pH 7.0)

葡萄糖 10.0 g, K_2HPO_4 0.5 g, $MgSO_4 \cdot 7H_2O$ 0.2 g, NaCl 0.2 g, $MnSO_4 \cdot 4H_2O$ 微量(10.0 g/L 溶液 2 滴), $FeCl_3 \cdot 6H_2O$ 微量(10.0 g/L 溶液 2 滴),蒸馏水 1 000 mL,10.0 g/L 刚果红溶液 5.0 mL,琼脂 18.0 g。

注意:先调 pH 7.0 后再加刚果红。

(2) 阿须贝(Ashby)培养基(pH 6.8～7.0)

甘露醇 10.0 g, $CaCO_3$ 5.0 g, KH_2PO_4 0.2 g, $MgSO_4 \cdot 7H_2O$ 0.2 g, NaCl 0.2 g, $CaSO_4 \cdot 2H_2O$ 0.1 g,蒸馏水 1 000 mL,琼脂 18.0 g。

2. 厌氧自生固氮菌培养基

葡萄糖 20.0 g, K_2HPO_4 1.0 g, $MgSO_4 \cdot 7H_2O$ 0.5 g, NaCl 0.25 g, $MnSO_4 \cdot 4H_2O$, $FeSO_4 \cdot 7H_2O$ 0.01 g,蒸馏水 1 000 mL。

3. 无氮液体培养基(用于测量土壤固氮强度)

葡萄糖 10.0 g, K_2HPO_4 0.2 g, $MgSO_4 \cdot 7H_2O$ 0.2 g, NaCl 0.2 g, $CaSO_4 \cdot 2H_2O$ 0.1 g, $CaCO_3$ 5.0 g, ddH_2O 1 000 mL。

4. 氨化细菌培养基(pH 7.0)

蛋白胨 5.0 g, KH_2PO_4 0.5 g, K_2HPO_4 0.5 g, $MgSO_4 \cdot 7H_2O$ 0.5 g,蒸馏水 1 000 mL。

5. 硝化细菌培养基

(1) 氨氧化细菌(亚硝化细菌)培养基(pH 7.2)

NH_4Cl 1.0 g, $NaHCO_3$ 2.0 g, K_2HPO_4 0.7 g, KH_2PO_4 0.3 g, $MgSO_4 \cdot 7H_2O$ 0.2 g, $CaCl_2 \cdot 2H_2O$ 0.02 g, $FeSO_4 \cdot 7H_2O$ 0.01 g,蒸馏水:1 000 mL。

(2) 硝酸化细菌培养基

$NaNO_2$ 1.0 g, Na_2CO_3 1.0 g, K_2HPO_4 0.75 g, NaH_2PO_4 0.25 g, $MgSO_4 \cdot 7H_2O$ 0.03 g, $MnSO_4 \cdot 4H_2O$ 0.01 g,蒸馏水 1 000 mL。

6. 反硝酸化细菌培养基(pH 7.2～7.5)

柠檬酸钠 5.0 g，KNO_3 2.0 g，K_2HPO_3 1.0 g，KH_2PO_4 1.0 g，$MgSO_4 \cdot 7H_2O$ 0.1 g，蒸馏水 1 000 mL。

7. 好氧纤维素分解菌培养基——赫奇逊（Hutchinson）培养基（pH 7.2）

$NaNO_3$ 2.5 g，KH_2PO_4 1.0 g，$MgSO_4 \cdot 7H_2O$ 0.3 g，NaCl 0.1 g，$CaCl_2 \cdot 2H_2O$ 0.1 g，$FeCl_3$ 0.01 g，蒸馏水 1 000 mL，琼脂 20.0 g。

8. 厌氧纤维素分解菌培养基

（1）磷酸铵钠培养基

$CaCO_3$ 5.0 g，$NaNH_4HPO_4$ 2.0 g，蛋白胨 1.0 g，KH_2PO_4 1.0 g，$MgSO_4 \cdot 7H_2O$ 0.5 g，$CaCl_2 \cdot 6H_2O$ 0.3 g，蒸馏水 1 000 mL。

（2）依姆歇涅茨基培养基

蛋白胨 2.5 g，$CaCO_3$ 2.0 g，牛肉膏 5.0 g，蒸馏水 1 000 mL。

（3）奥梅梁斯基（Omeliansky）培养基

$CaCO_3$ 2.0 g，$(NH_4)_2SO_4$ 1.0 g，K_2HPO_4 1.0 g，$MgSO_4 \cdot 7H_2O$ 0.5 g，NaCl 0.2 g，蒸馏水 1 000 mL。

9. 光合细菌培养基

（1）常规方法

CH_3COONa 2.0 g，$(NH_4)_2SO_3$ 1.0 g，K_2HPO_4 0.5 g，KH_2PO_4 0.5 g，$MgSO_4 \cdot 7H_2O$ 0.5 g，酵母膏 0.2 g，蒸馏水 1 000 mL。

（2）紫色硫细菌培养基（pH 7.0）

CH_3COONa 1.0 g，NH_4Cl 1.0 g，$Na_2S \cdot 9H_2O$ 1.0 g，酵母膏 0.2 g，蒸馏水 1 000 mL。

（3）紫色非硫细菌培养基 1（pH 7.0）

CH_3COONa 2.0 g，NH_4Cl 1.0 g，NaCl 1.0 g，$CaCl_2 \cdot 2H_2O$ 0.1 g，酵母膏 0.1 g，蒸馏水 1 000 mL。

（4）紫色非硫细菌培养基 2（pH 7.0）

CH_3COONa 2.5 g，$NaHCO_3$ 1.0 g，NH_4Cl 1.0 g，NaCl 1.0 g，K_2HPO_4 0.2 g，$MgSO_4 \cdot 7H_2O$ 0.2 g，$CaCl_2 \cdot 2H_2O$ 0.1 g，酵母膏 0.1 g，蒸馏水 1 000 mL。

10. 硫化细菌培养基

$Na_2S_2O_3 \cdot 5H_2O$ 5.0 g，$NaHCO_3$ 1.0 g，Na_2HPO_4 0.2 g，NH_4Cl 0.1 g，$MgCl_2$ 0.1 g，蒸馏水 1 000 mL。

11. 反硫化细菌培养基

乳酸钠或酒石酸钾钠 5.0 g，天冬氨酸 2.0 g，$MgSO_4 \cdot 7H_2O$ 0.2 g，K_2HPO_4 1.0 g，$FeSO_4 \cdot 7H_2O$ 0.01 g，蒸馏水 1 000 mL。

12. 无机磷细菌培养基(pH 7.0～7.5)

葡萄糖 10.0 g，$Ca_3(PO_4)_2$ 10.0 g，$(NH_4)_2SO_4$ 0.5 g，NaCl 0.3 g，KCl 0.3 g，$MgSO_4 \cdot 7H_2O$ 0.3 g，$FeSO_4 \cdot 7H_2O$ 0.03 g，$MnSO_4 \cdot 4H_2O$ 0.03 g，蒸馏水 1 000 mL，琼脂 15.0～18.0 g。

13. 硅酸盐培养基(分离钾细菌，pH 7.0～7.5)

蔗糖 5.0 g，Na_2HPO_4 2.0 g，土壤矿物 1.0 g，$MgSO_4 \cdot 7H_2O$ 0.5 g，$CaCO_3$ 0.1 g，$FeCl_3$ 0.005 g，蒸馏水 1 000 mL，琼脂 15.0～18.0 g。

注意：土壤矿物，取适量土壤，先去除大的有机残体，然后加入 6.0 mol/L HCl(土液比 1∶10)煮沸 30 min，过滤，用蒸馏水淋洗至无氯离子。

14. 铁细菌培养基(pH 7.0～7.5)

柠檬酸铁铵 10.0 g，$MgSO_4 \cdot 7H_2O$ 0.5 g，$(NH)_2SO_4$ 0.5 g，K_2HPO_4 0.5 g，$NaNO_3$ 0.5 g，$CaCl_2$ 0.2 g，蒸馏水 1 000 mL。

15. 产甲烷菌培养基

(1) 配方 1(Hungate 培养基)

NTA(氮川三乙酸)1.5 g，$FeSO_4 \cdot 7H_2O$ 0.5 g，$MnSO_4 \cdot H_2O$ 0.1 g，$CaCl_2 \cdot 6H_2O$ 0.1 g，$ZnSO_4 \cdot 7H_2O$ 0.1 g，$CuSO_4 \cdot 5H_2O$ 0.01 g，$NaMOO_4 \cdot 7H_2O$ 0.01 g，$NiCl_2 \cdot 6H_2O$ 0.01 g，$CaCl_2 \cdot 2H_2O$ 0.1 g，蒸馏水 1 000 mL。

(2) 配方 2(在厌氧条件下配制，pH 7.0～7.2)

CH_3COONa 4.0 g，K_2HPO_4 3.2 g，NH_4Cl 0.8 g，酵母膏 0.8 g，半胱氨酸 0.4 g，$MgCl_2$ 0.08 g，1.0 g/L 刃天青溶液 0.8 g，CH_3OH 4.0 mL，H_2/CO_2 体积比为 4∶1，土壤浸出液 240.0 mL，蒸馏水 800 mL。

土壤浸出液制备方法：取土壤 5.0 g，加水 200 mL，121℃煮沸 1 h，滤纸过滤后加水补足到 200 mL。

16. 氨化培养基的配方

蛋白胨 10.0 g，K_2HPO_4 1.0 g，$FeSO_4$ 0.001 g，$MgSO_4$ 0.5 g，NaCl 0.5 g，微量元素 1.0 mL(配方：硼酸 0.5 g，钼酸钠 0.5 g，蒸馏水 100 mL)，蒸馏水 1 000 mL。用 10% Na_2CO_3 将 pH 调至 7.2～7.4。

17. 奈斯勒试剂的配制

甲液:碘化钾 10.0 g ,碘化汞 20.0 g ,蒸馏水 100 mL。

乙液:氢氧化钾 20.0 g,蒸馏水 100 mL。

分别按上列配方制备甲液和乙液。将两液混合后保存于暗色瓶中,备用。配制中,为了加速溶解,可先把碘化汞放在研钵内,加几滴碘化钾一起研碎。

二、MPN 表

1. 三管最大或然表

数量指标（稀释度 1-2-3）	细菌近似值（CFU/100 mL）	95%置信区间	数量指标（稀释度 1-2-3）	细菌近似值（CFU/100 mL）	95%置信区间
000	<3.0	—	211	26	9.4～170
001	3.0	0.09～11	212	31	9.4～170
010	3.0	0.09～11	220	26	9.4～170
011	6.1	0.36～21	221	37	12～170
020	6.2	0.4～23	222	44	13～210
021	9.5	1.8～42	230	31	9.4～170
100	3.0	0.09～11	231	44	13～210
101	6.2	0.4～23	300	23	4.6～94
102	13	3.5～46	301	39	7.8～190
110	6.4	0.4～23	302	64	13～380
111	17	4.9～94	310	39	7.8～190
112	21	4.9～94	311	75	17～400
120	13	3.5～46	312	110	23～460
121	26	9.4～170	320	64	13～380
122	31	9.4～170	321	110	23～460
130	23	4.6～94	322	140	36～480
200	9.1	1.8～42	330	110	23～460
201	13	3.5～46	331	160	40～580
202	21	4.9～94	332	190	49～580
210	17	4.9～94	333	>240	—

2. 四管最大或然表

数量指标（稀释度 1-2-3-4）	细菌近似值（CFU/100 mL）	95%置信区间	数量指标（稀释度 1-2-3-4）	细菌近似值（CFU/100 mL）	95%置信区间
0000	<0.3	—	1012	1.4	0.06～5.8
0001	0.3	0.01～1.1	1112	2.0	0.10～8.5
0010	0.3	0.01～1.1	0120	1.1	0.05～4.2
0011	0.6	0.02～2.1	0121	1.5	0.07～6.4
0100	0.3	0.01～1.1	1120	1.5	0.07～6.4
0101	0.6	0.02～2.1	1121	2.1	0.10～9.1
0110	0.6	0.02～2.1	1211	2.6	0.13～11
0111	0.9	0.04～3.6	2111	3.2	0.17～15
1000	0.4	0.01～1.3	0222	4.5	0.25～21
1001	0.7	0.03～2.5	1222	6.1	0.36～29
1010	0.7	0.03～2.5	2222	8.3	0.50～42
1011	1.1	0.05～4.2	1333	11	0.70～53
1100	0.7	0.03～2.5	2333	15	1.0～70
1101	1.1	0.05～4.2	3333	24	1.5～130
1110	1.1	0.05～4.2	3334	30	2.0～160
1111	1.6	0.07～6.3	3344	43	2.7～210
0012	0.9	0.04～3.6	3444	58	3.7～290
0112	1.4	0.06～5.8	4444	>90	—

3. 五管最大或然表

数量指标（稀释度 1-2-3-4-5）	细菌近似值（CFU/100 mL）	95%置信区间	数量指标（稀释度 1-2-3-4-5）	细菌近似值（CFU/100 mL）	95%置信区间
00000	<0.3	—	11100	1.1	0.05～4.2
00001	0.3	0.01～1.1	11101	1.6	0.07～6.3
00010	0.3	0.01～1.1	11110	1.6	0.07～6.3
00011	0.6	0.02～2.1	11111	2.3	0.10～9.1
00100	0.3	0.01～1.1	00012	0.9	0.04～3.6
00101	0.6	0.02～2.1	00112	1.4	0.06～5.8
00110	0.6	0.02～2.1	01112	2.0	0.10～8.5

续表

数量指标(稀释度 1-2-3-4-5)	细菌近似值 (CFU/100 mL)	95% 置信区间	数量指标(稀释度 1-2-3-4-5)	细菌近似值 (CFU/100 mL)	95% 置信区间
00111	0.9	0.04~3.6	11112	2.7	0.14~12
01000	0.4	0.01~1.3	01122	3.5	0.18~16
01001	0.7	0.03~2.5	11222	4.6	0.24~23
01010	0.7	0.03~2.5	22222	6.2	0.33~31
01011	1.1	0.05~4.2	12222	5.3	0.28~26
01100	0.7	0.03~2.5	22223	8.7	0.45~43
01101	1.1	0.05~4.2	22233	12	0.63~60
01110	1.1	0.05~4.2	22333	17	0.90~85
01111	1.6	0.07~6.3	23333	24	1.3~120
10000	0.4	0.01~1.3	33333	36	1.9~180
10001	0.7	0.03~2.5	33334	46	2.4~230
10010	0.7	0.03~2.5	33344	63	3.3~310
10011	1.1	0.05~4.2	33444	87	4.5~430
10100	0.7	0.03~2.5	34444	110	5.8~550
10101	1.1	0.05~4.2	44444	150	7.9~750
10110	1.1	0.05~4.2	44445	190	10~960
10111	1.6	0.07~6.3	44455	240	13~1 200
11000	0.7	0.03~2.5	44555	300	16~1 500
11001	1.1	0.05~4.2	45555	370	20~1 800
11010	1.1	0.05~4.2	55555	>450	—
11011	1.6	0.07~6.3			

三、微生物的 MPN 法统计表

总大肠菌群 MPN 检数表

接种量/mL			总大肠菌群数 (MPN/100 mL)	接种量/mL			总大肠菌群数 (MPN/100 mL)
10	1	0.1		10	1	0.1	
0	0	0	<2	0	1	0	2
0	0	1	2	0	1	1	4
0	0	2	4	0	1	2	6

续表

接种量/mL			总大肠菌群数（MPN/100 mL）	接种量/mL			总大肠菌群数（MPN/100 mL）
10	1	0.1		10	1	0.1	
0	0	3	5	0	1	3	7
0	0	4	7	0	1	4	9
0	0	5	9	0	1	5	11
0	2	0	4	0	3	0	6
0	2	1	6	0	3	1	7
0	2	2	7	0	3	2	9
0	2	3	9	0	3	3	11
0	2	4	11	0	3	4	13
0	2	5	13	0	3	5	15
0	4	0	8	0	5	0	9
0	4	1	9	0	5	1	11
0	4	2	11	0	5	2	13
0	4	3	13	0	5	3	15
0	4	4	15	0	5	4	17
0	4	5	17	0	5	5	19
1	0	0	2	1	1	0	4
1	0	1	4	1	1	1	6
1	0	2	6	1	1	2	8
1	0	3	8	1	1	3	10
1	0	4	10	1	1	4	12
1	0	5	12	1	1	5	14
1	2	0	6	1	3	0	8
1	2	1	8	1	3	1	10
1	2	2	10	1	3	2	12
1	2	3	12	1	3	3	15
1	2	4	15	1	3	4	17
1	2	5	17	1	3	5	19
1	4	0	11	1	5	0	13
1	4	1	13	1	5	1	15
1	4	2	15	1	5	2	17

续表

接种量/mL			总大肠菌群数（MPN/100 mL）	接种量/mL			总大肠菌群数（MPN/100 mL）
10	1	0.1		10	1	0.1	
1	4	3	17	1	5	3	19
1	4	4	19	1	5	4	22
1	4	5	22	1	5	5	24
2	0	0	5	2	1	0	7
2	0	1	7	2	1	1	9
2	0	2	9	2	1	2	12
2	0	3	12	2	1	3	14
2	0	4	14	2	1	4	17
2	0	5	16	2	1	5	19
2	2	0	9	2	3	0	12
2	2	1	12	2	3	1	14
2	2	2	14	2	3	2	17
2	2	3	17	2	3	3	20
2	2	4	19	2	3	4	22
2	2	5	22	2	3	5	25
2	4	0	15	2	5	0	17
2	4	1	17	2	5	1	20
2	4	2	20	2	5	2	23
2	4	3	23	2	5	3	26
2	4	4	25	2	5	4	29
2	4	5	28	2	5	5	32
3	0	0	8	3	1	0	11
3	0	1	11	3	1	1	14
3	0	2	13	3	1	2	17
3	0	3	16	3	1	3	20
3	0	4	20	3	1	4	23
3	0	5	23	3	1	5	27
3	2	0	14	3	3	0	17
3	2	1	17	3	3	1	21
3	2	2	20	3	3	2	24

续表

接种量/mL			总大肠菌群数(MPN/100 mL)	接种量/mL			总大肠菌群数(MPN/100 mL)
10	1	0.1		10	1	0.1	
3	2	3	24	3	3	3	28
3	2	4	27	3	3	4	32
3	2	5	31	3	3	5	36
3	4	0	21	3	5	0	25
3	4	1	24	3	5	1	29
3	4	2	28	3	5	2	32
3	4	3	32	3	5	3	37
3	4	4	36	3	5	4	41
3	4	5	40	3	5	5	45
4	0	0	13	4	1	0	17
4	0	1	17	4	1	1	21
4	0	2	21	4	1	2	26
4	0	3	25	4	1	3	31
4	0	4	30	4	1	4	36
4	0	5	36	4	1	5	42
4	2	0	22	4	3	0	27
4	2	1	26	4	3	1	33
4	2	2	32	4	3	2	39
4	2	3	38	4	3	3	45
4	2	4	44	4	3	4	52
4	2	5	50	4	3	5	59
4	4	0	34	4	5	0	41
4	4	1	40	4	5	1	48
4	4	2	47	4	5	2	56
4	4	3	54	4	5	3	64
4	4	4	62	4	5	4	72
4	4	5	69	4	5	5	81
5	0	0	23	5	1	0	33
5	0	1	31	5	1	1	46
5	0	2	43	5	1	2	63

续表

接种量/mL			总大肠菌群数(MPN/100 mL)	接种量/mL			总大肠菌群数(MPN/100 mL)
10	1	0.1		10	1	0.1	
5	0	3	58	5	1	3	84
5	0	4	76	5	1	4	110
5	0	5	95	5	1	5	130
5	2	0	49	5	3	0	79
5	2	1	70	5	3	1	110
5	2	2	94	5	3	2	140
5	2	3	120	5	3	3	180
5	2	4	150	5	3	4	210
5	2	5	180	5	3	5	250
5	4	0	130	5	5	0	240
5	4	1	170	5	5	1	350
5	4	2	220	5	5	2	540
5	4	3	280	5	5	3	920
5	4	4	350	5	5	4	1 600
5	4	5	430	5	5	5	>1 600

四、混合液配制

1. 组氨酸-生物素混合液

L-盐酸组氨酸 31.0 mg，生物素 4.0 mg，溶于 40.0 mL 蒸馏水，备用。

2. 上层培养基

50 mL 配方：NaCl 0.25 g；琼脂 0.4 g；组氨酸-生物素混合液 5.0 mL；蒸馏水 45.0 mL。分装于 15 支小试管中，每支小试管分装 3.0 mL。0.07 MPa 灭菌 20 min。

3. 下层培养基

1 000 mL 配方：葡萄糖 20.0 g，柠檬酸 2.0 g，$K_2HPO_4 \cdot 3H_2O$ 3.5 g，$MgSO_4 \cdot 7H_2O$ 0.2 g，琼脂 15.0 g，蒸馏水 1 000 mL，pH 7.0 分装于锥形瓶中，0.056 MPa 灭菌 20 min。

4. 鼠肝匀浆(S-9 上清液)

选取成年健壮大白鼠 3 只(每只体重约 200.0 g)，按 500.0 mg/kg 剂量，一次腹腔注射五氯联苯玉米油溶液(五氯联苯浓度为 200 mg/mL)，提高肝细胞的微粒体活性。注射后第 5 天断头杀鼠，杀死前 12 h 开始禁食。取出 3 只大白鼠的肝脏合并称重，用冰冷的 0.15 mol/L KCl 溶液洗涤 3 次，剪碎。按 1.0 g 肝脏（湿重）加 3.0 mL 0.15 mol/L KCl 溶液的配比，在匀浆器中制成匀浆，用高速冷冻离心机（9 000 r/min）离心 20 min，将上清液（即 S-9 上清液）分装于安瓿管中，每管 1～2 mL，液氮速冻，−20℃冷冻保藏。使用前取出，在室温下融化并置于冰浴中，再按下法配制 S-9 混合液。

5. 鼠肝匀浆混合液（S-9 混合液）

（1）0.2 mol/L pH 7.4 磷酸缓冲液：称取 35.61 g $Na_2HPO_4 \cdot 2H_2O$ 溶解于蒸馏水中，定容至 1 000 mL 制成 A 液；称取 27.6 g $NaH_2PO_4 \cdot H_2O$ 溶解于蒸馏水中，定容至 1 000 mL 制成 B 液；按 A 液 81.0 mL 和 B 液 19.0 mL 的比例混合，即成 0.2 mol/L pH 7.4 磷酸缓冲液。

（2）Mg-K 盐溶液：$MgCl_2$ 8.1 g，KCl 12.3 g，蒸馏水 100.0 mL，0.1 MPa 灭菌 20 min。

（3）0.1 mmol/L NADP-G-6 溶液：称取 7.44 mg NADP 和 3.04 mg 葡萄糖-6-磷酸二钠，溶于少量 0.2 mol/L PH 7.4 磷酸缓冲液（约 40 mL），搅拌至完全溶解。加入 2.0 mL Mg-K 盐溶液，用 0.2 mol/L PH 7.4 磷酸缓冲液定容至 100.0 mL。通过 0.22 μm 滤膜过滤除菌，无菌检查后，分装至棕色小瓶（每瓶 10.0 mL），−20℃避光冷冻保藏。

（4）S-9 混合液：取 2.0 mL S-9 上清液，加入 10.0 mL NADP-G-6-P 溶液，然后加 1.0 mL Mg-K 盐溶液，混合，置冰浴中待用。

五、活性污泥中常见动物

1. 活性污泥中常见的原生动物

（1）活性污泥生长良好时出现的原生动物

活性污泥生长良好时，呈浓褐色，有压密性，大小在 500～800 μm 范围，污泥絮体之间不存在细碎的小絮体。曝气池的原生动物以纤毛虫居多数，其中又以有柄固着型纤毛虫如钟虫（*Vorticella*，附图 1）、累枝虫（*Epistylis*，附图 2）、盖虫（*Opercularia*，附图 3-3）、独缩虫（*Carchesium*，附图 3-2）和聚缩虫（*Zoothamnium*，附图 3-1）占首位。在这些固着型纤毛虫中，钟虫出现频率较高，数量较大，它们在生物群落演替中呈现较强的规律性。因此，常以钟虫如钟形钟虫（*Vorticella campanula*）和小口钟虫（*Vorticella microstoma*）作为污水处理系统工作效能的指标生物。

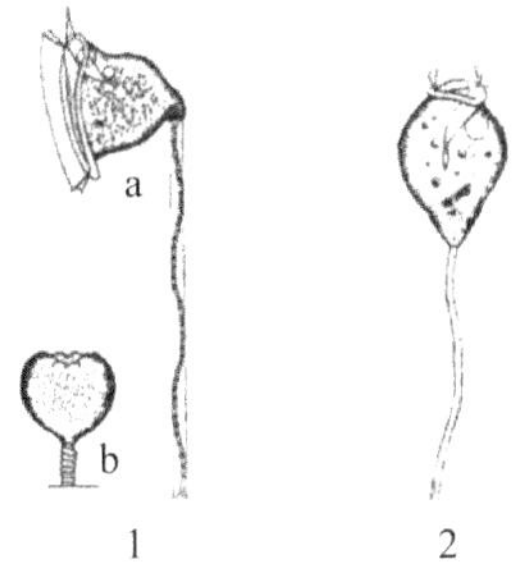

1—钟形钟虫;a—伸展的个体;
b—收缩的个体;2—小口钟虫

附图 1　钟虫

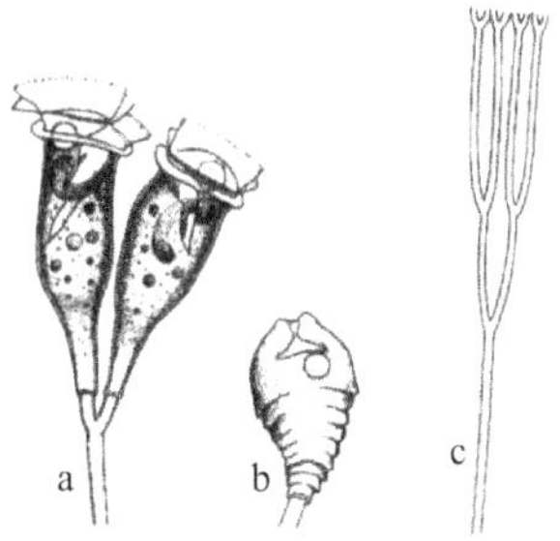

a—个体伸展状态;b—个体收缩状态;
c—柄分支

附图 2　累枝虫

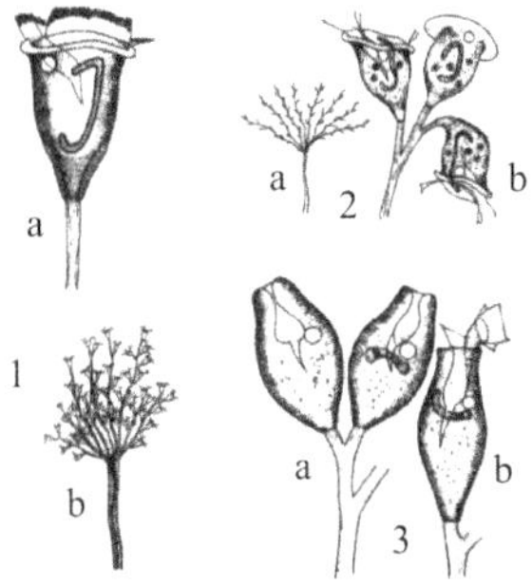

1—树状聚缩虫(*Zoothamnium arbuscula*):a—个体;b—群体,示柄的分枝
2—螅状独缩虫(*Carchesium polypinum*):a—群体,示柄的分枝;b—群体的一部分
3—彩盖虫(*Opercularia phryganeae*):a—个体收缩状态;b—个体伸展状态

附图 3　聚缩虫、独缩虫和盖虫

固着型纤毛虫的生态习性是:以体柄分泌的黏液固着在污泥絮体上,以水中分散的游离细菌作为主要食料。在活性污泥中观察到固着型纤毛虫,说明活性污泥絮体结构稳固,能够为这些原生动物的固着提供支撑。与游泳型纤毛虫相比,固着型纤毛虫因固着生长而耗能较少,能够生活在游离细菌含量较低的水体中,见到固着型纤毛虫还说明曝气池中的水质较好。此外,根据钟虫的生活状态还可以推断曝气池的工况。镜检可以发现,当环境条件适宜时,钟虫纤毛摆动较快,食物泡数量较多,个体较大。若环境缺氧,钟虫顶端会长出气泡。如果环境条件不适,钟虫会脱去尾柄,虫体变成圆柱体,并越变越长,直至死亡。在恶劣的环境条件下,钟虫还能改变生殖方式,由无性裂殖变为接合生殖,甚至形成孢囊。

(2) 活性污泥恶化时出现的原生动物

活性污泥恶化多发生于有机负荷增高、溶解氧含量降低的场合。此时，曝气池内存在大量有机污染物，细菌快速生长并呈游离状态。污泥恶化的主要标志是颗粒细碎，直径降至 100 μm 左右。

滴虫(*Monas*)、屋滴虫(*Oikomonas*，附图 4-a，b)和波豆虫(*Bodo*，附图 4-c)个体较小，虫体长只有 10～20 μm。这几种原生动物以细菌为主要食料，兼行植物性腐生营养，从生态习性上看，适宜 α-中污性和多污性水域。当曝气池负荷高、供氧不足时，有机物呈腐败状态，可经常观察到这几种原生动物。在有机物浓度很低，污泥解体，但污泥絮体碎块周围聚集大量处于内源呼吸状态的细菌时，也会出现滴虫属。

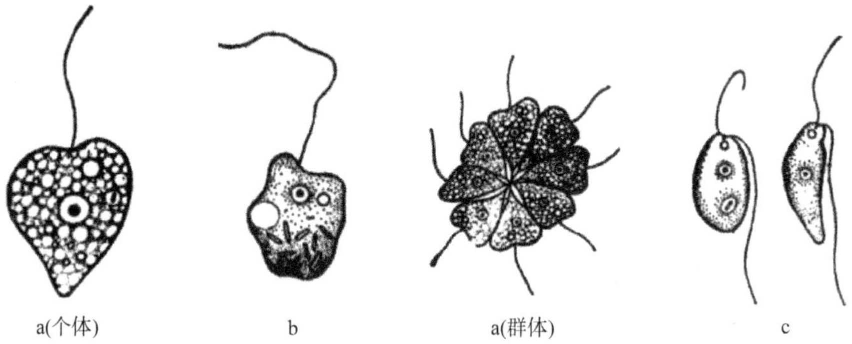

a、b—屋滴虫；c—波豆虫

附图 4　屋滴虫和波豆虫

膜袋虫(*Cyclidium*，附图 5-a，b，c，d，e)和尾丝虫(*Uronema*，附图 5-f)的个体也小，虫体长 25～50 μm，以分散细菌为食，适宜生活于 β-中污性或 α-中污性水域，也能适应多污性水域，并可存活于寡污性水域。在曝气池内，这两种原生动物多出现于高负荷的情况下，且多与波豆虫和屋滴虫同时出现，膜袋虫的出现频率高于尾丝虫。

肾形虫(*Colpoda*，附图 6-a，b，c)和豆形虫(*Colpidium*，附图 6-d)的个体稍大，虫体长 30～150 μm，生态习性适宜多污性水域，也可出现于 β-中污性或 α-中污性水域，在寡污性水域中较少见。在曝气池内，当污泥负荷达 0.6～0.7 kg BOD/kgVSS · d 时，肾形虫和豆形虫常常出现，肾形虫多与波豆虫和滴虫相伴出现，存在时段较短，对环境条件的改变反应敏感。豆形虫适宜生活于 pH 较高的水域，在氨氮较高的环境中容易见到。

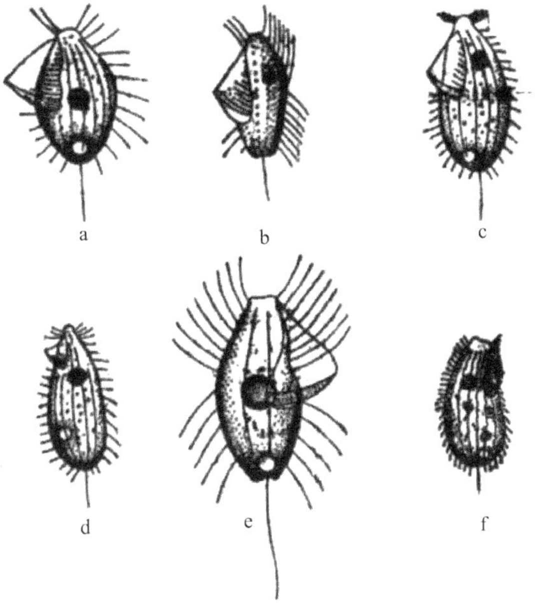

a、b、c、d、e—瓜形膜袋虫；f—尾丝虫

附图 5 膜袋虫和尾丝虫

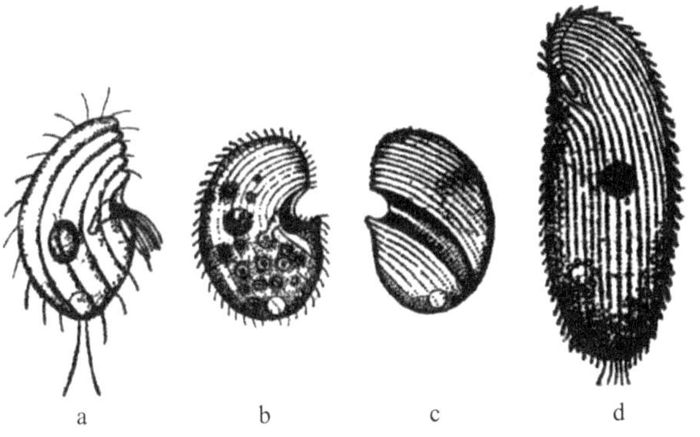

a、b、c—肾形虫；d—豆形虫

附图 6 肾形虫和豆形虫

草履虫(*Paramecium*，附图 7)个体较大，虫体长 300 μm 左右，其生态习性适宜 β-中污性或 α-中污性水域，在多污性和寡污性水域也能出现。在曝气池中，草履虫多出现于从负荷高、水质差逐渐向正常状态过渡的时期，持续时间较

短。曝气池处理效率较高，水质较好时，草履虫极少出现。

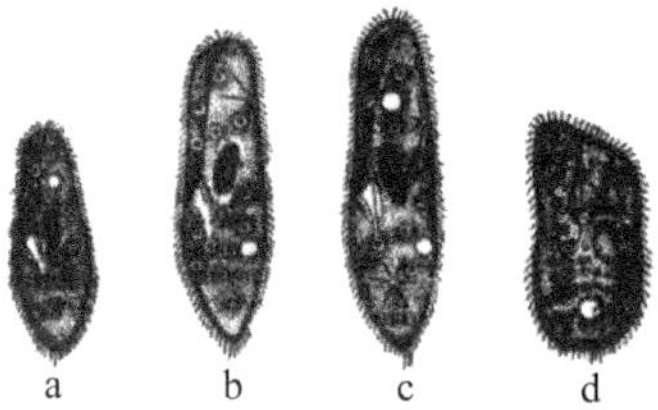

附图 7　草履虫

(3) 活性污泥解体时出现的原生动物

活性污泥解体的程度相差较大，从完全没有压密性到还有部分压密性，它们的共同特征是絮体之间存在大量碎块。

变形虫(*Amoeba*，附图 8)有小型和大型两种，小型变形虫体长小于 50 μm，大型变形虫体长大于 50 μm。变形虫多以细菌、单细胞藻类和小型鞭毛虫为食料，在生态习性上适宜 β-中污性水域。在曝气池中，变形虫通常在污泥絮体周边匍匐爬行，当活性污泥解体时，变形虫急剧增殖，导致污泥更加分散而失去压密性。

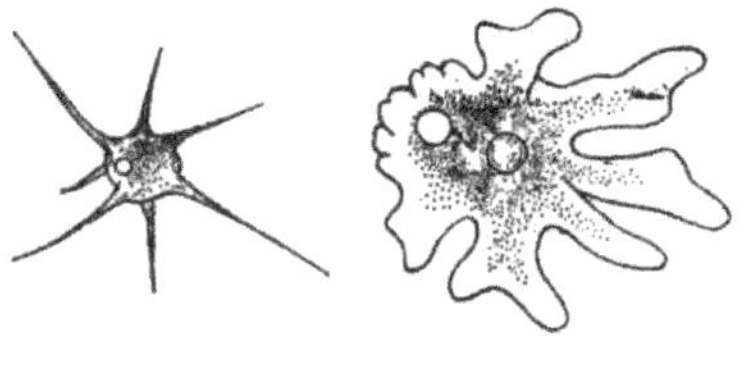

附图 8　变形虫

2. 活性污泥中常见的后生动物

(1) 轮虫

轮虫(*Rotaria*，附图 9-a，b)和旋轮虫(*Philodina*，附图 9-c)是后生动物。个体远大于一般的原生动物，体长为 350～1 460 μm，它们以破碎的有机质为主要食料。在曝气池内以吞噬污泥碎片为主，也可吞噬菌胶团和丝状菌等较大的活体。在曝气池运行正常、处理效果良好、水中有机物含量低、老化污泥陆续解体时，轮虫因食物丰富而大量繁殖。

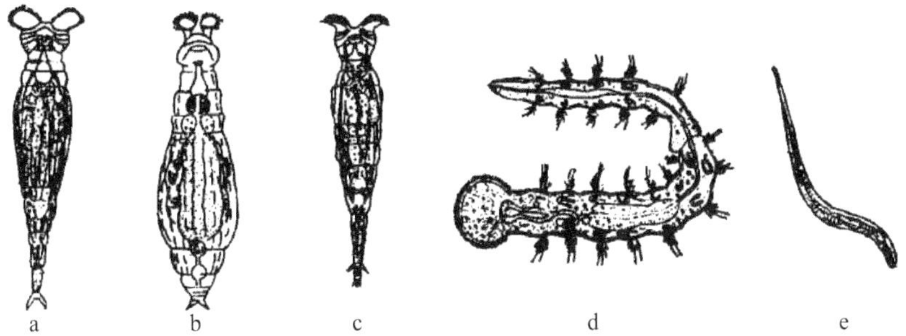

a、b、c—轮虫；d—颗体虫；e—线虫

附图9　轮虫、颗体虫和线虫

(2) 颗体虫

颗体虫(*Aeolosoma*,附图 9-d)个体较大,体长最长可达 10 000 μm,多数体长为 1 000～3 000 μm。颗体虫是典型的杂食性生物,主要摄食污泥中的有机碎片和细菌,也能吞食微小的原生动物和轮虫等微型动物。在活性污泥系统中,颗体虫多出现在负荷低、曝气量少的场合,它特别喜欢在沉淀污泥中徘徊,依靠口前叶两侧的纤毛运动,将污泥送入口中。当沉淀污泥呈厌氧状态时,颗体虫可上浮到溶解氧较高的表面。

(3) 线虫

线虫(*Nematoda*,附图 9-e)也是一种较大的微型动物,体长 500～3 000 μm。线虫消化器适于吞咽大块和硬块食料。它具有适宜在污泥碎屑中钻进钻出的体形。在曝气池中,线虫主要出现于有较多污泥堆积的部位,与曝气池负荷以及水质没有直接的关系。

3. 活性污泥中常见的丝状菌

(1) 球衣细菌

球衣细菌(附图 10)是导致活性污泥丝状菌性膨胀的主要诱发细菌。具有衣鞘是球衣细菌的典型特征。许多细胞由衣鞘覆盖而形成丝状体。衣鞘柔软可弯曲成很小的角度而不折裂,衣鞘具有黏性,可彼此粘连而形成假分枝。当培养物老化时,细菌可从衣鞘内游出,使丝状体内出现空缺,甚至形成空鞘,从衣鞘中游出的菌体可黏附在丝状体上;其细胞内含有许多不能着色的聚 β-羟基丁酸颗粒(附图 11)。

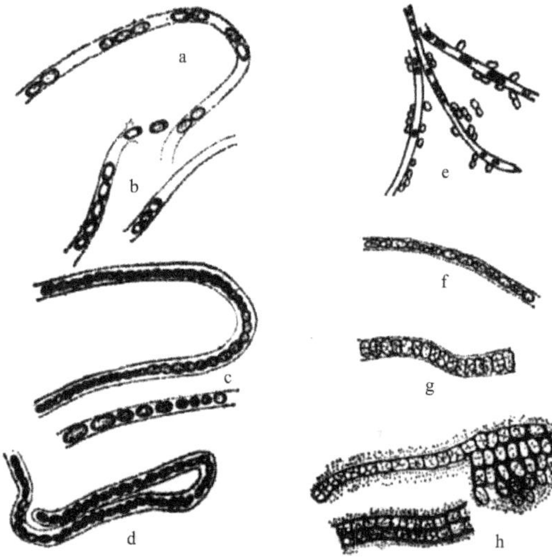

a—丝状体内出现菌体空缺；b—菌体从衣鞘中游出，形成空鞘；c、d—旺盛生长时，发生菌体异常和排列紊乱；e—从衣鞘中游出的菌体黏附在丝状体上，衣鞘彼此粘连形成假分枝；f、g、h—旺盛生长时，菌体内充满不能着色的颗粒

附图 10　球衣细菌的形态图示

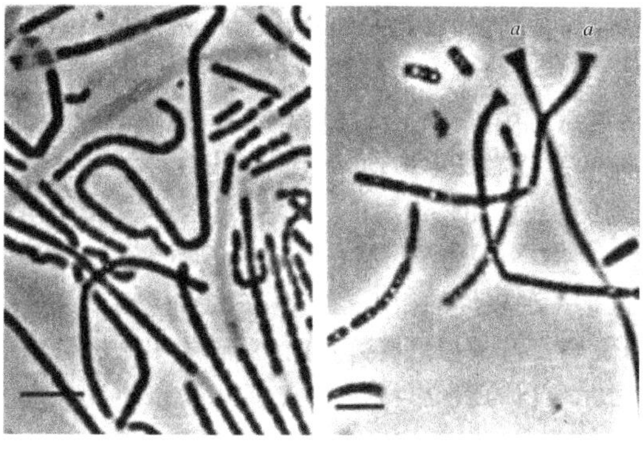

左：空衣鞘和细胞链；右：附着器(a)和聚 β-羟基丁酸颗粒

附图 11　浮游球衣细菌

（2）贝氏硫细菌

贝氏硫细菌（附图 12）也是导致活性污泥丝状菌膨胀的主要诱发细菌。它是较长的丝状体，长度可达 1 cm，宽度均匀，上下没区别。丝状体分散不相连，也不固着于介质上。菌体外面无衣鞘，细胞排列紧密。丝状体能匍匐滑行，滑行时菌体扭曲，穿插匍行于污泥之中。能氧化硫化物并在体内积累硫粒。

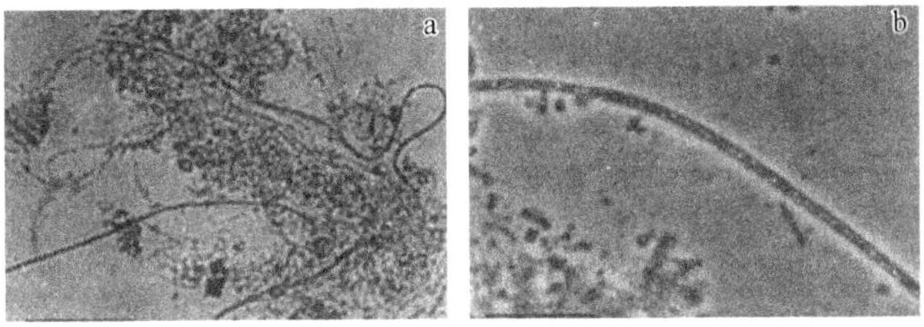

a—丝状体；b—硫粒

附图 12　贝氏硫细菌

（3）发硫细菌

发硫细菌（附图 13）与贝氏硫细菌类似。其丝状体的顶端和基部出现分化，基部有吸盘，可使菌丝体固着在介质上。细菌细胞排列成链，菌体外面包裹很薄的衣鞘。在曝气池中，该菌有时附着在一些较粗硬的纤维上，菌丝体左右平行伸展，呈羽毛状；有时在活性污泥内向四周呈放射状伸展；有时菌丝体集结在一起，自成中心，再向四周伸展形成玫瑰饰。这是发硫细菌的生长特征，易于辨认。

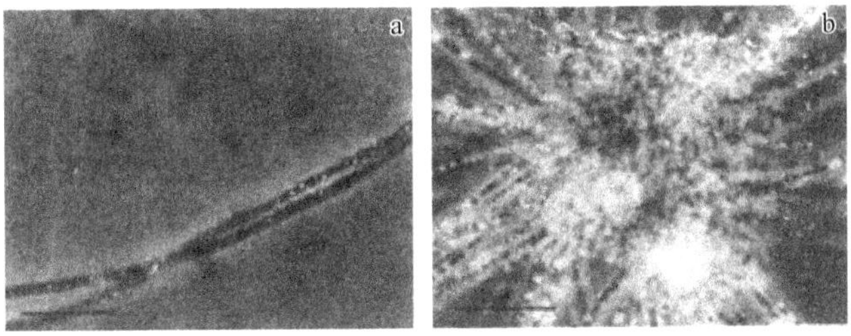

a—硫粒；b—玫瑰饰和硫粒

附图 13　发硫细菌

参考文献

[1] 陈坚，刘和，李秀芬，等. 环境微生物实验技术[M]. 北京：化学工业出版社，2008.

[2] 代群威，李琼芳，杨丽君，等. 环境工程微生物学实验[M]. 北京：化学工业出版社，2010.

[3] 丁林贤，盛贻林，陈建荣. 环境微生物学实验[M]. 北京：科学出版社，2016.

[4] 高冬梅，洪波，李锋民. 环境微生物实验[M]. 青岛：中国海洋大学出版社，2014.

[5] 李艳红，朱宗强，曾鸿鹄，等. 水污染控制特色实验项目汇编[M]. 北京：中国环境科学出版社，2012.

[6] 万云洋，董海良. 环境地质微生物学实验指导[M]. 北京：石油工业出版社，2014.

[7] 王家玲. 环境微生物学实验[M]. 北京：高等教育出版社，1988.

[8] 王秀菊，王立国，何芳，等. 环境工程微生物学实验[M]. 青岛：中国海洋大学出版社，2019.

[9] 温洪宇，李萌，王秀颖. 环境微生物学实验教程[M]. 徐州：中国矿业大学出版社，2017.

[10] 肖亦农，刘灵芝，王新. 环境微生物学实验基础[M]. 北京：中国建材工业出版社，2018.

[11] 徐爱玲，宋志文，夏文香，等. 环境工程微生物实验技术[M]. 北京：中国电力出版社，2017.

[12] 杨金水，屈建航，袁红莉. 资源与环境微生物学实验教程[M]. 北京：科学出版社，2014.

[13] 叶蕊芳，张晓彦，郑一涛. 应用微生物学实验[M]. 北京：化学工业出版社，2015.

[14] 张兰河，贾艳萍，王旭明，等. 微生物学实验[M]. 北京：化学工业出版社，2013.

[15] 赵玉萍，方芳. 应用微生物学实验[M]. 南京：东南大学出版社，2013.

[16] 郑莉，黄绍松. 环境微生物学实验[M]. 广州：华南理工大学出版社，2012.

[17] 郑平. 环境微生物学实验指导[M]. 杭州：浙江大学出版社，2005.

[18] 张家辉. 伊力特大曲(浓香型)中优良酿酒微生物的筛选及在川法小曲酒中的应用研究[D]. 石河子：石河子大学，2023.

[19] YAN N, CHEN X. Sustainability: Don't waste seafood waste[J]. Nature, 2015, 524: 155-156.

[20] LIU X Y, WANG X F, XU J X, et al. Citric acid production by *Yarrowia lipolytica*

SWJ-1b using corn steep liquor as a source of organic nitrogen and vitamins[J]. Industrial Crops and Products，2015，78：154-160.

[21] LIU X Y，XU J X，XIA J，et al. Improved production of citric acid by *Yarrowia lipolytica* using oleic acid as the oxygen-vector and co-substrate[J]. Engineering in Life Sciences，2016，16(5)：424-431.

[22] 杨胜平，谢晶，钱韻芳，等. 壳聚糖复合保鲜剂涂膜与MAP保鲜"妃子笑"荔枝[J]. 食品科学，2013，34(8)：279-283.

[23] 筱鹂. 2022年白酒、啤酒、葡萄酒产量数据出炉[J]. 酿酒科技，2023(3)：130.

[24] 左上春，杨海泉，邹伟. 白酒酒糟资源化利用研究进展[J]. 食品工业，2016，37(1)：246-249.

[25] 丁锐，李光吉. 生物高分子聚苹果酸及其衍生物的合成与应用前景[J]. 高分子通报，2005(2)：47-56.

[26] 王媛媛，全玉芬，宋存江. 聚苹果酸的微生物合成及应用研究进展[J]. 生物工程学报，2014，30(9)：1331-1340.

[27] XIA J，LIU X Y，XU J X，et al. Simultaneously enhanced production of poly(β-malic acid) and pullulan using a dissolved oxygen shift (DO-shift) control strategy[J]. Journal of Chemical Technology and Biotechnology，2017，92：1464-1471.